数字化转型系列

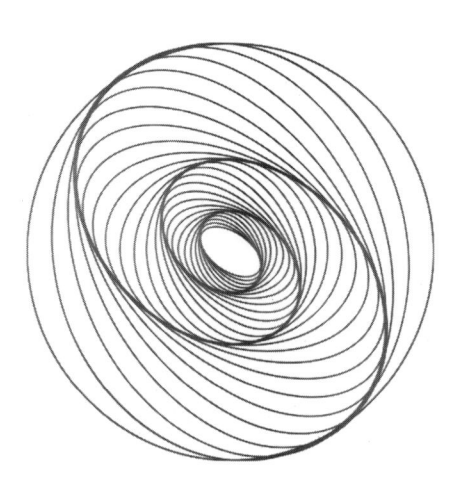

工业数字化转型新征程

李铁军 ◎编著

NEW JOURNEY OF
INDUSTRIAL DIGITAL TRANSFORMATION

机械工业出版社
CHINA MACHINE PRESS

图书在版编目（CIP）数据

工业数字化转型新征程 / 李铁军编著 . -- 北京：机械工业出版社, 2025. 2. -- (数字化转型系列).
ISBN 978-7-111-77694-9

Ⅰ. T-39

中国国家版本馆 CIP 数据核字第 20253BT536 号

机械工业出版社（北京市百万庄大街 22 号　邮政编码 100037）
策划编辑：王　颖　　　　　　　　责任编辑：王　颖　刘松林
责任校对：李荣青　张雨霏　景　飞　责任印制：张　博
北京机工印刷厂有限公司印刷
2025 年 6 月第 1 版第 1 次印刷
170mm×230mm・16.5 印张・309 千字
标准书号：ISBN 978-7-111-77694-9
定价：89.00 元

电话服务　　　　　　　　　　网络服务
客服电话：010-88361066　　　机　工　官　网：www.cmpbook.com
　　　　　010-88379833　　　机　工　官　博：weibo.com/cmp1952
　　　　　010-68326294　　　金　书　网：www.golden-book.com
封底无防伪标均为盗版　　　　机工教育服务网：www.cmpedu.com

Preface 前 言

当前，数字化转型已经不再是企业可有可无的选项，而是通向未来的必经之路。但是正如"一千个人眼中有一千个哈姆雷特"，每个人心中也都有自己对于数字化转型的理解和画像，而每个研究机构也都有自己对于数字化转型的理解。如果你是工业企业的管理者，应该如何开启数字化转型之旅？如果你作为数字化转型的引导者和推动者，应该如何帮助企业或者客户获得预期的投资回报？数字化转型是否成功又应该如何衡量？本书作者通过"以终为始"的创新方法论，从工业企业推动业务优化和转型的视角出发，尝试对工业数字化转型的内涵与趋势、应用方式及主要技术手段做一个全景式描绘和阐述。

本书将"工业数字化转型是对内提质增效，对外业务转型"作为撰写主线，突出如何通过"工业数字化转型五步走"的方法，以不同工业企业的成功转型案例为参考，帮助读者根据自己所在企业的特点和所处行业的发展趋势，因地制宜地制定适合企业的数字化转型目标，选择合适的技术手段，并按照咨询规划后所制定的转型路线图，逐步实现企业期望的美好未来。

本书共分为9章。第1章重点介绍工业数字化转型的内涵与方向。首先澄清了工业数字化转型只有满足企业运营的业务需求，提高企业的运营效率和盈利能力，才能真正实现转型的价值；然后通过"转思想、转组织、转方法、转文化、转模式"的转型五步法，阐述了如何在方法论层面根据不同时期的企业侧重点，逐步达成从思想转变到业务转型的全过程。第2章重点介绍在工业企业产品的全生命周期运营过程中，需要逐步建立和有效流转各个运营环节产生的数字资产，通过工业元宇宙的技术平台实现对数字资产的充分利用，最大限度地发挥数字资产的潜在价值。第3章重点介绍如何通过设立科学的阶段目标和行动原则，应对工业企业通常在遇到各类转型"转"不起来时，所要面对的挑战和问题。

第4章～第9章则是重点讨论如何应用数字化技术提供支撑，帮助企业合理高效地实现数字化转型的目标。在工业数字化转型的新技术实现模式体系中，智能制造是底座，工业云计算提供触手可及的算力，工业 AI 提供无所不及的智能，工业物联网提供无所不在的连接，而工业元宇宙则提供身临其境的感受。第 4 章讨论智能制造如何通过对关键制造环节的智能化来推动企业内部生产运营模式的转变，如何满足客户对产品质量、成本和交货时间的内在需求。第 5 章重点讨论如何有效利用云计算的敏捷、弹性、按需访问等特点，搭建敏捷灵活的创新开发平台，利用持续交付能力，让企业能够快速进行试错和迭代，提升客户体验。第 6 章讨论在人工智能已经普遍应用于消费者侧的今天，工业企业如何利用 AI 技术，帮助完成大量复杂且高强度的生产和供应链运营工作，例如产品缺陷分类、智能决策、智能客服、基于知识图谱的工艺优化等。第 7 章讨论如何通过工业物联网实现各类工业设备和产品之间的互联互通，完成实时数据的采集和分析，为企业提供全面的数字化和智能化的决策支持，并为数字资产的诞生提供数据基础。第 8 章讨论工业元宇宙正在逐步改变人类进行信息交互的方式，通过虚实融合的交互技术，在数字孪生世界中提供监控、分析、仿真、决策乃至对物理世界的反向控制。第 9 章讨论 ChatGPT 赋能工业。AI 与元宇宙并不是互相排斥的概念，AI 可以作为人类的助手与合作伙伴，共同推动元宇宙的内容创造。

工业数字化转型是一项长期且复杂的系统工程，很难通过单一技术手段或者解决方案就达成最终转型目标，而是需要一个完整的技术生态体系，围绕在转型企业的周围，并基于共同认可的创新理念来推进转型的有序进行。

工业企业的数字化转型并没有一套标准的方法与路径，本书只是进行了初步探索，希望可以帮助读者在自身实践中少走弯路，再进一步，更上一层楼。企业需要在实践中不断深入地理解工业数字化转型的本质，并结合实际情况和技术趋势，灵活而务实地推进转型工作。衷心希望本书能够成为工业数字化转型领域的一本有价值的参考书籍，为企业的转型升级贡献一份力量，与业界同仁共同推动工业数字化转型的发展。

对于本书中可能出现的疏漏，恳请读者不吝赐教，作者定当虚心接受，在后期再版时予以校正。在此向尊敬的读者朋友们致以崇高敬意！

在本书漫长而充满挑战的编写过程中，我得到了许多人的支持和帮助，他们的智慧和努力对这本书的完成至关重要。我要感谢我的家庭，尤其是我的妻子王鸿。在我无数个埋头于书稿的日子里，是她的理解、耐心和支持，给了我无尽的力量和灵感。她不仅是我生活中的伴侣，也是我职业道路上不可或缺的坚强后盾。再次感谢所有支持和帮助过我的人，没有你们，这本书不可能完成。让我们一起期待工业数字化转型带来的美好未来。

Contents 目 录

前言 ··· III

第1章 工业数字化转型的内涵与方向 ··· 1
1.1 工业企业的数字化转型需求 ··· 1
1.2 工业数字化转型的外延与内涵 ··· 3
1.2.1 工业企业从传统工业经济走向数字工业经济 ································· 3
1.2.2 数字工业经济的生产力 ·· 4
1.2.3 工业数字化转型的内涵 ·· 7
1.2.4 成功案例：英格索兰公司的数字化转型 ······································ 12
1.3 工业数字化转型之五转 ·· 14
1.3.1 第一转：转思想 ·· 14
1.3.2 第二转：转组织 ·· 18
1.3.3 第三转：转方法 ·· 20
1.3.4 第四转：转文化 ·· 22
1.3.5 第五转：转模式 ·· 25
1.4 工业数字化转型的核心是数据驱动 ··· 27
1.4.1 数据驱动和流程驱动 ·· 28
1.4.2 实现数据驱动 ··· 29
1.4.3 数据驱动中需要应对的挑战 ·· 30
参考文献 ··· 30

第 2 章　工业数字化转型的新阶段 ·· 32

2.1　工业及工业产品管理场景 ·· 32
2.1.1　工业的定义和产业特点 ·· 32
2.1.2　工业产品的管理场景 ·· 34

2.2　数字资产及其利用 ·· 36
2.2.1　数字资产及其分类 ·· 36
2.2.2　充分利用数字资产 ·· 38

2.3　工业元宇宙及其价值 ·· 39
2.3.1　工业元宇宙的技术定义和技术价值 ·································· 39
2.3.2　工业元宇宙重塑工业制造场景 ······································ 41

2.4　工业元宇宙涉及的主要技术 ·· 42
2.4.1　技术基础设施 ·· 42
2.4.2　元宇宙底层操作系统 ·· 44
2.4.3　元宇宙世界编辑器 ·· 44
2.4.4　交互设备及工具 ·· 44
2.4.5　虚拟现实 ·· 45
2.4.6　增强现实 ·· 45
2.4.7　混合现实 ·· 46
2.4.8　新型交互技术 ·· 46

2.5　宝马里达元宇宙工厂案例 ·· 47

参考文献 ·· 48

第 3 章　工业数字化转型的挑战与实现 ·· 49

3.1　落地挑战 ·· 49
3.1.1　理念挑战 ·· 49
3.1.2　问题挑战 ·· 53

3.2　阶段目标与核心原则 ·· 56
3.2.1　分阶段战略目标及示例 ·· 56
3.2.2　核心原则 ·· 58

3.3　关键行动与技术路线 ·· 62
3.3.1　关键行动 ·· 62

3.3.2　技术路线 69
3.4　升级组织架构 70
　　3.4.1　单点数字化应用阶段 70
　　3.4.2　数字化应用到核心业务流程阶段 70
　　3.4.3　数字化作为第二业务曲线驱动力的阶段 71
　　3.4.4　数字化转型处于行业先锋探索阶段 72
3.5　成功案例：西门子从电气自动化到工业软件巨头 73
参考文献 76

第 4 章　工业数字化转型的底座：智能制造 77

4.1　智能制造及其实施重点 77
　　4.1.1　智能制造的意义和特征 77
　　4.1.2　智能制造的实施重点 79
4.2　智能制造的主要应用场景 81
　　4.2.1　智能装备 81
　　4.2.2　智能设计 84
　　4.2.3　智能工厂运营管理 87
　　4.2.4　智能供应链 91
　　4.2.5　智能服务 93
4.3　智能制造与工业元宇宙 97
　　4.3.1　智能制造与工业元宇宙的应用目标和场景 97
　　4.3.2　智能制造与工业元宇宙的侧重 97
4.4　智能制造的演进路线 98
　　4.4.1　互联阶段 98
　　4.4.2　洞察阶段 99
　　4.4.3　持续优化阶段 99
4.5　智能制造案例 101
参考文献 103

第 5 章　触手可及的算力：工业云计算 104

5.1　云计算及其部署 104
　　5.1.1　云计算的发展历程 104

- 5.1.2 云计算的定义 105
- 5.1.3 云计算的部署类型 108
- 5.2 云计算的不同服务类型 109
  - 5.2.1 IaaS/PaaS/SaaS 的定义 109
  - 5.2.2 云计算的价值 110
- 5.3 工业云计算 111
  - 5.3.1 双模 IT 111
  - 5.3.2 联想双模 IT 实践案例 113
  - 5.3.3 工业云助力工业企业实现数字化转型 113
  - 5.3.4 工业云计算和常规云计算的差异 116
  - 5.3.5 工业云的主要应用场景 119
- 参考文献 125

第 6 章 无所不及的智能：工业 AI 126
- 6.1 工业 AI 的关键要素 126
  - 6.1.1 工业 AI 的特点 127
  - 6.1.2 工业 AI 的自主智能控制与劳动力转型 128
  - 6.1.3 工业 AI 的安全性与定制化挑战 128
  - 6.1.4 智慧无人零售：Amazon Go 129
- 6.2 工业 AI 的主要应用场景 131
  - 6.2.1 智能内容运营 132
  - 6.2.2 智能知识管理 134
  - 6.2.3 工业 AI 质检 135
  - 6.2.4 智能客服 137
  - 6.2.5 智能 IT 运维 139
  - 6.2.6 智能决策 142
  - 6.2.7 机器学习平台 144
- 参考文献 149

第 7 章 无所不在的连接：工业物联网 150
- 7.1 工业物联网的关键要素 151

7.1.1　工业物联网的关键特性与面临的挑战 151
7.1.2　智能工厂和工业物联网的融合与发展 152
7.1.3　工业物联网的安全风险与组织变革 154
7.2　工业物联网及其平台建设 155
7.2.1　工业物联网的发展阶段 155
7.2.2　工业物联网应用的三大挑战 158
7.2.3　工业物联网平台的建设 159
7.3　合兴包装产业互联网平台 162
7.3.1　我国包装产业的现状 162
7.3.2　合兴包装产业互联网平台 163

第 8 章　融合现实与虚拟的产业革命：工业元宇宙 165

8.1　理解元宇宙 166
8.1.1　从科技发展视角理解元宇宙 166
8.1.2　从互联网视角理解元宇宙 167
8.2　工业元宇宙概貌 168
8.2.1　工业元宇宙的特点 169
8.2.2　工业元宇宙的发展方向和趋势 170
8.2.3　工业元宇宙面临的风险和挑战 171
8.3　工业元宇宙的底座——数字孪生 172
8.3.1　数字孪生及其发展概述 172
8.3.2　高价值数字孪生 176
8.3.3　建设人人可用的数字孪生平台 178
8.3.4　可计算数字孪生的建设步骤 181
8.3.5　决策自治是数字孪生技术的发展方向 188
8.4　工业元宇宙的入口——扩展现实 189
8.4.1　扩展现实的相关概念 189
8.4.2　扩展现实的展望 191
8.5　汽车行业数字孪生工厂建设实例 194
8.5.1　建设目标 194
8.5.2　主要技术要求和实现方式 195

         8.5.3　数字孪生与工业互联网的结合展望⋯⋯⋯⋯⋯⋯⋯⋯⋯⋯⋯⋯⋯⋯197
    参考文献⋯⋯⋯⋯⋯⋯⋯⋯⋯⋯⋯⋯⋯⋯⋯⋯⋯⋯⋯⋯⋯⋯⋯⋯⋯⋯⋯⋯⋯⋯⋯198

第 9 章　ChatGPT 赋能工业⋯⋯⋯⋯⋯⋯⋯⋯⋯⋯⋯⋯⋯⋯⋯⋯⋯⋯⋯⋯⋯⋯⋯199
    9.1　通用人工智能与生成式人工智能⋯⋯⋯⋯⋯⋯⋯⋯⋯⋯⋯⋯⋯⋯⋯⋯⋯⋯200
         9.1.1　通用人工智能⋯⋯⋯⋯⋯⋯⋯⋯⋯⋯⋯⋯⋯⋯⋯⋯⋯⋯⋯⋯⋯⋯⋯200
         9.1.2　生成式人工智能⋯⋯⋯⋯⋯⋯⋯⋯⋯⋯⋯⋯⋯⋯⋯⋯⋯⋯⋯⋯⋯⋯201
    9.2　大语言模型⋯⋯⋯⋯⋯⋯⋯⋯⋯⋯⋯⋯⋯⋯⋯⋯⋯⋯⋯⋯⋯⋯⋯⋯⋯⋯⋯202
    9.3　ChatGPT 简介⋯⋯⋯⋯⋯⋯⋯⋯⋯⋯⋯⋯⋯⋯⋯⋯⋯⋯⋯⋯⋯⋯⋯⋯⋯⋯204
         9.3.1　ChatGPT 的定义⋯⋯⋯⋯⋯⋯⋯⋯⋯⋯⋯⋯⋯⋯⋯⋯⋯⋯⋯⋯⋯⋯204
         9.3.2　从 GPT 开始发展⋯⋯⋯⋯⋯⋯⋯⋯⋯⋯⋯⋯⋯⋯⋯⋯⋯⋯⋯⋯⋯⋯207
         9.3.3　2019 年的 GPT-2⋯⋯⋯⋯⋯⋯⋯⋯⋯⋯⋯⋯⋯⋯⋯⋯⋯⋯⋯⋯⋯⋯208
         9.3.4　2020 年的 GPT-3⋯⋯⋯⋯⋯⋯⋯⋯⋯⋯⋯⋯⋯⋯⋯⋯⋯⋯⋯⋯⋯⋯209
         9.3.5　最小化有害输出的 InstructGPT⋯⋯⋯⋯⋯⋯⋯⋯⋯⋯⋯⋯⋯⋯⋯⋯211
         9.3.6　基于 GPT-3.5 的 ChatGPT⋯⋯⋯⋯⋯⋯⋯⋯⋯⋯⋯⋯⋯⋯⋯⋯⋯⋯212
         9.3.7　对 ChatGPT 使用方式的误解⋯⋯⋯⋯⋯⋯⋯⋯⋯⋯⋯⋯⋯⋯⋯⋯214
         9.3.8　ChatGPT 的计费单位和方式⋯⋯⋯⋯⋯⋯⋯⋯⋯⋯⋯⋯⋯⋯⋯⋯⋯216
    9.4　ChatGPT 赋能工业⋯⋯⋯⋯⋯⋯⋯⋯⋯⋯⋯⋯⋯⋯⋯⋯⋯⋯⋯⋯⋯⋯⋯217
         9.4.1　微软产品与 ChatGPT 的结合⋯⋯⋯⋯⋯⋯⋯⋯⋯⋯⋯⋯⋯⋯⋯⋯217
         9.4.2　ChatGPT 助力汽车行业⋯⋯⋯⋯⋯⋯⋯⋯⋯⋯⋯⋯⋯⋯⋯⋯⋯⋯222
         9.4.3　ChatGPT 提供工业发展新动力⋯⋯⋯⋯⋯⋯⋯⋯⋯⋯⋯⋯⋯⋯⋯223
         9.4.4　ChatGPT 与工业元宇宙⋯⋯⋯⋯⋯⋯⋯⋯⋯⋯⋯⋯⋯⋯⋯⋯⋯⋯225
    9.5　提示词：高质量答案的钥匙⋯⋯⋯⋯⋯⋯⋯⋯⋯⋯⋯⋯⋯⋯⋯⋯⋯⋯⋯226
         9.5.1　为什么 ChatGPT 没期待的那样好用⋯⋯⋯⋯⋯⋯⋯⋯⋯⋯⋯⋯⋯226
         9.5.2　什么是提示词⋯⋯⋯⋯⋯⋯⋯⋯⋯⋯⋯⋯⋯⋯⋯⋯⋯⋯⋯⋯⋯⋯227
         9.5.3　提示词的 5 重境界⋯⋯⋯⋯⋯⋯⋯⋯⋯⋯⋯⋯⋯⋯⋯⋯⋯⋯⋯⋯230
         9.5.4　使用场景 1：回答问题⋯⋯⋯⋯⋯⋯⋯⋯⋯⋯⋯⋯⋯⋯⋯⋯⋯⋯231
         9.5.5　使用场景 2：生成内容⋯⋯⋯⋯⋯⋯⋯⋯⋯⋯⋯⋯⋯⋯⋯⋯⋯⋯233
         9.5.6　使用场景 3：锦上添花，改写内容⋯⋯⋯⋯⋯⋯⋯⋯⋯⋯⋯⋯⋯240
         9.5.7　使用场景 4：锦上添花，信息解释⋯⋯⋯⋯⋯⋯⋯⋯⋯⋯⋯⋯⋯242
         9.5.8　使用场景 5：化繁为简，总结内容和情绪⋯⋯⋯⋯⋯⋯⋯⋯⋯⋯242

  9.5.9　使用场景 6：多工具联动自动生成幻灯片……………………244
9.6　ChatGPT 的潜在风险……………………………………………………246
  9.6.1　ChatGPT 存在的 7 类风险………………………………………246
  9.6.2　应对 ChatGPT 潜在风险的措施…………………………………247
9.7　世界模拟器：OpenAI Sora……………………………………………247
  9.7.1　Sora 的实际表现……………………………………………………248
  9.7.2　Sora 的实现原理……………………………………………………249
  9.7.3　Sora 在训练中掌握世界规律………………………………………250
参考文献……………………………………………………………………………251

Chapter 1 第 1 章

工业数字化转型的内涵与方向

企业在数字化转型的过程中,核心是要推动业务增长。数字化转型的根本目标是提升企业的产品和服务的竞争力,以便在市场上获得更大的竞争优势。所以,数字化转型本质上是一种业务转型,是数字技术驱动下的业务、管理和商业模式的深度变革与重构。在这个过程中,技术只是支点,业务才是内核。这是一个比较常见的误区,企业为了转型而转型,忽略了最根本的提升业务竞争力的目标。数字化转型不是目的,只是手段。

1.1 工业企业的数字化转型需求

具体到工业企业的数字化转型需求,以客户为中心和数据驱动是数字化转型的两个根本理念。以客户为中心是企业在市场竞争中存活下来的关键。数字化浪潮到来后,用户信息不对称的问题得到极大改观,客户感知价值最大化成为导向,从根本上改变了传统以生产为主导的商业经济模式,给企业的经营带来了巨大的挑战,也带来了新的机遇。有别于传统工业化发展时期的竞争模式,数字工业经济时代的工业企业的核心竞争能力从过去传统的"制造能力"变成了"服务能力+数字化能力+制造能力",其根本原因是生产供给能力的充足甚至过剩。在供给短缺的时代,只要企业能够完成制造,哪怕质量上稍有瑕疵,供不应求的现状也会确保产品能够迅速销售一空。但是在产品同质化严重的今天,企业必须有能力提供个性化的服务和与之配套的制造能力来吸引客户,数字化能力就是支持服务能力和制造能力发展的基石。

在数字化转型的道路上,工业企业需要具备开展技术研发创新的能力,加快研发设计向协同化、动态化、众创化转型；具备生产方式变革的能力，加快生产向智能化、柔性化和服务化转变；具备组织管理再造的能力，加快组织管理向扁平化、协同化、DAO（去中心化自治组织）拓展；具备跨界合作的能力，推动创新体系由链条式价值链向能够实时互动、多方参与的灵活价值网络演进，生态合作的概念已经成为主流。工业元宇宙作为新兴的数字基础设施，帮助企业打通了数字资产的全生命周期运营，融合了虚拟空间和物理空间，实现了业务流程的改进和优化，形成了全新的制造和服务体系，从而达到降低成本、提高生产效率、高效协同的效果，以促进工业高质量发展。

数字化转型的讨论中有一句话大家可能都听过——"数字化转型是必修课"。什么是"必修课"？很多企业决策者猛地听到这句话，觉得非常有道理，但在实际理解时很容易就出现了偏差。他们认为"必修课就是必须上的课"，换句话说，只要企业像学生上学一样上了"数字化转型"这门课，任务就算基本完成了。对应到实际工作中，这种说法就变成企业只要用了××系统、××解决方案、××平台就可以了。这种思想从企业管理层传导下去，执行层就会产生一种错觉，将数字化转型看作终极目标，而不是一种提升业务能力的手段。他们认为只要完成了数字化转型，按照领导的期望建设了××平台，企业就会获得成功。

现实中经常会有这样的问题，比如，某知名工业互联网公司，制定了全省数据采集标准和接入规范，但由于完全不知道为什么采集，因此项目上线10个月仍没有产生任何实际业务效果。该公司还开发了工业互联网平台、知识图谱、数据中台等一大堆工具，但不知道这些工具的具体用途。这也是很多企业在建设了××平台之后的一个困惑，似乎完成了数字化转型的第一步，但是企业付出了相当多的投入之后并没有看到业务指标有明显改善，于是"数字化转型无用"的声音就此起彼伏了。我们不妨用"以终为始"的思维方法论，问问自己，我真的知道数字化转型的目标是什么吗？关于"以终为始"思维方法的养成，我们会在后续章节中讨论如何构建创新思维时再做详细阐述。

有些企业的管理层可能会不同意，"我们也有明确的目标啊，但还是不成功，找不到业务提升价值，那又是为什么呢？"在作者看来，虽然企业总结出了数字化转型的目标，但是这个目标的精准程度和方向都有待商榷。常见的误区有以下几种。

1. 过度关注技术而忽视了业务价值

一个常见的误解是"数字化转型只是一个偏技术层面的问题"。基于这样的理解，管理层会沿用之前信息化建设的方法和逻辑，指派IT部门像实现信息化项目一样，以业务部门的现有需求为出发点，而不是思考流程重构和优化，重点放在技术实现上而不是以数据驱动业务，长期规划、按部就班地建设系统而不是小步快跑地敏捷创新。对于这样的错误理解，可以通过下文的"转思想"和"转组织"两种方法进行应对，具体内容在后续章节中再做详述。

2. 在数字化转型过程中思考的深度和广度不够，缺乏全面和系统性的规划

数字化转型是一项系统性工程，起点应该是企业的顶层设计和总体规划。数字化转型需要从战略层面对企业进行全面的分析和评估，包括企业的产品和服务、客户群体、市场需求、业务流程等，以确定数字化转型的目标、方向和路径。在早期阶段，企业需要评估自身的数字化水平和潜力，同时考虑行业的趋势和竞争格局。

从企业内部的运营来看，数字化转型总体规划包括对组织架构、业务规划、数据规划、技术架构、实现应用等方面的理解和设计。从外部环境的影响来看，数字化转型总体规划包括对相关政策法规、市场竞争、科技发展等因素的分析和预测，这些外部环境的变化都会对数字化转型产生重大影响。数字化转型总体规划的咨询过程还可以帮助企业和团队更好地理解数字化转型的意义和目的，统一认识和思想体系，更好地自上而下宣贯数字化转型的战略目标，并制定落地过程中的详细计划和部署。关于如何进行数字化转型相关的总体规划工作，将在后续的章节中进行详述。

3. 业务思考和总体规划由于利益纷争而导致目标不合理

数字化转型意味着对企业内部已有生产关系的调整，也就是说每次企业业务流程的重构，背后都是企业既有利益格局的重构。推动数字化转型就像在大海中推动一座冰山，大多数人只看到冰山在蓝天白云的衬托之下映射在水面上的美，却没看到水下的部分其实才是冰山的主体。在这个类比中，冰山露出水面的部分是显而易见的企业数字化技术变革，而水面之下的部分则是企业内部、价值链上下游伙伴之间的生产协作和利益交换。为了让整座冰山安全移动，就必须做好充足的准备，从水面下的部分发力才能安全地移动冰山，否则受力不均，冰山就会分崩离析。

总而言之，数字化转型的目的是提高企业的运营效率和盈利能力。数字化转型需要与企业的战略和业务目标相结合，才能真正实现价值。

1.2　工业数字化转型的外延与内涵

1.2.1　工业企业从传统工业经济走向数字工业经济

数字经济作为全球经济发展的新引擎，正在成为重组全球资源要素、重塑全球经济结构、改变全球竞争格局的关键力量。数字经济概念的形成和发展经历了若干过程，20世纪下半叶以来，随着新一轮科技和产业革命的不断发展，信息化和工业化持续融合（"两化融合"）发展并稳步向前迈进，新产业形态不断涌现。2013年，德国汉诺威国际工业展览会首次推出"工业4.0"的概念，强调了要以智能制造为核心引领工业变革。同年，麦肯锡研究显示，包括移动互联网、知识型工作自动化、物联网、云计算技术、先进机器人、自动或者半自动的交通工具、新一代基因组技术、能量储存、3D打印、先进材料、先进油气田勘探开采技术、可再生能源在内的12项颠覆性技术，在2025年可带来16.7万亿～40.4万亿美元的潜在经济贡献。

工业企业作为数字工业经济的微观主体，在刚刚接触到数字技术时，通常所能提出的第一个发展目标就是提升生产运营效率。因为工业企业在对数字化有足够理解和执行能力之前，需要时间去学习、理解和尝试应用数字化技术，并且审慎地思考有可能的第二业务曲线在哪里。并不是每一家工业企业都有机会通过创新升级得到新的商业模式，绝大部分的工业企业还是会把数字化技术的应用方向聚焦在对内部运营管控的"提质增效"上面，实现对现有产品和服务的数字化升级。

当企业内部的生产运营效率在数字化技术的支持下有了一定提升，已经初步验证了数字化转型的方向和作用，管理层和执行团队也建立了对数字化的理解和信心，尤其是积累了相当体量的运营数据可以进行分析之后，尝试拓展具有颠覆性的数字化新业务就可以被提上议事日程了。如图1-1所示，我们可以看到这种尝试的起点就是传统工业经济和数字工业经济分界过渡/交叉的所在。通过一边继续提升生产运营效率，一边尝试创新和产生新业务模式，企业在这二者之间取得了一个巧妙的平衡，并逐步地从传统工业经济形态过渡到了数字工业经济形态。这种企业逐步进行产品创新和业务形态转换的过程就是数字化转型的过程。

1.2.2 数字工业经济的生产力

对于工业经济来说，主要的生产要素包括劳动力、资本、自然资源和技术。劳动力指的是工人、技术人员和管理人员等人力资源。资本指的是生产资料，例如机器设备、原材料、能源等。自然资源包括土地、水、矿产等。技术则是指各种生产工艺和方法，以及技术创新，它们可以提高生产效率，降低成本，提高产品质量。这些生产要素缺一不可，它们共同作用于生产过程中，从而实现工业经济的发展和进步。在工业经济中，制造业是主要的经济活动，制造业产品的生产和销售是经济发展的主要动力来源。

而数字工业经济是以数据资源为关键要素，以现代信息网络为主要载体，以信息通信技术融合应用、全要素数字化转型为重要推动力，促进公平与效率更加统一的新经济形态。数字工业经济是以数字技术为主导的工业经济体系。在这种工业经济体系中，主要的生产要素变成了虚拟的数据，数字技术是经济活动的主要支撑，数字产品和服务的生产与销售是经济发展的主要动力来源。

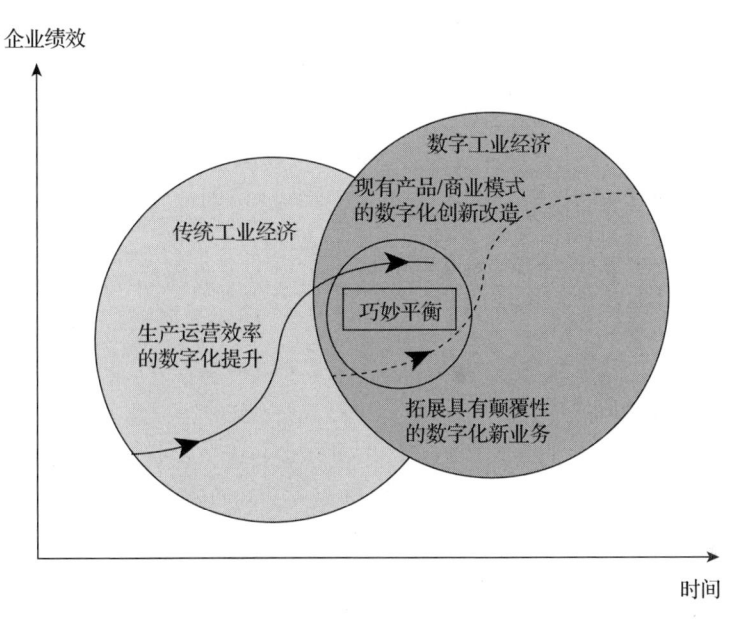

图 1-1　从传统工业经济到数字工业经济

数字工业经济的生产力主要体现在两个方面——数字产业化和产业数字化。数字产业化除了发展数字技术本身，还将数字作为重要生产要素渗透并促进实体产业的数字化转型。产业的数字化程度引领着该产业升级和发展的方向，数字与产业融合是大势所趋，也是企业提升产业能力的必然选择。企业作为数字经济时代的微观主体，也在利用数字技术不断为自身提高效率、增强能力并获取利润，为数字中国的整体建设源源不断地提供动能。在技术层面，数字产业化涵盖了平台层、基础层以及以数据、技术和平台为导向的应用层，而产业数字化则聚焦于实体经济细分行业的实际应用。

1. 数字产业化

数字产业化是数字工业经济的核心产业，主要包括计算机通信和其他电子设备制造业、电信广播电视和卫星传输服务、互联网和相关服务、软件和信息技术服务业等。数字产业化是数字经济发展的基础，关注的重点是信息生产以及使用的规模化，包括但不限于5G、集成电路、软件、人工智能、大数据、云计算、区块链等技术、产业及服务。数字产业化为产业数字化提供数字技术、产品、服务、基础设施和解决方案，以及为完全依赖于数字技术、数据要素的各类经济活动提供支撑。具体来看主要包括以下内容。

（1）基础层

基础层包括数字产品制造业（计算机、通信及雷达设备、数字媒体设备、电子元器件及设备等）、数字技术应用业（软件开发、电信、广播电视和卫星传输、互联网和信息技术等）以及数字产品服务业（数字产品的批发、零售、租赁与维修等），例如，基础软件开发，即对硬件资源进行调度和管理、为应用软件提供运行支撑的软件的开发活动，包括操作系统、数据库、中间件、各类固件等；互联网数据服务，包括以互联网技术为基础的大数据处理、云存储、云计算、云加工、区块链等服务活动；互联网安全服务，包括网络安全集成服务、网络安全运维服务、网络安全灾备服务、网络安全监测和应急服务、网络安全认证检测服务、网络安全风险评估服务、网络安全咨询服务、网络安全培训服务等。

（2）平台层与应用层

平台层与应用层主要包括数字要素驱动行业，包括互联网平台（生产服务、生活服务、公共服务与科技创新）、互联网批发零售、互联网金融（网络借贷、非金融机构支付服务等）、数字内容与媒体（数字出版、数字广告等）、信息基础设施建设（网络、新技术、算力等）、数据资源与产权交易等，为数字与产业的融合搭建数字基础设施与应用平台。

2. 产业数字化

产业数字化是将各种传统产业领域的制造、流通和服务等环节通过数字化手段进行整合和优化，以提高效率、降低成本，实现企业数字化转型升级，是数字技术和实体经济的融合。产业数字化涵盖的领域较广，主要包括工业、医疗、教育、农业等领域。

- 工业数字化。工业数字化是指以人、机、物、工厂等要素的全面互联为基础，通过对工业数据的全面深度感知、实时传输交换、快速计算处理和高级建模分析，实现智能控制、运营优化等生产组织方式变革的新型工业生产制造服务体系。工业数字化的范围包括但不限于工业互联网、智能制造、工业 4.0、数字化工厂等融合型新产业形态。这是本书阐述的重点内容。
- 医疗数字化。医疗数字化是指将整个医疗服务过程数字化，以更好地为患者提供服务。医疗数字化不仅包括电子病历和电子处方的使用，还包括远程医疗、智能医疗设备和健康管理等。这些技术的使用可以更好地为患者服务，并提高医疗行业的工作效率和质量。

- 教育数字化。教育数字化带来了在线学习、远程教育和智能化教育等一系列新的学习方式。在数字教育时代，教育资源的共享和利用变得更加便捷和全面，能够满足学生不同层次和不同需求的学习。
- 农业数字化。农业数字化是将数字技术应用于种植、饲养、渔业和林业等领域，实现精细化、智能化和自动化操作。通过数字化技术，农业生产可以有效地提高生产效率和农产品的品质，强化安全保障，为农村地区创造更好的就业机会。

数字工业经济的发展有助于实现公平与效率更加统一的目标，使得市场更加透明，反映了企业对公平竞争和创新的需求。数字经济也为消费者提供了更多的选择，改善了消费者的权益保护。当前，许多企业已经开始采用数字化技术进行升级改造，以提高效率和降低成本。未来，随着技术进步和高科技产业的发展，数字经济的市场规模有望继续扩大。同时，数字工业经济也将面临如何保护隐私、如何建立在线信任等新挑战。因此，在推动数字工业经济快速发展的同时，政府和相关机构还要加强监管与规范，以实现数字经济的可持续发展。

1.2.3 工业数字化转型的内涵

1. 自动化与数字化

在工业数字化转型的过程中，我们经常会发现建设数字化工厂需要开展很多和生产线、机器人、生产数据采集相关的工作，那么这些不是工业自动化一直在做的事情吗？同时为了获取管理数据和固化管理流程，ERP、MES（MOM）、LES等系统的实施通常也和数字化工作的开展密不可分，这些工作不是属于信息化工作的范畴吗？

自动化（Automation）是指机器设备、系统或过程（生产、管理过程）在没有人或较少人的直接参与下，按照人的要求，经过自动检测、信息处理、分析判断、操纵控制，实现预期目标的过程。自动化技术广泛用于工业、农业、军事、科学研究、交通运输、商业、医疗、服务和家庭等方面。采用自动化技术不仅可以把人从繁重的体力劳动、部分脑力劳动以及恶劣、危险的工作环境中解放出来，而且能扩展人的器官功能，极大地提高劳动生产率，增强人类认识世界和改造世界的能力。

在工业领域，工业自动化是指将多台设备（或多个工序）组合成有机的联合体，用各种控制装置和执行机构进行控制，协调各台设备（或各工序）的动作，校正误差，检验质量，使生产全过程按照人的要求自动实现，并尽量减少人为的操作与干预。工业自动化可以帮助工厂在生产执行中迅速提升效率，生产现场所必需的肩扛手挑和手工劳动等低技术含量、重复性的体力劳动，都可以用自动化设备进行部分或者全部替代。例如，可以用螺丝拧紧机帮助工人自动拧紧汽车轮胎上的螺丝，用搬运机器人 AGV（Automated Guided Vehicle）在车间和仓库中自动化搬运物料，用堆垛机在立体仓库中自动化上下架产成品等。这些工业自动化系统所依赖的技术体系归结为一个名词，就是 OT（Operational Technology），简单理解就是用机器去代替人的体力劳动，实现加工、搬运、装配等动作的自动化。

但是如果只是实现自动化，是不是就足以实现工厂的效率提升呢？以富士康提出的"机器换人"计划为例。富士康从 2014 年开始计划使用超过百万台机器人，对产线工人逐步进行替代，甚至最终实现无人化生产装配。为了推进机器人代替人工，富士康设想了 3 个阶段：第一阶段，利用机器人取代重复性工作以及危险性工作；第二阶段，改善生产线，提升效率；第三阶段，整个工厂进入自动化阶段，使得所需工人数量降到最低，人力只负责检查等工作。根据公开资料显示，富士康投入的机器人工人在 2019 年之前，就已经在郑州工厂、成都平板工厂、昆山和嘉善的计算机/外设工厂投入使用，并且减少了大量的人工成本。比如在 2016 年 5 月，富士康将昆山的员工人数从 11 万减少到 5 万。一方面，在劳动力短缺和工人成本上涨等压力下，富士康希望通过机器人来弥补用工空缺，并摆脱对不可持续的廉价劳动力的依赖；另一方面，苹果公司具备更强的议价权，而富士康又要确保自身利润，通过大量使用机器人来提升效率和降低成本也是形势所迫。

但是经过几年的尝试，最终富士康延缓实施了"机器换人"的计划。"机器换人"计划在标准化产品的生产中是可行的，所谓标准化产品就是产品样式、规格与生产程序大致固定，比如说口罩等防护用品或者锅碗瓢盆等生活用品，它的样式与大小在长期内基本不变，用户对这类产品的创新要求低，对品质要求高。因此这类产品只要通过严谨的流水线设定，依赖机械臂进行流水线操作就可以代替人工。

但是"机器换人"的想法在用户对产品创新和品质要求都高的行业就不适用了，智能手机行业就是如此。智能手机所涉及的工序与产品制造流程相当复杂，对操作的精细程度要求高，但是目前常见的机器人其实就是机械臂，其操作的精细程度尚无法达到用户对产品不断创新的需求的预期。首先，精度问题是机器换人面临的大问题。对于智能手机制造来说，核心组装部分中一旦有一个螺丝扣稍有差池，可能就是严重的品控事故。曾有富士康内部人员表示，机器人很难保持高精度来进行 iPhone 螺丝的组装，如果出现品控事故，严重情况下 iPhone 和机器人都有可能报废，这反而带来了更大的维护成本。

其次，机器人还不能替代严密的测试与验证工作。产品在投入上市之前，有一系列的验证与测试过程，包括新产品的验证、新材料和组件的导入测试、新产品的设计决策与关键规格确认等。这些工作一方面依赖苹果与供货商之间的紧密合作，另一方面更依赖熟练技术工人与研发技术人员对这一过程做严密的测试与验证，机器人无法代替这些必须有人确认的关键步骤。

最后，机器人运维能力的缺乏也是一个问题。机器人需要人工维护和修理，产生的成本同样不容忽视。

所以单纯实现自动化的短板已经清晰可见了，并且在已经高度自动化的工厂里，大家会进一步提出问题：自动化设备/机器人能实现自我调整吗？当操作人员向加工中心下达了一系列参数和操作指令后，如果在加工过程中出现了意外，加工中心能自我调整来适应外部环境的变化吗？如果它不能自我调整，是不是至少可以自动记录加工过程，提供数据反馈以便于生产之后的复盘和分析。于是对设备进行联网、采集数据、实时监控乃至于增加智能化的自适应能力，就成为工厂在自动化升级改造之后越来越迫切的需求，这也是今天我们在数字化领域里需要讨论的问题之一。

2. 信息化与数字化

信息化主要完成的工作是借助信息技术（IT）的数据采集和计算能力，将原来的人工流程自动化，对传统企业中冗余的中间管理层进行精简，一部分提升为企业的战略制定层，更加专注于决策和创新；一部分下沉到具体的执行和流水线工作，从而提高企业的创新和管理能力，提高企业生产效率并降低成本。

这里需要指出的是，信息化的使命是提升企业内部流程管理和事后分析统计的效率。信息化技术从提出的第一天起，就不是为了实时解决执行过程中出现的问题，而是做事后对于流程和关键节点产生的数据的记录与分析。信息化不会在事前做出任何预测，或者做出智能化的自我判断。在工业企业的管理流程中，信息化主要关注的方面有如下几点：

- 库存管理和控制。20世纪60年代开始，企业开始应用软件来管理物料库存，主要包括管理库存需求、设置目标、提供补货技术和选项、监视物料使用情况、核对库存余额以及报告库存状态。
- 物料需求计划。20世纪70年代，企业开始利用软件来计算物料需求计划（Material Requirement Planning，MRP）中的产品生产需求，安排物料准备流程。MRP根据产成品的生产要求、产成品和半成品的BOM结构，以及当前库存水平和每个工序的线边库存，为工序和原材料采购生成计划。物料需求计划主要解决在当前的产品生产需求下，需要准备什么物料？什么时候购买物料？怎么购买？怎么管理和使用这些物料？
- 制造资源计划。20世纪80年代，市场对于响应速度的要求进一步提升，同时希望更加高效地生产，以及降低成本。于是物料需求计划（MRP）继续向外延展，把生产端的车间管理和销售端的分销管理加入管理范畴中，也就是制造资源计划（Manufacture Resource Planning，MRP Ⅱ）。制造资源计划（MRP Ⅱ）服务的对象是产品经理甚至是工厂的厂长，管理环节包括产品设计、备件购买、库存管理、销售成本和分销供应链。

- 企业资源计划。20世纪90年代，企业资源计划（ERP）开始发展起来。前面的MRP/MRP Ⅱ都是局部的业务系统，而ERP是第一个企业级价值链的业务应用。ERP融合了主要的业务产品计划，还有采购、物流控制、分销、履行和销售等活动，对上集成了BI或者数据仓库，对下集成了制造运营支撑平台（例如MES）。以大家所熟知的SAP ERP为例，功能模块主要包括财务会计（FI）、管理会计（CO）、物料管理（MM）、分销管理（SD）、生产计划管理（PP）、库存和仓储管理（WM）等。

信息化在开始阶段面临的挑战和当前的数字化遇到的问题有相似之处，例如"上ERP是自找麻烦，不上ERP是坐以待毙""ERP是没事找事，增加了工作量""ERP是一阵风，吹不了多久"等。但是今天回顾ERP的应用效果，它已经成为企业业务的核心系统，不会再有任何一个成规模的制造业企业认为自己不需要实施ERP。从这个角度看，数字化转型的过程和ERP的发展过程相似，正在经历从对数字化转型的质疑、担心、焦虑到逐步实现、产生价值、坚定信心的过程。

数字化是指数据产生的方式和存储的形态，是一个技术名词。下面以大家生活中常见的照相技术的发展过程为例来说明数字化的内涵。最早的时候人们使用胶卷相机，其原理是：光线映入镜头，镜头把景物影像聚焦在胶片上，胶片上的感光剂随光发生变化，变化后的感光剂经显影液显影和定影，最终出现影像，但影像内容都是模拟数据，无法用0和1表达。后来出现了数码相机，其原理是：光线映入镜头，经过影像检测传感器将光线作用强度转化为电荷的累积，再通过模数转换芯片将模拟信号转换成数字信号（也就是0和1，二进制表达的信号）。有人会问了，胶卷相机拍出来的照片经过扫描仪扫描，也能变成二进制文件（例如JPG格式文件），那是否可以说胶卷相机就是数字化技术呢？显然不是，可以利用传感器收集+芯片处理将影像直接变成二进制数字信息的技术才是数字化技术。

再举个例子。10年前作者在咨询公司工作的时候，曾经尝试帮助全球领先的豪华车品牌售后部门分析业务流程数据，但是所有的历史数据都是记录在纸质单据或者某个孤立系统当中，最多只能输出PDF格式的数据文件发给我们进行分析。在缺乏数字化工具对PDF文件进行解析，并且保存为二进制的结构化数据之前，是不太可能快速对这些数据进行统计分析并找出规律的。经过慎重评估，客户还是放弃了对数据进行自动化统计分析的想法，保持了人工统计分析的现状。如果该部门有机会重新规划设计应用架构，今天就可以通过数字化工具直接自动/半自动地产生数据，甚至在产生数据的同时就开始自动分析数据，自动发送提示和告警，让整个汽车售后过程变得更加透明化和智能化，例如，让消费者在微信小程序上自助预约汽车维修，维修车间通过扫描枪和二维码跟踪每一步维修流程和所使用的材料消耗，或通过 AR 眼镜辅助维修人员查找维修指南和自动记录维修过程等。

总结一下，如果不能直接形成二进制数字信息，而需要通过某种手段进行转换才能成为二进制数字信息，那就不是数字化能力。非数字化生成的数据很难被转变成有效的数字资产并进行管理，非常不利于后续的数据分析和运营。这是理解数字化的关键判别原则。

但是在 20 年前开始的信息化和现在的数字化还是有较大区别的，主要体现在如下几个方面：

- 信息化重管控，数字化重"赋能"。信息化的重点是把一切管理流程标准化，减少员工在流程执行过程中的非标准化操作，某种程度上这是在抑制员工的创新，不希望在流程中产生"意外"。而数字化转型强调基于数据思维，将数字化技术应用到业务中，把所有的业务转变成数字化的服务，充分发挥员工的能动性和创造力。
- 信息化重封闭系统和最佳实践，数字化重开放生态和个性化方案。过去以 ERP 为代表的信息时代，大部分企业所使用的系统都是闭源商业套件。而到了数字时代，企业业务越来越复杂，与外部的连接越来越多，而且产生连接的方式也更加复杂，导致企业的数字化架构需要适应业务需求的快速变化，处理的数据更加多元异构，要根据不同时期的企业状况量身定制，而非简单复制所谓的"最佳实践"。因此数字化转型的技术能力必须依托开放的生态进行构建，依据业务需求在技术有机结合的前提下形成统一解决方案，而不是简单地根据各方商务需求进行整合，自行演进和自由生长。
- 信息化是流程驱动、人类决策，数字化是数据驱动、智能决策。在数字化转型的过程中，所有信息都会以数字形式采集、存储、分析、预测，乃至做出决策。简单来说数字化就是以机器为主，以人为辅；而信息化则是以机器为辅，以人为主。举个例子，每个城市都会有交通监控中心，这个监控中心里会有一个巨大的屏幕，时刻显示着各种交通监管信息，例如每个路口的人流量、车流量、交通信号灯的时间、交通拥堵程度等。在信息时代，监控中心的主要作用是把信息展示出来，由交通管理人员去判断和决策如何处理。需要在 A 路口设置更长时间的红灯，还是需要在 B 路口阻止当前绿灯放行，都是由人做出的判断。系统的价值就是提供足够的信息作为输入，也就是我们常听到的"可视化"，但是并不提供直接的结果输出。

在数字时代，这种情况在物联网和人工智能的加持下，发生了极大的改变。在某些城市已经建设实现的"城市大脑"中，系统可以根据物联网实时收集的各种交通数据做出自主判断，辅助交通管理人员做出自动或者半自动的决策。例如系统自动决策每个路口应该如何设置交通信号灯的时间长短，应该放行哪个路口，应该封闭哪个路口等。交通管理人员可以把精力放在更复杂的问题决策或者突发事件的处理上，减少了大量日常的重复性劳动，并且决策的效率更高，结果更好。

总结一下，信息化为业务提供价值的形式，大部分是传统的数据可视化形式，也就是通常所讲的报表和图表。而这些报表都无法被其他应用直接调用和识别，需要业务人员去阅读、学习、参考和理解。不同的人因为经验和知识的差异，对于同一个数据的洞察和理解是完全不一样的，数据的价值无法得到充分体现。而数字化则以万物互联的 IoT 技术作为底层支撑，基于对数据的自动化收集和分析，以数据即服务（Data as a Service，DaaS）的形式被第三方业务应用直接调用，并在数字世界中自动做出决策甚至行动。对于制造业而言，原来面向企业内部的基于自动化和信息化的运营管理决策能力，现在可以延伸到产业链的上下游，实现全产业链的智能分析和决策，这就是数字化所带来的改变。

3. 工业数字化转型术语解读

随着数字经济时代全面开启，企业的数字化转型已不是"选修课"，而是关乎产业长远发展和企业自身生存的"必修课"。工业数字化转型包含以下三个层面：

数字/数字的（digital）：数字是指通过二进制代码表示物理项目或活动。当用作形容词时，它描述了最新数字技术的主要用途，包括改善组织流程，改善人员、组织与事物之间的交互，或使新的业务模式成为可能。[1]

数字化（digitalization）：数字化是指利用数字技术来改变商业模式，并提供新的收入和价值创造机会，这是转向数字业务的过程。[2]

数字化转型(digital-business-transformation)：数字化转型可以涵盖从 IT 现代化（例如云计算）到数字优化再到新数字商业模式的任何事情。[3]

总之，工业数字化转型是某些垂直行业甚至运营企业主体非常个性化地运用"数字化"技术和理念实现创新突破的过程，是一个业务名词。

1.2.4　成功案例：英格索兰公司的数字化转型

空气压缩机（简称空压机）用来制造生产过程中所必需的压缩空气。我们在生活中乘坐公共汽车，肯定有过这样的经历：公交车到站停稳后，司机按下开门按钮，但车门不是直接打开的，而是要"呲"一下，狠狠地"叹"一口气才能够打开。车门"叹"的这口气,就是在释放压缩空气,用它产生的动能来推开门。在工厂、办公楼、医院,还有各种大型工商业设施里面,都要用到空压机。空压机可以用来推动气压缸,消除静电、喷漆、冷却和干燥产品,还可以用在石油勘探里……它的使用场景非常多。所以也有人说,空压机是制造业生产线上的"扳手",是最重要的生产辅助设备。

英格索兰公司是全球最大的空压机厂商,有超过 150 年的历史,旗下品牌 40 余个,成立于 1871 年,总部位于美国北卡罗来纳州,是一家全球性的多元化工业公司。公司的产品组合涵盖诸多领域,包括空气压缩机、泵、鼓风机、流体管理、装载、动力工具和物料吊装系统等,为航空航天、食品饮料、电子和半导体、船舶、油气、制药、生命科学和实验室等各个行业提供工业解决方案。

1987 年上海英格索兰压缩机有限公司成立,英格索兰公司成为改革开放后进入中国市场的第一批外资企业之一。在中国,英格索兰公司设有 1 家投资公司、5 家贸易公司、5 个生产制造基地,以及 1 个亚太工程技术中心,业务机构遍及全国 30 多个城市。

过去,空压机在大多数人的印象当中,都是一台冷冰冰的设备。如果出了问题,通常是请当地维修中心的工程师带着备件上门维修,用户要付出的不止是直接成本(备件和维修服务的成本),更多的是付出了生产意外停线所导致的产能损失和不能按时交货的风险成本。因此,如何有效地实时监控空压机的状态,像医生对病人的检查和诊断一样,让数字化工具自动地根据实时数据预测空压机的未来健康状况,甚至提早就能做出相对准确的预测结果,提醒工程师准备好备件,帮助空压机的用户缩短停机时间呢?

2023 年 4 月在上海举办的第 24 届中国环博会上,佶缔纳士(以下简称 NASH,英格索兰集团旗下子品牌)宣布,与亚马逊云科技达成全面合作,双方将在智能制造、工业物联网、数据分析等领域展开深入合作,帮助其用户实现能源节省、低碳运行和绿色可持续发展[4]。NASH 专注于在真空和气体压缩输送领域,为工业、能源、环境、医疗和通用等诸多行业关键领域提供增值的真空泵/压缩机和风机整体解决方案,产品和服务遍及五大洲。数字化、智能化和绿色低碳可持续发展是时代的召唤,也是英格索兰公司的核心战略部署之一,是 NASH 可持续发展的重要引擎。随着持续推动数字化转型,加快自身从设备生产商向服务提供商的转变,NASH 期望通过数字化智能解决方案,实现高效灵活和安全稳定的设备运维与管理,从而为客户提供智能化服务。因此,NASH 选择与亚马逊云科技及其合作伙伴重庆英科铸数网络科技有限公司开展深入合作,搭建工业物联网智能化运维管理平台。该平台预计连接全球超过数十万台真空泵和风机等设备,利用亚马逊云科技的容器、存储、数据库、分析和机器学习等服务,对设备数据进行采集和分析,对设备进行全生命周期的管理，并实现预测性维护。同时该平台也会就设备能耗数据进行分析，帮助客户实现节能减排。根据计划，该平台将于2023年内在中国上线，并随后推广到东南亚市场及南北美洲和欧洲市场。

1.3 工业数字化转型之五转

有统计数字表明，85%的创新和转型最终都会失败，那用什么方法可以系统性地提升数字化转型的成功概率呢？工业数字化转型的方向可以归结为五点，即工业数字化转型之五转。第一转是"转思想"，需要通过"一把手负责制"自上而下地宣贯数字化转型的目标和理念。第二转是"转组织"，在传统企业中常见组织架构的设置是依据各自的职能进行清晰的边界分工，但是今天需要业务与IT一体化的敏捷创新组织满足数字化转型的需求。第三转是"转方法"，使用精益创新五步法完成数字化转型。第四转是"转文化"，建立一个新型的面向长期主义和开放共享的企业文化。第五转是"转模式"，使用包括云计算、数字孪生、5G、大数据等在内的数字化技术帮助企业梳理技术需求，建立统一的数据平台，重构企业流程。

1.3.1 第一转：转思想

哈姆雷特是莎士比亚戏剧中的一名悲剧人物，关于他有一句名言："一千个人眼中有一千个哈姆雷特"，这句话充分说明了千人千面的个性化理解和需求。同样，在数字化转型的过程中，我们也会看到1000个人心中有1000种对于数字化转型的理解。在进行转型咨询和确立业务目标时，每个相关业务客户的需求，通常是从个人本职工作的视角上来诠释他对转型内容和方向的期望。因此，企业需要通过一把手工程，自上而下地建立数字化思维，统一员工对数字化转型的理解和思想认识，制定数字化转型的整体目标和各个部门的战略目标，画出客户价值图、业务演进图、架构生长图。

1. 建立数字化思维

企业数字化转型，首先需要避免的一个思维误区是"上几套软件系统，企业就能获得数字化能力，完成数字化转型。"本该是企业业务战略思考和转型的事情，基于这种理解就演变成了企业的一个IT项目。一把手（企业家）作为企业的所有者和指路人，本该亲力亲为地主导和参与数字化转型，但实际执行中变成了找个偏IT技术的CXO或者职业经理人，期待他拿出一些"灵丹妙药"。一把手工程，并不是简单地要求企业家自己要足够重视，投入时间和精力并通过权力推动数化转型的发生，而是要求企业家和高层管理者能够转变自身的思维方式，形成数字化相关的思维理念。

企业家与CXO是有着本质差别的。企业数字化转型一定会涉及组织的变革，影响一部分人的既得利益，这也是数字化转型会受到企业内部阻力的主要原因。很多企业的CXO大多是外聘的"空降兵"，他们没有意愿也没有足够的能力驱动组织变革，通常只能选择避而不见，导致了企业在"伪数字化"的道路上渐行渐远。企业家和CXO的最大区别在于，CXO以完成KPI为主，而企业家的本质是通过守护与发展企业去发掘和创造财富，当前、以往和未来的一切都是为了更好地服务于企业发展。对于企业的数字化转型，CXO（如果本人不是企业家）是否具备数字化思维没那么关键，但企业家则完全不同，他必须具备数字化思维的相关能力，否则企业数字化转型大概率是不会成功的。

（1）建立批判性思维

批判性思维经常会被人误解为纯粹的对他人思想的批判，这是不对的。批判性思维是一个心理学概念，近代史上有很多学者都对批判性思维的具体内涵做了定义。其中，最有名、最被广泛接受的是美国伊利诺伊大学荣誉教授罗伯特·恩尼斯（Robert H. Ennis）的版本，恩尼斯是美国非形式逻辑与批判性思维协会（AILACT）前任主席，国际公认的批判性思维权威，被尊为美国批判性思维运动的开拓者。他的定义非常简洁，只有一句话："所谓批判性思维，是针对相信什么或做什么的决定，而进行的理性的反省思维。"

批判性思维的核心在于两点，第一是理性，第二是反省。所谓理性，用英语解释，就是What is the fact? What is the opinion？举例来看，很多人都会针对他人的行为做出一个判断"××是坏人"，如果用批判性思维的方法来考虑，这句话就是一个典型的个人意见，而不是一个事实。"××做了一件违法的事"才是事实。简单来说，理性就是人们为了获得预期结果，能够冷静地面对输入信息，分清现实和意见，基于事实讨论分析多种可行性方案，判断出最佳方案并有效执行的能力。

而反省思维是与人类的原生思维，或者说第一感觉是相对的。原生思维大多是盲目的、不受控制的，例如，当你看到一朵小红花时脑海中跳出的第一个念头是"好看"，但原生思维是暂时的、中断的、不连续的，因而无法形成深入思考，前面这个"好看"的意见形成了之后，思考通常就终止了。原生思维不包含有序的、有规律的验证过程，容易盲信盲从，例如很多人在短视频中刷到了一条听起来非常有道理的话，于是就下单买了一门培训课。原生思维的这些场景是不是看起来都很熟悉？而相对地，确定的思维目的、连续而逐步深入的思考过程、实证主义和怀疑精神，是反省思维的核心要素。

（2）建立数据思维

作者在作为数字化转型顾问去制造企业进行调研的时候，第一步通常会以访谈形式企业家或者高层提出一个问题："您能告诉我昨天工厂的产品良率是多少吗？或者主要设备的OEE是多少吗？如果不能，您能告诉我本周或者本月这两个指标的具体表现吗？"有意思的是，大部分的管理者可能都很难直接回答出这两个关键指标的问题，我通常得到的回答是"我给你问问啊""我把CXO叫来和你说一下"，甚至是"我把财务经理叫来回答你"。大家可以问问自己，在本职工作范围内的关键指标的表现数据，你是否也可以脱口而出呢？如果每个人都不能对自己所需要关注的数据有清晰准确的认知，那么你又是以什么依据对日常运营行为做出决策和判断呢？因此，建立数据思维是从管理者开始，到每一名员工都需要认真对待的思想变革工作。

数据思维是一种从数据的角度思考问题、解决问题的方法和思维方式。它将数据作为决策分析的基础，用数据分析和处理工具对数据进行有效的理解和利用。数据思维要求管理者发挥主观能动性，基于数据进行深入的分析和思考，以获取更准确的判断和更好的改善策略。数据思维包括以下几个方面：

- 数据的收集和整理：在数据思维中，首要任务是收集和整理数据。这需要管理者了解数据的来源和质量，并且知道如何有效地存储和管理数据。
- 数据的分析和解释：在收集和整理完数据后，需要对数据进行分析和解释。这需要管理者掌握数据分析方法，包括数据可视化、数据挖掘、统计和预测等。
- 数据的应用：数据思维的关键在于将数据应用到实际生产和经营过程中。这需要管理者在制定战略和决策中时刻都要优先考虑使用数据分析结果，避免"差不多""大概齐""拍脑门"式的业务决策，以保证决策的科学性和有效性。
- 数据的持续更新：数据思维不仅涉及当前的数据内容和质量，还需要保证数据的持续更新。这需要管理者持续关注数据变化，及时进行更新和调整，并不断寻求新的数据来源和应用场景。

总之，数据思维是一种利用数据来分析问题和解决问题的方法，它需要管理者具备数据收集、分析、应用和持续更新的能力。通过建立数据思维，管理者可以更加精准地洞察市场动向和业务运营情况，并制定有效的改善策略，从而提高企业的运营效率和竞争力。

那么如何建立数据思维呢？对于管理者来说可以从以下四点入手：

- 从数据角度思考问题：在解决问题和制定决策时，管理者应该始终基于对数据的分析和挖掘来考虑，形成数据驱动的习惯做法并进行数据分析和评估，以保证决策的正确性和有效性。
- 培养数据分析能力：管理者应该学习和培养数据分析能力，掌握数据挖掘和数据建模等技能，并能使用数据可视化工具帮助进行数据分析和处理。
- 营造数据文化：管理者要营造一个强调数据价值的氛围，鼓励员工积极参与数据分析，推广数据化思考。同时企业需要建立数据质量管理体系，从数据采集、存储和处理等方面保证数据的准确性和完整性。
- 制定数据驱动策略：管理者需要制定数据驱动策略，将数据纳入战略规划和执行中，同时不断优化流程和方法，提高数据分析的效果和实现商业价值的能力。

2. 以客户为中心形成客户价值图

管理者要站在企业对外的视角上，秉承以客户为中心的理念，去理解客户的真实需求，正确衡量解决方案对客户业务的价值，例如所需要服务的客户群体未来所面临的挑战是什么？已有产品或者解决方案应该如何去帮助客户？会为客户的业务演进带来什么样的价值回报？而且不同的业务部门对客户价值的理解也不一样，例如销售觉得是低价，售后觉得是服务，如何在兼顾价格和价值的同时又能真正满足客户需求呢？这些都需要一把手来衡量并做出取舍。

说到以客户为中心，几乎所有企业都认为自己是该理念的忠实拥趸和践行者，少有企业会说自己不是以客户为中心的。但现实是大多数企业都在自欺欺人，由于各种各样的原因，企业不以客户为中心，而是以内部管理的KPI甚至老板的喜好为中心。在这样的企业中提到以客户为中心，通常会看到如下两种常见误区。

第一种误区："拿着锤子找钉子"。企业不是根据客户的需求去提供和改善产品，而是基于自己对产品发展方向的主观臆测，围绕客户去找到功能实现的理由。

第二种误区："听风就是雨"。这个误区是把"以客户为中心"简单理解成"客户需要什么，我就做什么"。企业拿到了客户的表面浅层需求之后，不理解客户的深入需求和真正痛点，一味地迎合客户来满足伪需求。就好像亨利·福特所说："如果你问消费者需要什么样的车，消费者会说需要跑得更快的马车，他们一定不会想到汽车。"

我们以世界级企业，也是作者曾经工作过的亚马逊为例，来看一看以客户为中心到底应该怎么做。曾有媒体问亚马逊的创始人贝索斯："亚马逊的目标是什么？"贝索斯回答："我们的理想是成为地球上最以客户为中心的公司。"在亚马逊有一个不成文的规定，公司开会时，要刻意留下一把空椅子。这把椅子是为客户留的，为的是提示与会人员必须考虑正坐在这把椅子上的客户的感受。在创办亚马逊不久后，亚马逊推出了一个政策：让顾客对自己在亚马逊所买到的书进行点评，而且不会删掉任何负面评价。用一句行业里面的俗话就是，亚马逊绝不刷单。现在看起来并不稀奇，在当时却是"疯狂的举动"，甚至直到今天在亚马逊跨境电商帮助中国卖家出海时，很多中国卖家仍然不能接受。公司高层想不明白，竞争对手也大为不解，这不是自曝其短，自砸饭碗吗？但贝索斯的想法是，透明的评价相当于书籍的优劣筛选器，可以帮助客户省钱、省时地找到心仪的书。最终贝索斯赢了，评价系统让亚马逊备受顾客信任。以客户为中心的工作方法和文化一直是全体亚马逊员工的第一工作信条，英文原文是 Customer Obsession。

那么亚马逊到底是用什么工作方法来实现"以客户为中心"呢？2008年，贝索斯在给股东的一封信中说道：亚马逊通过"逆向工作法"来了解客户需求，耐心探索，不断磨炼，直至找到解决方案。什么是"逆向工作法"？就是每当有人想出一个新创意时，都会被追问：这个产品对客户来说重要吗？能为客户带来什么价值？解决什么问题？先通过讨论分析，掌握客户真正需要的是什么，再进行"以终为始"的逆向思考，逐步得出产品解决方案。

3. 形成业务演进图和架构生长图

业务演进图是站在企业对内的视角，确认和理解自身的业务演进方向。在企业转型过程中，经常被提到的一个词是"第二业务曲线"，意思是在常规或者当前主要产品的能力之外，构建新能力来响应和面对客户的新需求和业务痛点。例如之前提到的英格索兰转型案例，英格索兰让空压机从一台普通的物理设备逐步联网化和智能化，增加了远程监控以及设备健康预测的服务。在新服务进化的过程中，对于创新业务能力的部门和现有业务部门来说，谁都想要为自己的部门争取更多的资源和权限，如何平衡创新和当前业务，并且有序推进业务发展，也需要一把手来拍板。

架构生长图是在客户价值图和业务演进图的基础之上，我们需要去设定转型企业未来的多种架构目标，例如业务架构、组织架构、应用架构、数据架构和技术架构等。而且相信大家都能想到，很多架构变革的短期目标和长期目标是不一定匹配的，短期目标达不到可能关乎当前的生死，长期目标达不到可能企业在进化到一定阶段时就会遇到明显的瓶颈。谁有魄力决定如何取舍，哪怕做出相应的牺牲呢？唯有一把手能做出适合企业的选择和决定。

1.3.2 第二转：转组织

大多数企业是在用一种类似IT系统开发中"瀑布式开发"的方式，基于传统组织分工合作的边界进行协同创新。假定前文中的智能空压机产品经理要开发提供空压机预测性维护服务的工业物联网产品，那都要做什么呢？他需要做市场调研，分析潜在用户的需求和市场容量，写出产品需求说明书（PRD），申请整个项目的预算（相信产品经理也不想没完没了地去补充预算申请）并获得审批，协同IT部门开始招标采购或者招兵买马实施开发，小范围上线解决方案，协同市场和销售部门对客户进行营销，协同售后部门获得市场对于产品的反馈，然后再逐步将上线范围扩大到更多的空压机设备中。这个产品创新路线就像人的一行足迹，在一步一步串行前进，每走出一步都要依赖前面一步的输出结果。这样的创新方式被称作"火箭式"的创新方式。

在今天多变的、"黑天鹅"频发的市场环境下，火箭式创新遇到了相当大的挑战。火箭式创新基于一个默认的假设前提：所有的变量是可度量的，市场是不会突变的，未来是可预测的，用户的需求和痛点是确定的，商业模式已经有了基本的设想。但实际结果是"你很容易自认为清楚客户想要什么，也很容易在折腾了一堆东西后发现它们毫无意义。"在实际的创新过程中，上述的确定性越来越不可能达到。客户的需求是多变的，市场是不断变化的，那么就要根据客户需求和市场情况随时调整产品方向，商业模式和对应的技术路线因此也是不断变化的。

所以作为创新的结果和交付物，从开始的标准数字化产品或者工具慢慢地进化成一套端到端解决方案，接着又可能会进化成SaaS服务，最终可能会成为SaaS服务跟项目制开发并行的产品路线。所以我们今天谈到的"转组织"，是需要企业建立一个适应敏捷研发、快速迭代的业务与IT一体化的组织，以便更好地满足数字化转型的需要。传统的IT部门与业务部门之间存在着组织壁垒，信息交流不畅，影响了协作效率。建立业务与IT一体化的敏捷组织可以打破这种壁垒，促进交流与协作，从而加快决策和实施流程，提高企业的效率。

当开始有了一个产品创意的时候，需要快速地提出假设前提，进行敏捷开发和测试，形成最小可用产品原型（Minimum Viable Product，MVP），投放到种子用户中，获取用户反馈并进行产品迭代和优化，然后在产品运营过程中不停地重复如上整个过程，进行产品迭代，通过数据分析优化业务模式。这样的组织形态有点像软件敏捷开发时所提到的DevOps（Development and Operations），需求、开发、测试和运营变成了统一的团队。基于这样的理念，数字化转型需要将原来在传统企业组织架构中被条块分割开的业务团队、产品团队、IT开发团队、运维团队、测试团队等多种团队整合在一起。这样的敏捷组织需要共同的文化支持，包括扁平化管理、开放的沟通和协作、创新意识和团队精神等。企业需要建立跨部门的协作机制，包括共享资源、知识和信息、统一的数据模型和标准等，以提高协作效率；需要引入新的角色和职能，如产品市场经理、敏捷教练、质量保证工程师等，来促进团队协作和敏捷开发过程。

在今天的新型数字化组织中，大家可能来自企业内部的各个业务条线，可能来自业务部门，也可能来自 IT 部门，甚至可能来自财务部门。这样一个多元化和面向数字化的敏捷组织架构，才能更好地执行"精益创新"的数字化转型方法论。

1.3.3 第三转：转方法

精益创新是一种基于客户需求和持续改进的思维方式，旨在通过最小化浪费和有效地利用资源来提高组织的效率和生产力。它是由杰出企业家埃里克·莱斯（Eric Ries）提出的一种方法论，用于支持产品开发、战略制定和数字化转型等方面。

在精益创新中有 3 种不同类型的阶段划分，分别是起步阶段、迭代阶段和分步实现阶段。3 个阶段的特点是起步要小，迭代要快，目标远大。

先说说为什么要目标远大。这样的设置就是典型的反省思维的结果。有些人会说，把目标设置得稍微现实（小）一点，是不是比较容易实现呢？似乎是这样，但这是典型原生思维的结果。事实告诉我们，在每个阶段结束后，目标的实现程度在正常情况下不太会超越起初设定的目标。所以如果目标设置的没有想象力，第一是很难吸引到优秀的人才加入团队，第二就是实现的结果也不尽如人意。举个例子，如果你每次考试给自己设定的目标是 80 分，你分数最大的可能就是在 70~80 分之间，而很难超过 80 分。曾经有位同学，把每门课程的目标都设定为 100 分，最终他的 66 门课程的平均分数是 97 分。所以目标越远大，实现的结果才可能越接近你能力的天花板。

回到起步阶段，在起步阶段需要"以终为始"，用期望实现的终极业务目标来反推规划每一个实现的步骤和阶段性目标。而且由于在创新初期通常拿不到充足的支持资源，因此企业需要具备在资源紧缺的情况下快速起步的能力，聚焦某个优势方向和关键需求，避免试图什么都做而导致资源过于分散，结果什么都没有做好。企业在发展过程中应发挥敏捷和速度优势，快速迭代产品和解决方案去响应客户需求的变化。

到达实现阶段时，是否具有远大的目标往往变成了制约企业发展的天花板。当企业认为市场容量最高只有每年 1 亿~10 亿元人民币时，那它所有假设、预算、解决方案的思考前提都是基于这个市场容量，实际的阶段性实现的天花板最高可能也就是每年 8000 万~9000 万元人民币。但是如果企业最初是基于一个百亿甚至万亿人民币的市场规模预测进行分析，例如阿里巴巴创业的初心是"让天下没有难做的生意"，依据万亿人民币的市场目标来规划自己的电商和支付产品商业计划，那发展的天花板自然就不一样了。

总结一下，基于这 3 个阶段的不同特点，在精益创新的方法论中可以依据以下 5 个原则开展工作。第 1 个原则是以客户为中心。上文已经阐述过，这里不再赘述。例如之前提到的空压机智能化案例，对空压机用户来说，他的痛点是如何保证空压机在生产期间高效稳定地运行，同时降低运维的工作量和备件成本。

第2个原则是以行动为导向。在产品和解决方案迭代的过程中，并不是一定要思考清楚每一个问题才能开始执行，而是说当你有一个大致的目标和行动路线之后就可以开始执行了。亚马逊创始人贝索斯把决策分为两类：单向门和双向门。单向门决策是指这些决定带来的结果几乎是不可逆的。如果你走过单向门，不喜欢看到的另一面，但你是回不到从前的。因此对这类决定应该有条不紊、小心翼翼、细致审慎地分析、探讨与思考。而双向门决策是指世界上大多数决定不是单向门决策，它们是多变的、可逆的。如果做了一个不理想的决定，你不必忍受那么久的后果，其实可以重新打开大门返回去。面对这样的决定，有决断力的个人或者小团队是可以快速决策的。因此在执行过程中，如果当前的决策是一个典型的双向门决策，那么你就不需要过度担心这个决策如果错误所带来的后果，说句俗话就是"干起来再说"。

第3个原则是科学地试错。例如通过"MVP"这样的科学理念，应用科学的方法论不停地快速产生新版本的试用产品，不停地得到市场和客户给出的反馈，深化我们对于业务和客户的认知。在很多互联网公司中有一种叫作"最小化可行产品（Minimum Viable Product，MVP）"的说法。在维基百科上，它的解释如下：A minimum viable product (MVP) is a version of a product with just enough features to be usable by early customers who can then provide feedback for future product development。这段解释中有3个关键点，分别是just enough features（刚刚好的功能）、early customers（早期客户），以及provide feedback for future product development（为未来的产品研发提供反馈）。

刚刚好的功能，意味着MVP只关注核心用户的核心场景，只提供基本的功能。MVP必须符合"最小化"及"可用"两个要求。由于是最小化，所以它可以快速上线并提供给用户使用；必须可用，则意味着它能够满足用户的核心需求，需要在场景实现上形成闭环。早期客户可能会具备各种明显的特征，例如可能本身就是该类型产品的爱好者，可能更愿意投入时间去尝试新鲜事物，也可能本身就是相关领域的专家，具备更优秀的理解力等。最后一个关键点叫作"为未来的产品研发提供反馈"，这个关键点讲明了MVP的目标。它并不是预期会用来售卖的最终产品形态，它的核心功能是获得有价值的反馈，从而不断地指导后续产品的策划和研发。

总结起来一句话，MVP的功能是用来验证"价值假设"。它可以看作敏捷开发思想的一个延伸。虽然产品方案是经过细致分析和设计开发的，但在投入市场之前，我们并不确定它的价值是否能够被用户和市场承认。既然如此，我们就需要以最小的代价来做一个验证。如果价值可以验证，那么我们就针对用户反馈、数据及其他抓手持续优化产品；如果价值无法验证，则可以及时修正底层的产品方向，或者放弃产品。对于数字化产品来说，MVP的具体形态其实不一定是一个开发好的产品，只要能够达到验证价值假设的目的，它可以是任何形式。

第4个原则是目标可移。在向数字化转型的终极目标前进的过程中，企业可以根据外部的反馈不停地修正阶段目标和创新路径，但应保持总体方向不变。例如，你的转型目标是开发一个端到端的供应链协同解决方案，服务汽车产业链上下游客户的千亿级市场，可能起步阶段是开发类似求解器的标准工具，第2个阶段的目标会修正为提供一个对厂内供应链进行协同管理+APS的解决方案，第3个阶段的目标会修正为开发一个标准化SaaS服务+项目制并行的业务形态等。在持续修正目标的过程中，企业逐步逼近创新的终极目标。

第5个原则是快速迭代，努力用最低的成本、最快的响应速度迭代产品和解决方案，让客户尽可能在早期就感知到创新能力，并给出他们的使用反馈，以便于企业修正下一阶段的目标和执行计划。

1.3.4　第四转：转文化

企业文化是一个人人在提，但是又好像人人都觉得比较"虚"的话题，不能落到实处。那企业文化是不是很容易就流于口号了呢？其实不然，企业文化是一个在潜移默化中规范员工行为的思维方式，也是思考任何业务问题的第一出发点和重要的底层逻辑。数字化转型所需要的企业文化，可以归结为八个字："长期主义，开放共享"。

1. 坚持长期主义文化

长期主义，顾名思义是跟短期主义相对应的企业经营理念，它是指企业和组织应该专注于长期成功而非短期利益。长期主义的核心是关注企业的可持续性发展，并且通过关注客户、员工、社会和环境等各方面利益来达到这个目标。长期主义的文化非常重要，因为它有助于企业实现长期增长和稳定，确保企业在竞争激烈的市场中脱颖而出。在长期主义的号召下，更需要被关注的不只是当前一时一地的得失，而是通过正面积极的态度思考，即使短期的努力并没有得到理想的成果，但过程和结果会为组织的长期目标带来什么样的收益。

以哥伦布发现新大陆的过程为例。哥伦布是著名航海家，他的成功代表的是全球地理大发现的开始。但是大家可能不知道，哥伦布是意大利热那亚人，然而在意大利这样一个以航海著称的国家却没人相信和资助哥伦布，反而是西班牙女王帮助哥伦布开始了海上的探险活动，并发现了新大陆。在后续的各次海上探险中，西班牙逐渐建立了"无敌舰队"，并成为海上霸主。对长期主义来说，企业需要崇尚创新、宽容和支持冒险，一定程度上接受甚至鼓励可能的高风险尝试。关于在企业中如何培养长期主义文化，以下是几点建议。

- 建立持久的愿景和价值观。企业应确立持久的愿景和价值观。持久的愿景能够为公司提供长远的思路，帮助员工明确公司的发展方向和目标。同时价值观也是企业文化的重要组成部分，它可以塑造员工的意识形态，并推动他们为实现企业的长期目标而努力工作。
- 注重员工的培训和发展。企业应注重员工的培训和发展。员工是企业内部的重要资源之一，只有拥有高素质的员工才能保证企业的长期发展。因此，企业应该提供各种培训和发展机会，帮助员工掌握新技能和知识。
- 注重社会责任。企业应关注自身的社会责任，并努力为环境和社会做出贡献。通过采用可持续的商业模式和实践负责任的商业行为，企业可以使自己成为社会普遍认可的领导者，员工也会更愿意为这样的企业工作，这将有利于企业在长期发展中保持竞争优势。
- 鼓励创新和积极性。企业应鼓励员工的创新和积极性，向他们展示长期成功和稳定的重要性。这包括提供良好的工作条件、奖励和激励计划，以及实施灵活的工作制度等。
- 强调以客户为中心。企业始终需要强调以客户为中心。客户是企业存在的根本，只有关注客户需求并提供优质的产品和服务，企业才能赢得客户的满意和忠诚，并在竞争激烈的市场上赢得长期的竞争优势。

2. 建立开放共享文化

在长期主义的前提之下，需要思考个人或者团队的局部利益如何满足企业或组织的全局利益，如何用更开放的心态拥抱变化。开放共享的企业文化是指一种以协作、信任和透明度为核心的组织文化。在这种文化中，员工们被鼓励分享想法、观点和反馈，以促进企业的创新和成长。同时，企业文化也应该支持学习和发展，给员工自由发挥的空间，使每个人都能够追求他们的目标。以下是建立开放共享文化的一些建议。

- 建立信任。建设开放共享文化的第一步是建立信任。企业应该让员工感到他们的意见和反馈受到重视和欢迎，并认可他们为公司做出贡献的重要性。透明度是建立信任的关键，因此企业需要提供足够的信息，让员工了解公司的运营现状和业务决策。
- 促进反馈文化。一个有益的员工反馈文化可以促进企业的发展，鼓励员工表达看法和感受，让他们参与决策过程。企业需要营造一个安全的环境，让员工可以自由地表达。
- 开拓沟通途径。建设开放共享文化需要建立有效的沟通途径。虽然会议和邮件是传统的沟通方式，但现在更多的企业开始使用社交媒体（如飞书、企业微信、钉钉等内部社交平台）、移动应用、云协作工具等来促进协作和交流。企业也可以采用在线匿名调查等方式收集员工的意见和反馈。
- 支持多元化。企业需要接受不同的文化、背景和经验的员工，多元化的团队可以带来思想的碰撞，进而产生创新的火花，推动企业的成长。

除了企业内部的互信和共享机制之外，以生态理念驱动外部合作也是开放共享文化的重要表现。生态合作是企业与其外部生态体系中的其他组成部分之间建立的一种战略性合作关系。这些生态系统通常包括供应商、客户和其他合作伙伴，这些伙伴为企业创造价值并共同实现商业目标。企业与生态体系中的其他方建立生态合作的主要目的是扩大市场份额、提高效率和增强竞争优势。

在与生态系统中的其他方建立生态合作关系时，需要企业在与伙伴沟通的过程中表现出透明、坦诚和可靠的形象，这有利于企业快速建立与生态各方的互信。此外，建立良好的关系也需要企业做好风险管理和规划，以确保生态伙伴共同实现商业目标的稳定性。或许有人会问，所谓生态合作不就是把过去的渠道分销换了个名字吗？其实不然，生态合作和渠道分销看起来很相似，但是核心区别在于生态合作的基础是互信和平等。不管你是生态系统中的"大块头"，还是初创公司这样的"小不点"，在合作关系上并不是简单的甲乙方之分。生态系统中所涉及的各方，在整个生态系统中以平等关系网络化协作，才能达成各自的商业目标。而渠道分销则将产品厂商作为核心，渠道厂商更加专注于服务好产品厂商，制定自身的销售策略和销售目标，在合作中产品厂商通常有着更加强势的地位和话语权。

以IT行业的渠道分销合作为例。通常在销售的业务活动中有一个中心决策者（一般是产品所有者，我们称之为"原厂"）控盘，渠道商、分销商、集成商都要围绕着原厂的指挥棒进行下一步行动，完成一个典型的"自扫门前雪"的零和博弈商业行为。如果原厂把利益占多了，渠道商的利益就会受到影响，双方可能就要因此而展开博弈。但是"独行快，众行远"，随着数字时代的到来，生态主体间单一的直接竞争模式早已成为过去，在既有市场环境及行业趋势下，生态体系间建立基于开放合作的良性竞争才是核心和关键。各生态主体早已不再"单枪匹马闯天下"，它们越来越意识到，只有实现生态伙伴协同发展、多边共赢，建立汇聚各方生态力量的信息传输纽带和资源流动通道，才能让风调雨顺的"生态"成为可能。企业需要通过生态合作伙伴的网络帮助客户，提升客户满意度，真正站在客户的视角解决问题，而且有足够的耐心在长期的商业活动中获取期待的商业回报。

1.3.5 第五转：转模式

数字化转型进入落地实现阶段，就需要选择合适的数字化技术来完成转型业务目标。这里涉及的话题会包括人工智能、大数据、云计算、工业物联网、数字孪生和 5G 等。

以建设一个数字孪生工厂为例，业务管理应用（ERP、SCM、PLM、数字孪生平台等）、工业 AI 模型训练、基于数据湖的数据统计分析和数据备份等工作可以部署在云端，在车间现场的边缘设备可以对采集数据做出实时响应，同时完成工业 AI 的边缘推理。核心的制造执行系统（MES）可以基于混合云模式进行部署，将面向高实时性的能力部署在本地，将面向数据分析和低实时性应用的能力部署在云端。下文针对各类数字化技术先做出简单陈述，在后续章节中会有详细阐述。

1. 云计算的应用

云计算作为一种 IT 基础设施，将计算资源和数据存储弹性地分配到一个可伸缩的资源池中，从而实现按需使用、优先选择、定价透明的计算服务。数字孪生工厂的部署离不开云计算技术的支持，特别是在处理大规模数据方面，云计算可以充分利用其弹性、可伸缩和运维自动化等特性，为数字孪生工厂提供卓越的性能。

具体来说，数字孪生工厂的云计算架构包括以下几个方面：

- 云资源池。数字孪生工厂需要大量的计算和存储资源，而这些资源可以按需使用，因此需要建立一个云资源池，将不同类型的虚拟机、云存储和数据库服务等计算资源统一管理，以便于数字孪生工厂灵活地调用和使用。通过使用开源的容器技术，如 Docker 和 Kubernetes 等，可以进一步提高资源利用率和协同性。
- 安全性和监控。数字孪生工厂需要管理企业的数字资产和机密信息，因此安全是云计算平台架构中不容忽视的问题。安全机制的设计包括统一的身份验证、访问控制、加密、防火墙等，以保护企业数据的安全。此外，云计算平台会实时监控数字孪生工厂的运行状态，在发现异常和故障时迅速采取相应的措施。

2. 边缘计算

边缘计算是一种分布式架构，它将计算和存储资源部署在离终端设备更近的网络边缘位置，以提高数据的处理速度和响应速度。数字孪生工厂大量使用工业物联网设备收集实时数据，并根据这些数据做出相应决策。边缘计算架构和云计算架构的融合形成了混合云部署模式，这也是在工业企业中比较常见的一种 IT 系统部署形态。混合云部署既保证了数据的安全性和处理的实时性，也保证了有足够的云端算力对数据进行非实时的计算分析和人工智能模型训练。数字孪生工厂的边缘计算架构包括以下几个方面：

- 边缘节点。为了实现低延迟、高可靠的数据处理和决策，就需要在离终端设备更近的地方部署一组边缘节点。这些节点可以是智能路由器、网关设备、微型服务器或其他能够支持计算、存储和通信功能的设备。通过分布式处理和协同，边缘节点可以快速地对来自各个物联网设备的数据进行实时分析和管理。
- 数据采集和传输。数字孪生工厂依赖工业物联网设备来采集和传输数据，因此边缘计算架构必须提供相应的数据采集和传输方案。这些方案需要具备一定的安全性、可靠性和吞吐量，并且可以支持不同种类和规模的物联网设备，并且需要适配2000种以上的工业设备接口协议。
- 分布式计算。数字孪生工厂需要处理大量的实时数据，并根据这些数据做出相应决策，因此分布式计算会是边缘计算的重要组成部分。基于分布式架构和算法，可以将数字孪生工厂的实时计算任务分散到各个边缘节点上，从而最大化地利用边缘计算的性能优势。

3. 工业物联网

工业物联网（IoT）是数字孪生工厂的核心组成部分之一，它可以将数字孪生平台应用与各个物理设备连接起来，并实时采集设备的状态信息、运行数据和故障信息等，以便于快速做出决策和调整。具体来说，数字孪生工厂的IoT架构包括以下几个方面：

- 工业传感器。数字孪生工厂需要各种类型的工业传感器来收集数据，比如温度、湿度、压力、光照、振动、声音、位置、电流、电压等。这些传感器可以根据特定的需求和环境进行选择和部署，并通过无线或有线网络与云计算平台和边缘节点连接。
- IoT通信协议。数字孪生工厂的IoT架构为了支持不同的工业物联网设备和传感器，需要选择适合各种设备的通信协议。这些协议可以是标准的物联网协议，如MQTT、CoAP、AMQP等，也可以是自定义的协议，如HTTP、TCP、UDP等。
- 物联网平台。为了管理和控制各种工业物联网设备与传感器，数字孪生工厂需要一个功能强大、易于使用的物联网平台，具备多种设备管理和控制功能，包括设备注册、设备监控、远程配置或更新、数据管理等，并且提供标准API和SDK，以便于其他系统和应用程序集成。

4. 人工智能

人工智能（AI）是数字孪生工厂的另一个核心技术，可以通过样本数据的训练，得到面向某个特定业务方向的 AI 模型，构建智能化、自适应的生产系统，提高生产过程的效率和质量，并做出更准确和智能的决策。具体来说，数字孪生工厂的 AI 架构包括以下几个方面：

- 数据分析和建模。数字孪生工厂需要 AI 对各种类型和规模不等的数据进行实时推理（包括结构化数据、非结构化数据和半结构化数据），运用数据挖掘和机器学习技术，从数据中挖掘有价值的信息和关系。例如，训练面向产品外观检测的工业 AI 模型，可以替代人工质检，提升对产品外观的质检能力，降低漏检率和过检率。
- 自适应控制和优化。数字孪生工厂需要根据实时数据和模型做出相应的控制决策，以实现最佳的生产效果。这些控制策略基于智能控制和优化算法，如模糊控制、神经网络、遗传算法、强化学习等，在实时环境中自适应地进行调整和优化。例如某公司推出的小球平衡应用，将自适应机器人的高精度分辨率和整机高速力觉响应可视化。机器末端可根据力传感器的检测信息实时判断托盘上小球的位置，调整托盘姿态；同时搭配基于整机力控的实时规划算法，机器人可适应外界扰动，以保证小球沿既定轨迹运行。

总结一下，AI 是工厂运转的"大脑"，数据是支持工厂管理决策的"血液"，IoT 是执行工厂管理的"四肢"和"眼睛"，数字孪生技术构建了面向产品全生命周期的数字资产统一管理平台，实时驱动数字孪生体映射、控制和仿真物理世界。云计算、边缘计算、IoT 和 AI 等技术能力是数字孪生工厂架构中不可或缺的关键因素，通过构建一个高性能、高效率、高可靠性和高安全性的数字孪生工厂系统，可以帮助制造企业更好地应对市场变化和竞争挑战。

1.4 工业数字化转型的核心是数据驱动

工业数字化转型的核心理念是数据驱动，而不再是流程驱动。数字时代和信息时代非常不同的一点是，不只是在业务流程执行完成后，简单地用系统去记录业务完成的结果，而是需要将业务的全量时空信息和动态变化全程记录下来，通过数字化手段分析和应用这些全量全要素数据，最终实现以数据变化来驱动业务过程自主流转的目标。

下面以空压机智能化转型为例，看看如何产生数据资产和通过数据驱动业务。空压机设备厂商在设计阶段通过各类研发工具，生成空压机的三维 CAD 模型和相关工艺设计数据资产。在制造阶段，厂商通过 MES 和 IoT 收集制造设备的运转数据、物料消耗数据和过程质量数据等，生成可以对空压机制造历史进行有效追溯的数字资产。那么如何利用这些数字资产呢？

在设备运营阶段，基于三维 CAD 模型可以生成数字孪生形式的 MR 培训课件，为空压机用户提供虚实融合的沉浸式交互培训，快速提升用户对空压机的运营能力。

当需要进行空压机设备巡检时，整合 IoT 采集的空压机实时数据、历史维护日志和三维作业指导书，可以帮助运维工程师高效完成空压机的点巡检操作。当需要进行预防性维护时，工程师根据空压机设计阶段生成的各种状态参数阈值，将其和当前运转状态的实际数据对比，利用相关预测算法，即可判断出在指定周期内是否可能出现性能隐患。运维工程师根据预测结果来制定预防性质的维修保养计划，消除设备隐患，并反馈给空压机生产厂商修正标准的运维周期建议，帮助生产厂商进行质量关联性分析和产品改进。

总结一下，数据驱动的意义和价值在于，通过科学的、精准的、便捷的数据分析和挖掘，帮助企业获取更加深入和准确的运营数据、市场信息、产品需求、客户反馈等关键数据信息，从而优化企业的业务流程，提升企业的竞争力和价值，进而实现企业数字化转型的业务目标。

1.4.1　数据驱动和流程驱动

数据驱动和流程驱动是两种不同的管理方式，其区别主要体现在以下几点：

- 定义和目的不同。流程驱动是一种管理思维方式，它强调规则、制度和流程，在业务中明确每个环节的职责和流程，并确保每个环节严格按照规定操作，以达到高效、标准化、可复制的目的。而数据驱动是一种数据分析的工具和方法，将数据作为决策的依据和支撑，通过分析数据和提取数据价值，帮助企业做出更加科学、精准的决策。
- 重点不同。流程驱动注重的是优化业务流程和提高效率，其目标是提升整个流程的效率与品质，规范员工的行为，保证业务顺畅快捷，减少人为干扰和意外带来的问题。数据驱动则注重数据的分析和挖掘，其目标是提取出数据的价值和潜力，帮助企业从数据中找到提升效率的方法和新业务模式的可能，推动业务和产品的创新发展。
- 应用场景不同。流程驱动适用的场景是业务流程固定、流程相对稳定、需要保证业务的稳定性和可控性的场景，比如财务流程、行政办公流程、物流配送流程等。数据驱动适用的场景则是需要依赖数据分析和挖掘来发现商机、关注客户需求、优化产品服务等场景，比如产品销售、售后服务等。

1.4.2　实现数据驱动

实现数据驱动，需要综合考虑技术、管理、文化等多方面的因素。

- 确立战略目标。在数字化转型开始之前，企业通过"转思想"明确企业转型的目标和重点，并依据此目标，通过"以终为始"的逆向思考方法论，分析选择适合自己的数据采集、处理和管理方式，以满足数据驱动的需要。
- 建立数据管理体系。企业通过"转模式"建立统一的数据管理体系，规范数据采集和保存机制，并保证数据的质量和安全，确保数据的准确性和完整性。
- 构建数据分析能力。企业通过"转思想"在企业中贯彻和培养数据驱动的思维方式和文化，并在条件允许的前提下，建立专业的数据分析师团队，运用"转模式"带来的数字技术和工具，对数据进行深度挖掘和分析。
- 整合数据资产。企业通过"转模式"建立企业级的统一数据平台，消除数据孤岛。不同部门之间需要共享数据资源，建立数据资产汇聚管理的平台，以避免数据资产的重复建设和无效浪费，同时也能够实现跨部门协作和信息共享。
- 持续优化数据应用。通过"转方法"，企业借助精益创新的方法论，对数据应用进行持续改进和优化，不断提升数据应用的效果和成果，实现数据资产价值的最大化。

以实现空压机智能化转型的数据驱动为例。第一个问题是：业务场景确认后，需要什么数据来构建预防性维护分析模型？在对模型的构成进行大致分析后，发现所需数据可能会涉及空压机设计阶段输出的三维设计模型、各种运转参数设定、空压机制造过程中的质量检测数据、空压机实际运转的状态数据等。

第二个问题是：面对这样的数据需求，现状是什么？已经具备了哪些数据，还需要补充哪些数据？例如空压机生产厂商可以提供空压机生产过程中的一系列过程数据，但是因为设备通过分销渠道进行销售，生产厂商和客户之间的联系是缺失的，因此需要补充空压机运营的实时数据。

第三个问题是：我们知道了需要补充运营数据，但如何得到这些数据？能够定期通过运维工程师手动收集这些数据吗？理论上似乎可以，但是这样不能满足实时分析和预警的要求，而且也不能保证数据的准确性。因此从技术角度来说，需要建设一个面向空压机实时运营管理的 IoT 平台，这个平台要适应高频广连接的实时数据采集需求。由于采集实时数据之后还要对实时数据进行存储和分析，因此除了 IoT 平台外，还需要一个具备良好性能的时序数据库，并且在时序数据上传之后还要提供在云端部署的面向工业大数据分析的报表和分析工具等。

通过"以终为始"的思考方式，我们逐步分析和理清了实现空压机预防性维护的步骤和对应的阶段目标。如果起初你觉得对数字化转型无从下手，这时就会发现，第 1 版面向空压机预防性维护平台的产品需求文档（Product Requirement Document，PRD）已经完成了。

1.4.3 数据驱动中需要应对的挑战

在实现数据驱动的道路上，依然存在一些问题和挑战需要企业思考如何应对。

- 数据质量不高。由于数据种类庞杂，采集频率、方法、来源不一，容易造成数据质量不够高的问题，影响数据分析的准确性和可靠性。而且在数据采集的过程中，经常出现的一个问题是"为了采集而采集"。在不止一个数字化转型的项目中，作者看到企业实施了大量数据采集的工作，但是因为缺乏统一规划和业务目标的制定与分析，导致采集的数据不知道应该如何利用，事实上也造成了相当的浪费。为了避免这种情况的出现，企业需要在转型之前对业务目标有尽可能清晰的认识，具体内容在后续的章节中会有详细阐述。

- 缺乏专业人才。实现数据驱动需要相关专业人才支撑，但目前市场上专业人才供需失衡，企业难以招聘到合适的人才，这种现象对于制造业企业来说尤为突出。制造业企业因为薪资体系、工作环境、需求复杂度和以执行为导向的企业文化等多种原因，很难吸引到有足够数字化能力的员工和足够数量的团队成员进行创新，也无法完成数字化转型。关于如何应对这个问题，作者将在后续的章节中进行详细阐述。

- 数据安全风险。数据包含大量的客户信息和商业机密，如果数据管理不当会有泄露的风险，造成企业损失。为了规避数据安全风险，企业应该让员工意识到数据安全的重要性，并为他们提供相关的培训和资源。具体的安全措施还包括建立复杂且难以破解的密码制度，要求员工定期更改密码，并避免使用相同的密码；采用多种安全措施，如防火墙、反病毒软件、加密技术等；定期备份数据，将数据存储在不同的地点以防止数据丢失或损坏；对数据访问权限进行严格管理，只有经过授权的人员才能够访问和操作数据；及时更新系统和软件，修补安全漏洞，以减少被黑客攻击的风险；定期对数据安全措施进行审计，以检测和修复安全漏洞等。

参考文献

[1] Gartner. Information Technology Glossary-D-Digital[Z/OL]. https://www.gartner.

com/en/information-technology/glossary/digital-2.

[2] Gartner. Information Technology Glossary-D-Digitalization[Z/OL]. https://www.gartner.com/en/information-technology/glossary/digitalization.

[3] Gartner. Information Technology Glossary-D-Digital Business Transformation[Z/OL].https://www.gartner.com/en/information-technology/glossary/digital-business-transformation.

[4] 佶缔纳士. 英格索兰集团佶缔纳士与亚马逊云科技达成全面合作，打造领先的智慧运维解决方案[Z/OL]. 西安：压缩机网，（2023-04-20）[2023-08-13]. http://www.compressor.cn/News/qyzc/2023/0420/123581.html.

第 2 章 Chapter2

工业数字化转型的新阶段

2.1 工业及工业产品管理场景

2.1.1 工业的定义和产业特点

工业主要是指涉及原料采集、加工以及产品制造的产业或者领域,它是第二产业的重要组成部分。各国对"第一产业 / 第二产业 / 第三产业"的定义不完全一致,但是产业类型基本上均划分为这三类。

- 第一产业:主要指生产食材和其他一些生物材料的产业,简单地说就是"农林牧副渔",即种植业、林业、畜牧业、水产养殖业等各种直接以自然物为生产对象的产业。
- 第二产业:主要指加工制造产业,是对自然界和第一产业所提供的基本材料进行加工处理。
- 第三产业:主要指第一产业和第二产业之外的其他行业,如交通运输业、通信行业、商业、餐饮业、金融业、教育业、公共服务业等。

第二产业可以分为工业和建筑业两大类,工业又可以细分为轻工业和重工业两大门类。轻工业主要是指生产消费资料的工业,与人民的日常生活息息相关,是城乡居民生活消费品的主要来源。根据新版《轻工行业分类目录》,轻工行业共分为 18 个大类,按其所使用的原料不同,又可分为两大类:以农产品为原料的轻工业和以非农产品为原料的轻工业。根据申万宏源研究所发布的《申万行业分类标准 2021 版说明》,轻工制造属于一级行业分类,其下二级行业包括造纸、包装印刷、家用轻工(包括家具、其他家用轻工、珠宝首饰、文娱用品)、其他轻工制造个二级行业。

重工业是为国民经济各部门提供物质技术基础生产资料的行业，包括钢铁、冶金、机械、能源（电力、石油、煤炭、天然气等）、化学、材料等。它为国民经济各部门（包括工业本身）提供原材料、动力、技术装备等劳动资料和劳动对象，是实现社会再生产和扩大再生产的物质基础。一个国家重工业的发展规模和技术水平，是衡量其综合国力的重要标志。

在工业当中有部分产业属于支持社会正常运转所必需的基础设施。把电、热、水、气等基础设施分离出去之后，工业元宇宙会重点赋能服务实体制造的细分行业，也就是所谓的"制造业"。制造业按照产品制造工艺的分类，可以分为离散制造和流程制造两大类。

- 离散制造：产品由多个零件经过一系列非连续工序的加工，最终装配而成。
- 流程制造：以各类资源为原料，通过各种复杂的物理或化学反应，进行连续性复杂生产，为制造业提供原材料和能源。

我国的流程制造业的生产工艺装备和自动化水平较高。目前我国已经是全世界门类最齐全、规模最庞大的流程制造业大国，钢铁、有色金属、水泥、造纸等行业的产能都是世界第一位。但同时流程制造业遇到的发展瓶颈是资源紧缺、能源消耗较大、环境污染严重等问题。而离散制造业的细分行业分布比较广，包括航空航天、汽车、高科技电子、工程机械等行业，不同行业之间的生产工艺自动化水平差距非常大。

从工艺流程的视角来看，由于产品工艺相对固定，流程制造业主要是进行连续型大批量生产，设备投资和自动化水平较高，车间人员的主要工作是管理、监视和维修设备。而离散制造业主要进行多品种、小批量的生产，自动化水平主要体现在单元级或者加工中心级的设备上，总体自动化水平相对较低，对操作人员的要求较高，操作人员自身的技术水平很大程度上决定了产品的质量和生产效率。

从生产计划管理的视角来看，满负荷生产的流程制造型企业能够有效提升效率和降低成本，因此流程制造业中主要关注的是年度计划，最好开机之后不要无故停机。而离散制造业因为面对的是多品种、小批量的生产形态，工艺过程会经常变更，对从月计划、周计划到日计划的多层计划排产调度能力的要求相对较高。

从数据采集的视角来看，流程制造业中计算机技术的应用已经非常深入，智能仪表、数字传感器等自动化设备能够自动、准确地记录生产现场信息。离散制造业普遍还是以手动上报结合条形码采集等半自动信息采集技术为主，对工时、设备、物料、质量等信息进行采集。

从设备管理的视角来看，流程制造业的设备管理工作非常复杂，每台设备都是关键设备，单台设备的故障很可能导致整个工艺流程的终止。而离散制造业可以采用同一种加工工艺，或者进行同一道工序操作的设备一般有多台，单台设备的故障不会对整个产品的加工过程造成非常严重的影响。

从数字化的总体程度来看，离散制造业的产品是可以单件计数的，因此制造过程相对来说比较容易数字化，但更加强调客户的个性化需求和柔性制造。而流程制造业中原料变化频繁，涉及多种复杂的物理或化学反应，生产过程需连续、不能异常中断，任意工序出现问题，必然会影响整个产线和最终的产品质量。

2.1.2 工业产品的管理场景

工业产品的全生命周期管理场景是一个包含市场营销、产品设计研发、制造运营、供应链管理、售后服务、业务支持等多个环节的复杂过程，如图 2-1 所示。

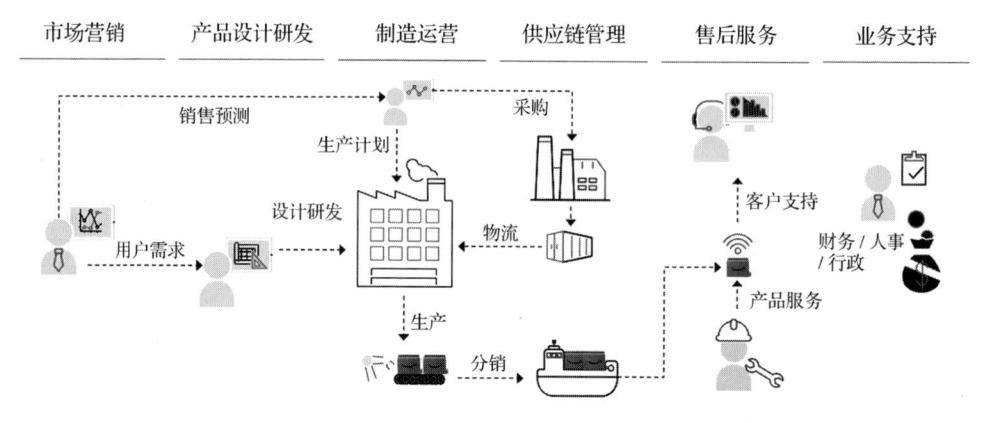

图 2-1 工业产品的全生命周期管理

1. 市场营销

市场营销是工业产品全生命周期管理的第 1 步。在这个阶段，企业需要在产品开始研发之前，规划和确认其产品的目标市场和客户，从目标客户中收集对于产品功能和外观的需求，并制定相应的市场营销计划。具体的执行动作包括广告、公关、市场调研、销售预测、客户关系管理等。

- 收集和分析目标市场的数据，包括潜在客户的需求、偏好、购买行为和消费趋势。研究竞争对手的产品、价格、营销策略和市场份额，以确定市场定位和差异化策略。
- 明确产品的目标客户群体，包括行业、地区、规模和特定需求。确定市场细分，以便更精准地满足不同客户群体的需求。
- 根据市场研究结果，确定产品的核心价值主张和独特卖点。设计产品定位策略，确保产品在目标市场中具有吸引力和竞争力。
- 设计营销计划，包括产品推广、价格策略、销售渠道和促销活动。制定品牌策略，包括品牌识别、品牌形象和品牌传播。

在市场营销活动中，企业需要应用的技术主要包括 CRM（客户关系管理）、全渠道营销、自媒体和私域流量管理等。

2. 产品设计研发

产品设计研发是工业产品全生命周期管理的第 2 步。在这个阶段，企业需要通过市场调研、用户需求分析，甚至是小批量样品生产测试等手段来确定产品研发方向，然后进行产品设计和原型制作，持续测试和验证，通过不停地收集用户使用反馈，对产品进行优化改进和升级换代。在设计研发过程中，研发部门需要应用各种工具和技术，包括 PLM（产品生命周期管理）、CAD（计算机辅助设计）、CAM（计算机辅助制造）、CAE（计算机辅助工程）等软件以及 3D 打印和模拟仿真技术等。产品设计研发完成后，设计部门将确认的产品 BOM（Bill of Material，物料清单）和 SOP（Standard of Process，标准作业流程）传递给制造运营部门，开始产品的生产制造过程。

3. 制造运营

制造运营是工业产品全生命周期管理的第 3 步。在这个阶段，企业需要依据设计阶段输出的产品数字化模型，组织生产制造和物流运输，得到成品。主要涉及的工作包括生产计划管理、物料管理、工艺管理、质量管理、设备管理和能耗管理等，需要应用各种技术来实现生产自动化和数字化。这个阶段，企业主要涉及的数字化工具和系统包括 ERP（企业资源管理）、MES（制造执行系统）、MOM（制造运营管理）、APS（高级计划与排程）和 LES（物流执行系统）等。产品制造完成并下线后通常被装箱打包，进入成品库等待发运，再出货到经销商或者客户处。

4. 供应链管理

供应链管理是工业产品全生命周期管理的第 4 步。在这个阶段，企业需要协同其零部件/原辅料供应商、产品分销商和物流服务提供商，建立供应商和分销商数据平台，通过建设供应链控制塔对物流计划进行实时管控。供应商通过第三方物流或者自有的物流服务，将采购的零部件或者原辅料发运到制造工厂原材料仓库中准备生产。产品完成生产下线后，从成品仓库出库，被物流承运商发运到世界各地的产品销售终端门店，通过市场营销活动交付给客户。供应链管理中涉及的工具和技术包括 SCM（供应链管理）、WMS（仓库管理系统）、TMS（运输管理系统）和 SRM（供应商管理）等。

5. 售后服务

售后服务是工业产品全生命周期管理的第 5 步，也是产品生命周期中最长的一个阶段。在这个阶段，客户已经完成了对产品的购买。产品出库到达客户使用现场后，售后服务部门开始提供相关的安装服务、配置服务、远程监控和维修以及客户支持热线等。用于支持售后服务的系统和工具包括客户支持平台、呼叫中心、CRM、PHM（设备健康管理）、备件管理、设备知识库管理和 RA（远程协同支持）等。

6. 业务支持

在工业产品的全生命周期管理中，业务支持是一个贯穿始终的关键环节，它确保产品从收集需求到设计开发再到最终用户手中的每个阶段，都能得到有效的管理和优化。财务、人事、行政、法律和 IT 等部门一起为研发、生产、供应链、销售、售后服务所涉及的各个环节提供业务支撑。

- 定期审查和优化业务流程，确保各个环节的顺畅和高效。引入精益管理和持续改进的方法，减少资源浪费，提高生产效率。
- 提供必要的 IT 技术支持，包括软件、硬件和网络基础设施，以支持日常运营。确保技术系统的安全性和稳定性，保护企业信息和客户数据。
- 招聘、培训和保留关键人才，确保团队具备完成业务目标所需的技能和知识。设计和实施绩效评估体系，激励员工提高工作效率和质量。
- 监控和管理企业的财务状况，包括成本控制、预算管理和现金流管理。提供财务报告和分析，支持管理层的决策。
- 确保所有业务活动符合相关法律法规和行业标准。处理法律事务，包括合同管理、知识产权保护和提供诉讼支持。
- 提供日常行政服务，如办公室管理、会议安排和文档处理。确保公司政策和程序得到有效执行。

通过这些业务支持活动，企业能够确保产品全生命周期管理的各个方面都能得到有效执行，从而支持产品成功上市并实现长期盈利。总体来说，工业产品的全生命周期管理是一个长期、复杂和多样化的过程，企业需要不断优化其生产和管理流程，以提高产品质量和客户满意度。同时企业也需要不断创新和改进，以适应市场变化和客户需求。

2.2 数字资产及其利用

2.2.1 数字资产及其分类

随着科技的不断进步和信息化的快速发展，数字资产已经成为各个行业的重要组成部分。数字资产作为企业在数字化转型过程中积累的宝贵资源，正逐渐成为推动企业持续增长和创新的关键因素。这些无形的资产包括但不限于数据资产、知识资产、流程资产和组织协同资产，是构成企业核心竞争力的核心要素，是企业的重要虚拟资产。

数据资产是数字资产中最为直观的部分，它涵盖了企业在运营过程中产生的各类数据，如客户信息、生产制造记录、交易记录、市场分析报告等。这些数据通过有效的收集、存储、分析和应用，能够帮助企业更好地理解市场动态、预测客户需求、优化产品和服务、针对售后服务提供产品追溯能力等，从而让企业在激烈的市场竞争中占据有利地位。数据资产的价值在于其能够转化为决策支持的依据，为企业的战略规划和业务执行提供数据驱动的洞察。

知识资产则是指企业在长期发展过程中积累的专业知识、技能、经验和创新成果。这些无形的知识财富，往往蕴含在企业的专利、技术标准、操作手册、培训资料以及员工的头脑中。知识资产的有效管理和传承，对于保持企业的创新能力和市场领导地位至关重要。通过构建知识管理系统，企业可以促进知识的共享和传播，提高员工的工作效率和创新能力，并且能吸引和留住人才。

流程资产涉及企业内部的工作流程、管理规范和操作标准等。这些标准化流程不仅能够提高企业的运营效率，还能够确保服务质量的一致性和可靠性。流程资产的优化和创新，可以帮助企业快速响应市场变化，降低运营成本，提高客户满意度。在数字化转型的过程中，流程资产的数字化和自动化，是实现企业敏捷性和灵活性的关键。

组织协同资产则是指企业内部以及与外部合作伙伴之间的协作关系和网络。在全球化和网络化的商业环境中，企业越来越依赖跨部门、跨组织甚至跨行业的协同合作。通过建立有效的沟通机制、合作平台和信任关系，企业可以实现资源的最优配置，加速创新进程，共同应对市场挑战。组织协同资产的建立和维护，对于提升企业的市场适应性和抗风险能力具有重要意义。

数字资产的管理和利用，已经成为工业企业数字化转型的重要组成部分。企业需要建立相应的管理体系，确保数字资产被安全、合规和高效地利用。同时，企业还需要不断投资数字技术的研发和应用，以保持自身在数字化竞争中的领先地位。随着人工智能、大数据、云计算等技术的不断进步，数字资产的潜力将得到进一步的挖掘和释放，为企业带来更加广阔的发展空间和无限的可能性。

企业的数字资产通常包括以下具体数据：

- 数据资产：在产品研发、生产乃至运营的过程中时刻产生的数据。数据资产作为企业运营的基础，在分析经营状况、解决售后故障、生产管控等环节中发挥着举足轻重的作用，例如产品设计、研发完成后在数字化交付时所移交的 CAD/BIM 等三维模型和信息；企业运营管理中 MES、ERP、CRM 等系统产生的实时 / 半实时的业务流程和事件处理数据；在 PLC 和传感器高频产生的实时 / 时序数据等。
- 流程资产：流程资产包括生产设备或者系统的操作流程说明和手册、工位制造节拍的定义、设备点巡检流程的定义等，用于指导一线操作人员高效完成日常工作。
- 知识资产：在企业运营的过程中，大量的知识经验被总结出来，用于新员工培训、设备运维、生产优化等多个场景，它们需要被完整地总结、记录并传承下去，是企业数字资产中最受关注的部分。这些知识包括工艺知识，如制造过程优化之后的具体工艺、工艺流程、工艺参数等；设计知识，如从制造和运营阶段反馈到研发设计部门的产品设计、结构设计、材料选择等方向的改进建议；质量知识，如针对质量全生命周期过程提出的改进建议，包括质量控制、质量检测、质量改进等方面；物流知识，如基于本企业和上下游供应链能力如何实现端到端的供应链管理、制定生产计划排程、物流调度策略、库存管理制度等；成本知识，如企业的成本核算和控制方法、成本优化经验等；维护知识，如设备故障知识库等。

2.2.2 充分利用数字资产

目前的实际应用中，数字资产仍然没有得到充分利用，处于一种"数据很多，但当实际工作需要时，还是找不到数据或者无数据可用"的状态，主要有以下几种原因。

- 有数据但找不到——数据孤岛。数字资产往往分散在各个独立的部门、车间和系统中，形成了数据孤岛，导致企业难以对数据进行整合、分析和展示。数据孤岛在数字化转型过程中是比较常见的问题，属于较明显且易于被解决的问题。
- 找得到但用不起来——信息孤立。除了常见的分析和看板展示需求外，在产品全生命周期中存在大量的跨部门协作需求，但是各部门往往各自为政，缺乏信息共享和交流。这种信息孤立问题会影响整个运营生产流程，可能产生重复的工作，导致生产效率低下。例如在汽车的全生命周期中，虽然在研发设计阶段产生了完整的三维模型，但是由于缺乏统一的模型数据管理流程和数字孪生技术的支撑，当销售部门希望向潜在购买用户进行产品介绍时，很难直接利用现有的三维模型进行讲解。通常的实现方法还是通过美术手段，抛开已有模型数据，从零开始生成符合销售需求的视频内容。这种做法既产生了大量重复的工作，同时也无法对车辆的复杂特性进行直观说明。

- 用得起来但维护和升级难——专业技能匮乏。为了对数字资产进行充分利用，现代制造业要求员工具备更高的专业技能，例如有能力打开、展示和再利用现有的三维模型。但是制造业本身并不是高利润行业，很难做到像游戏媒体行业一样，提供有吸引力的薪酬体系，招聘具备足够水平的技术开发和运维人员。例如在目前常见的数字孪生工厂应用开发中，大量使用 Unity 相关产品和技术来进行定制化开发。系统上线移交后，当制造企业有对系统进行升级优化的需求时，通常是没有对 Unity 有足够开发和运维能力的自有团队来完成的。这种情况极大地抑制了企业应用新技术进行转型升级的动力。

为了更好地利用数字资产，在产品全生命周期中提供对企业数字资产的统一管理流程和平台支撑，成为企业在数字化转型中迫切需要解决的问题。

2.3 工业元宇宙及其价值

2.3.1 工业元宇宙的技术定义和技术价值

以数字孪生为底座构建的工业元宇宙呼之欲出。元宇宙是数字化转型的高级阶段和长期愿景，因此工业元宇宙的对应定义，可以延伸理解为工业数字化转型的高级阶段和长期愿景，即通过对未来数字化转型和智能制造发展的美好追求，将第四次工业革命浪潮中的数字世界与制造业的物理世界紧密结合起来。

对"工业元宇宙"最为简单的理解是，它是元宇宙的相关概念、技术在工业领域的应用。业内提及比较多的一种定义是：工业元宇宙是以 XR 和数字孪生为代表的新型信息通信技术与实体工业经济深度融合的新型工业生态。通过 XR、AI、IoT、云计算、数字孪生等技术，打通人、机、物、系统等领域，实现无缝连接及数字技术与工业的结合，促进实体制造高效发展。

1. 工业元宇宙的技术定义

工业元宇宙可以用一个英文短语来表达——Industrial Metaverse。第一个词是 Industrial（工业的），代表的是工业业务应用（Industrial Application）。第二个词是 Metaverse（元宇宙），前四个字母 m、e、t、a 分别代表如下含义：
- "m"代表的是混合现实——Mixed Reality。
- "e"代表的是算力基础设施——Computing Engine。
- "t"代表的就是数字孪生——Digital Twin。
- "a"代表的是人工智能和物联网——AIoT。

用技术等式总结一下：工业元宇宙＝工业业务应用＋混合现实＋算力基础设施＋数字孪生＋人工智能和物联网。工业元宇宙并不是一个单纯的技术名词，而是一个与客户业务场景紧密结合的解决方案，集成了数字孪生、物联网、XR、AI乃至于各种已有工业仿真技术，为工业企业提供全面数字化和智能化的解决方案，使得制造业在数字经济时代焕发出新的活力。

工业元宇宙涉及的技术实现过程包括开发、维护和应用数字孪生体，精确复制物理工厂的所有相关信息（包括设备、工艺流程、人员等），利用云计算和人工智能等技术实现多场景、多维度的模拟、监测、仿真和优化，从而提高生产效率、降低成本、提升质量。

2. 工业元宇宙的技术价值

对于工业元宇宙带来的价值，业内也是众说纷纭。有支持者认为，工业元宇宙将颠覆目前的经济社会结构，许多传统行业将会在工业元宇宙中得到重生，是一次留给中国制造业实现超车的历史性机遇。而反对者则认为，工业元宇宙是概念炒作，目前离工业元宇宙的实现还存在遥远的距离，现在谈论无非就是把曾经在 2015 年流行起来的 VR/AR 概念又拿出来炒作一番，纯属"新瓶装旧酒"；甚至有部分人的观点是，工业元宇宙就是工业乌托邦，是根本不存在的虚构事物和停留在理论层面的科学幻想而已。

从对工业元宇宙不同实现层次的理解来看，以上这些观点都有一定道理。这就像是盲人摸象，有人摸到的是耳朵，觉得大象的形状是蒲扇；有人摸到的是鼻子，觉得大象的形状是柔软的管子，结果各位盲人根据自己所获得的片面理解，对大象到底是什么形状意见不一。同样，在人们对待新科技出现的态度上，因为各自对于产业发展和技术成熟度的理解不一致，很容易出现既高估了一项技术在短期内的价值，但是又经常忽视了它发展起来的长期价值的现象，人们对元宇宙的理解就处在这样的一个状态中。

元宇宙的基本构成要素包括用户身份及关系、沉浸感、实时性和全时性、多元化和经济体系等，只有这些要素全部得到满足才能形成真正意义上的元宇宙。显然，从短期来看工业元宇宙的实现还不能充分达到理想状态，不管是 VR/AR/MR 技术所能提供的交互性和沉浸式体验，还是数字孪生技术能够提供的对物理世界的模拟乃至仿真分析，都离理想状况有着相当的差距，今天的工业元宇宙仍然处于刚刚开始落地实现的"哺乳期"阶段。但是从长期发展的角度来看，工业元宇宙目前已经具备了一些进入商业化实用阶段的具体能力，数字孪生、XR、IoT、5G 等传输技术达到了一定的成熟度。如果认为工业元宇宙完全是科学幻想和产业泡沫，就有些言过其实了。在微软所提出的相关解决方案中，日本的著名机器人厂商川崎重工就正在计划推进工业元宇宙的实施，让车间工人佩戴微软 HoloLens 2 头戴式 MR 设备来辅助生产、维修和供应链管理。

从对物理世界的管控角度来看，工业元宇宙可以被视为物理世界和数字世界之间的桥梁，它将物理对象、系统和过程连接到数字世界，在数字空间中对物理对象的运作过程进行模拟、监控、仿真和优化，并实现更高效、更灵活、更可持续的生产和经营。

从对数字资产统一管理的角度看，工业元宇宙是一种新型的数据管理平台，在产品全生命周期针对企业产生和拥有的所有核心数字资产实现统一管理，为不同场景的业务用户提供了对数字资产的统一访问和再利用功能，充分挖掘和实现了数字资产的价值。

工业元宇宙的发展并不是一帆风顺的，面临着数据安全、隐私保护、标准化等方面的挑战。而且，建设工业元宇宙需要投入大量的人力、物力和财力，需要企业之间的合作和协调，也需要相关政策的支持和鼓励。因此，工业元宇宙的建设并非一蹴而就的事情，需要各方共同努力，才能够实现更高层面的数字化转型，从而提升产业竞争力。

2.3.2　工业元宇宙重塑工业制造场景

工业的业务场景千变万化，如果要开始理解和应用工业元宇宙，通常可以从哪些痛点来切入呢？在工业生产中有两个非常明显的场景不适合在物理世界中频繁开展，一个是需要频繁尝试，但是试错成本高的场景，例如在进行试生产的时候需要反复投入原料来测试配方和工艺；另一个是不能经常发生，发生一次就会带来高风险和损失的场景，例如生产安全相关的防火培训或者演练。

首先来看试错成本高的场景，这类场景包括新工艺研发、大型机械研发装配、汽车或者高科技电子产品模拟展示等。在这类场景中，如果选用的原材料不当，或者选用的工艺出现了差错，或者环境参数不符合标准设定，或者生产流程中出现异常而没有得到及时处理等，都很有可能导致单个产品的制造结果出现差错，甚至整个产品批次被废弃。因此，工业元宇宙的关注点一般是在虚拟世界中模拟原材料的物理特性，模拟制造环境参数变化，和物理世界的实际制造流程进行数据同步，从而保证制造过程精准、正确地执行。

其次来看高风险的场景，这类场景包括冶金工艺技术研发、剧毒原料及产品管理、危险品库存管理和事故安全演练等。在这类场景中，一般追求的是某些极端情况最好永远不要在物理世界中出现，但是又需要针对可能发生的危险隐患开展模拟训练，保证一旦出现险情就能够及时正确处理。因此，工业元宇宙的关注点一般是在虚拟世界中模拟高危风险发生的可能路径，模拟剧毒原料/产品的制造流程，模拟危险品库存的日常管理，以及开展应对危险所需的应急演练等。

在基于数字孪生技术构建的工业元宇宙中，用户可以进行虚拟与现实相结合的模拟和试错，还原校验场景，同步和校验实时数据以更好地服务试错场景和高风险场景。今天的工业元宇宙从研发设计协同、产品研发模拟、工厂布局模拟和优化、设备维修指导、制造管理过程模拟、员工岗前培训、风险预警和演练、产品售后支持到供应链模拟优化都有着深入的参与和赋能。

值得注意的是，工业元宇宙本质上仍然属于一类特殊的工业业务应用。因此在工业元宇宙的发展过程中，不会出现在消费元宇宙中可能出现的"爆品"类应用，实现路线也不会一蹴而就，或者出现突然的爆发性增长。通常工业元宇宙项目的落地是从某个具体产业的痛点场景出发，形成POC（Prove of Concept，概念验证）和试点执行的项目，然后在试点成功的基础上再尝试进行更大范围的推广复制。如果落地价值不明显，或者应用推广的标准性不够，在推广复制的过程中就会遇到各种阻碍，并产生不可预见成本，进而遇到发展瓶颈。从这个角度来说，目前工业元宇宙和其他现存工业软件的推广模式是非常相似的，都是以一定的产品力为基础能力，以满足客户定制化需求的方式稳步推进，同时谨慎控制难以复制和难以标准化所带来的实施风险。

2.4 工业元宇宙涉及的主要技术

如果把实现工业元宇宙所需要的完整技术栈分成不同层次，自下而上应包括：技术基础设施、元宇宙底层操作系统、元宇宙世界编辑器、交互设备及工具、行业内容应用以及共识规则，如图2-2所示。

2.4.1 技术基础设施

各种计算资源提供的能力，例如云计算、边缘计算、安全能力、人工智能、图形软件和三维化的图形引擎等，都是帮助元宇宙发展进化的基石。技术基础设施是元宇宙的组织器官和零部件，连接了元宇宙中的虚拟世界与现实世界，帮助元宇宙形成、发展和进化。不同的技术扮演着不同的角色，通过分工合作支撑着元宇宙的运行体系，底层技术的缺失有可能导致元宇宙的功能残缺、瘫痪，甚至消亡。

在技术基础设施中，对于实现工业元宇宙不可或缺的一个是工业物联网。物联网（Internet of Things）是在互联网和通信网络的基础上，将日常用品、设施、设备、车辆和其他物品甚至人员互相连通的网络。作为一个广义的概念，物联网利用传感器、通信网络、软件、控制系统等将物品与网络和其他物品进行连接，实现现实世界的数字化和自动化。通过工业物联网实现对物理世界各种对象的互联互通，实时采集数据并将数据传递到数字孪生平台中驱动数字孪生体的运行，才能真正实现虚拟世界和物理世界的实时映射，保证工业元宇宙的真实性。

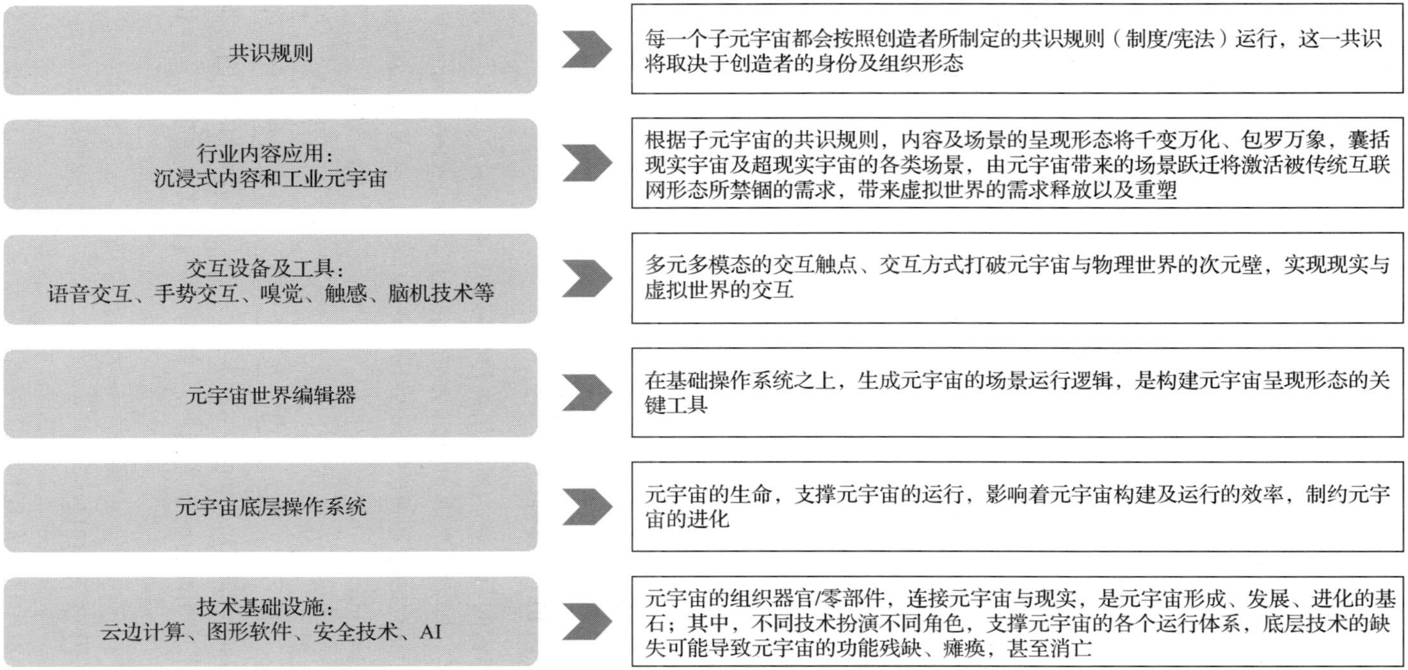

第 2 章 工业数字化转型的新阶段

共识规则	每一个子元宇宙都会按照创造者所制定的共识规则（制度宪法）运行，这一共识将取决于创造者的身份及组织形态
行业内容应用：沉浸式内容和工业元宇宙	根据子元宇宙的共识规则，内容及场景的呈现形态将千变万化，包罗万象，涵盖现实宇宙及超现实宇宙的各类场景，由元宇宙带来的场景跃迁将激活被传统互联网形态所禁锢的需求，带来虚拟世界所释放以反塑需求的需求反塑
交互设备及工具：语音交互、手势交互、嗅觉、触觉、脑机技术等	多元多模态的交互触点，交互方式打破元宇宙与物理世界的次元壁，实现现实与虚拟世界的交互
元宇宙世界编辑器	在基础操作系统之上，生成元宇宙的场景运行逻辑，是构建元宇宙呈现形态的关键工具
元宇宙底层操作系统	元宇宙的生命，支撑元宇宙的运行，影响着元宇宙构建及运行的效率，制约元宇宙的进化
技术基础设施：云边计算、图形软件、安全技术、AI	元宇宙的组织器官/零部件，连接元宇宙与现实，是元宇宙形成、发展、进化的基石；其中，不同技术扮演不同角色，支撑元宇宙的各个运行体系，底层技术的缺失可能导致元宇宙的功能残缺、瘫痪，甚至消亡

图 2-2 工业元宇宙的技术构成

2.4.2 元宇宙底层操作系统

操作系统负责支撑元宇宙的运行，影响着元宇宙构建及运行的效率，制约着元宇宙的进化能力和速度。在这个层面上有许多优秀的数字孪生平台软件承担着工业元宇宙操作系统的角色，例如 DataMesh FactVerse 数字孪生平台。它可以帮助用户快速构建数字孪生体，充分利用已有的三维设计数字资产，集成各类多源异构数据，并将数据解析和绑定在数字孪生体上，基于数据来驱动数字孪生体运转。DataMesh FactVerse 通过设计期引擎实现了数字孪生应用的快速开发，通过运行期引擎支持着操作系统机理行为树的输入和输出。

根据 NASA（美国国家航空航天局）的定义，数字孪生是充分利用物理模型、传感器更新、运行历史等数据，集成多学科、多物理量、多尺度、多概率的仿真过程，在虚拟空间中完成映射，从而反映相对应的实体装备的全生命周期过程。数字孪生是一种通用的技术、过程和方法，而基于物理对象所构建的数字孪生体是对象、模型和数据。

数字孪生体是工业元宇宙中用于管理数字资产的重要载体，是在虚拟空间中与物理实体完全等价的信息模型，基于数字孪生体可以对物理实体进行模拟、监控、仿真分析和优化。通过对数字孪生体的运营利用，可以将数字资产的价值从以研发和运营可视化为主的业务场景中释放出来，以"物"为核心构建贯穿价值链的数字孪生体，通过虚实世界的双向互通，充分发挥虚拟世界带来的业务优势，提高业务价值。

2.4.3 元宇宙世界编辑器

实现元宇宙的目标是构建一个绚烂多彩的、符合用户个性化需求的、虚实融合的世界体系。因此不管是 PGC（Professionally-Generated-Content，专业产生内容）、UGC（User-Generated-Content，用户产生内容），还是今天风头正盛的 AIGC（AI-Generated-Content，AI 产生内容），用户都需要借助一切可能的手段来构造内容丰富的元宇宙世界。在工业元宇宙底层操作系统之上，用户可以借助元宇宙世界编辑器生成工业元宇宙的场景内容和运行逻辑，构建各种适合业务需求的呈现形态。例如 DataMesh Director 就承担着元宇宙世界编辑器的角色，能够帮助不具备丰富 IT 技术应用能力的业务用户，以零代码的形式自主生成各种和元宇宙相关的业务场景。

2.4.4 交互设备及工具

目前元宇宙中已经实现和正在探索的交互方式众多，包括语音交互、手势交互、脑机技术交互、触觉交互和嗅觉交互等多元多模态的交互方式。在工业元宇宙中，如果侧重于沉浸感的体验和提供"解放双手"的操作能力，交互方式则以 VR/AR/MR 形式的可穿戴设备为主；如果侧重于高性价比的快速实现，交互方式则主要通过手机/平板/PC/大屏幕等传统设备来实现。通过这些交互方式，用户可以打破工业元宇宙中虚拟世界和物理世界的壁垒，实现虚实融合的沉浸式交互体验。国内外知名的交互设备厂商和产品包括微软 HoloLens 2、亮亮视野 Leion Pro AR 眼镜、Meta Quest 2 VR 眼镜、HTC Vive VR 眼镜等。

虚拟世界和现实世界的互动方式与互动体验的变革，是工业元宇宙区别于数字孪生、工业互联网等概念的最显著特征。随着大语言模型、眼控交互、骨传导交互、体感交互、脑波交互等技术的发展，工业元宇宙最终将实现随时随地的自然交互，即通过人类自然交互的方式（如语言、面部表情、手势、移动身体、旋转头部等）完成操作。ChatGPT 等以自然语言进行交互的 AI 技术出现之后，带给了工业元宇宙更大的发展空间和想象力。

2.4.5 虚拟现实

虚拟现实（Virtual Reality，VR）技术通过制造仿真环境，利用个人计算机或专用的虚拟现实设备，让用户可以与仿真环境进行互动。虚拟现实技术通常涵盖 3 个核心要素：虚拟世界的创建、用户感知的沉浸式技术以及实时互动的支持。

VR 技术通过头盔式设备（VR 眼镜）为用户提供一种逼真的封闭虚拟环境体验，让用户感觉就像置身于一个真实的现实世界中。这些设备使用高分辨率显示屏和头部定位系统，能够跟踪用户的头部运动，改变他们所看到的图像和听到的立体声音效，让体验变得更加逼真。广义的 VR 技术还包括触感手套和其他外围设备，它们可以跟踪用户的手部移动和手势动作，让用户在虚拟环境中进行类似真实世界的操作。

但是对于工业元宇宙来说，由于 VR 技术强调应用在封闭式的虚拟世界中，与现实世界的联系较弱，更符合电子游戏的业务特征。长期来看，VR 技术并不适用于工业元宇宙中的大部分场景，但短期内可以用在需要与物理世界进行弱交互的工业场景中，如应急演练、安全培训、虚拟场景构建等。

2.4.6 增强现实

增强现实（Argument Reality，AR）是一种将虚拟世界与物理世界相结合的技术，通过使用计算机图像、视频、声音和其他感官输入手段，将数字信息"增强"到物理世界中。与 VR 技术不同，AR 技术不是完全将用户带入虚拟世界，而是让数字元素与真实世界交互，使用增强现实技术来模拟出真实世界的体验，从而提高用户的体验感。与 VR 技术相比，AR 技术更加强调基于物理世界的实体设备、生产线、人员等，提供解释信息、说明、隐形数据可视化等功能。

AR 技术应用广泛，包括游戏、广告、教育、医疗、设计、建筑等领域。举例来说，通过手机相机捕捉实时图像，为用户提供工业设备的产品和维修指南信息；向用户在现实世界中所看到的黄鹤楼加入对应数字信息，增强视觉体验等。相较 VR 技术，AR 技术更适用于物理世界中需要可视化能力的场景，如工业巡检、辅助维修、实操演示等，并且典型应用案例众多，渗透率更高。

2.4.7 混合现实

混合现实（Mixed Reality，MR）技术是一种将虚拟对象与真实环境相融合的虚拟现实技术。与 VR 和 AR 技术不同的是，MR 技术既能够显示虚拟对象，也能够反映真实环境中用户所处的位置状态，并将这些信息合成在一起。MR 技术将虚拟元素置于用户的真实环境中，在 AR 展示的基础上更进一步，实现虚拟对象和物理对象的实时交互，且虚拟信息和现实世界可以叠加。例如虚拟对象出现在物理对象之上或旁边，用户可以直接与虚拟对象进行互动，营造出更加逼真、自然的体验。MR 技术适用于需要在虚拟世界和现实世界进行混合交互的低时延复杂工业场景，如产品的设计评审、设备维修的远程协作、设备实时诊断等，技术挑战性较大，如图 2-3 所示。

图 2-3 混合现实（MR）技术

2.4.8 新型交互技术

交互技术的创新方向包括眼控交互、骨传导交互、体感交互、脑波交互、脑机接口等，技术成熟度较低，尚未进入规模化应用阶段，不是本书叙述的重点。

在不同细分行业中，基于沉浸式体验和内容交互，使用元宇宙世界编辑器可以构造出属于各个子行业元宇宙的特定业务场景。内容及场景的呈现形态千变万化，囊括现实物理世界和虚拟数字孪生世界，由元宇宙所带来的场景跃迁将激活被传统二维互联网形态所禁锢的需求，带来虚拟世界的需求释放以及重塑。

2.5 宝马里达元宇宙工厂案例

坐落于沈辽公路旁的李达村，就如同分布在沈阳铁西区大大小小十余个村庄一样，在过去几十年的发展历史中，大多以农业为生，寂寂无名。而李达村这个名字得以走向全球，还要从两年前在这里投产建设的宝马新工厂说起。因为毗邻宝马铁西工厂，在筹建新工厂时，宝马就想到了"李达"这个名字，以"里达（英文 Lydia）"命名了宝马这家位于沈阳的第三座工厂，寓意"里程必达"。[1]

华晨宝马沈阳生产基地的大规模升级项目——里达工厂在 2022 年 6 月已正式开业，这是 BMW 面向未来的 iFACTORY 汽车制造理念的现实呈现，它从"精益、绿色、数字化" 3 个方面树立了汽车生产的新标杆。该项目总投资达 150 亿元人民币，建成后将使得华晨宝马的年产能增至 83 万辆。里达工厂是一座可 100% 生产电动车的新工厂，同时又具有相当高的灵活性，可以同时生产燃油车。里达工厂的投产车型是纯电动 BMWi3，里达工厂也是 BMWi3 的全球独家生产基地。

在里达工厂，很多先进的工业和数字化理念也是德国工厂的平移，或者说有过之而无不及。作为华晨宝马铁西工厂的升级改造项目，里达工厂是宝马工厂产品体系，乃至德国汽车制造最高工业水平的最新落地实践。从厂区规划开始，建筑设计、生产线布局、设备调试等工作都可以基于数字孪生平台，在虚拟空间中进行模型生成、流程模拟、优化和确认。里达工厂在建成之前，就可以在虚拟空间中得到全方位的体验、分析、评估和验证，在物理工厂建设之前就能发现设计和系统运行中存在的隐患，并及时调整和优化，减少后续建设中的返工次数，最大限度地降低建设成本和提高建设效率，这使得里达工厂能够在 2 年内完成建设，并且将工期缩短了 6 个月。

随处可见的 AGV 机器人协助人进行工作；大量机器人协作单元工作在不同的车间；应用 AR/VR 技术在虚拟空间中模拟和改善产线的工序与节奏；改良的绿色楼宇、供暖回收系统、自然冷却系统和灰水回用系统等双碳节能应用，所有这些无不体现着里达工厂的先进水平。里达工厂以数据驱动业务流程进行管理，用工业物联网连接起每一件产品、每一个流程和每一位员工，实现高质量、高效率的数字化生产。在车辆的生产过程中，所有流程数据被实时记录，以确保最终下线车辆的高质量和为未来可能发生的质量追溯做好准备。堆场管理系统更是将实时物流数据与 3D 模型相结合，通过 IoT 采集实时数据和在工业元宇宙应用中进行交互，物流管理人员能够随时了解堆场内发生的所有情况，让规划人员能够更好地规划堆场，精确高效地为生产提供零部件。

参考文献

[1] Ping West 品玩. 走进宝马里达工厂：德国工业"奇迹"在沈阳那旮沓正发生[Z/OL].（2022-11-27）[2023-08-13]. https://finance.sina.com.cn/tech/roll/2022-11-27/doc-imqqsmrp7739269.shtml.

Chapter 3 第 3 章

工业数字化转型的挑战与实现

3.1 落地挑战

3.1.1 理念挑战

工业数字化转型是大势所趋,但是进一步推进转型仍然面临诸多挑战。根据施耐德电气商业价值研究院出品的数字化转型报告《驾驭数字化转型——数字化赋能绿色智能制造高管洞察 2022》,在实施数字化转型的企业中,超过 50% 的企业未达转型预期。究其原因,主要存在以下问题:

- 已经制定转型战略并展开行动的企业仅占 50%。
- 90% 的高管认同数字化转型要找准切入点,但是场景众多,又如何抉择落地的执行点,例如从工信部到地方政府都已经发布了面向工业元宇宙的产业指导政策,那么企业应如何决策业务发展方向,是否要把工业元宇宙场景建设作为 2023 年度数字化转型目标的第一优先级。
- 83% 的高管认为数字化时代,企业之间的竞争已经扩展至生态圈。企业应如何与其所在的生态系统互动,加速转型从而创造新的发展机遇。

综上所述,企业的数字化转型在理念和落地两端都面临着多种挑战。在企业内部组织结构的横向和纵向两个维度上,都有可能因为理念不同,而产生共同认知的困难。

1. 工业企业横向维度的理念挑战

从横向维度来看,在制造业的全价值链中依据职能的不同,工业企业中的每个团队成员会被定位在产品设计、生产制造、供应链、销售和售后等不同环节,并处在需要完成不同战略目标的职能部门中。在工业企业数字化转型的过程中，常见的一种方法是由工业企业高层提出数字化转型的总体战略目标，分配任务给各职能部门自行规划执行，然后再进行转型评估和制定下一步计划。部门管理者根据内部自有流程的现状和未来的优化目标，提出本部门对数字化转型的理解和设想，并着手进行自有业务流程的升级优化。

但是在以职能部门为单元启动的数字化转型过程中，我们经常会看到一个潜在风险，那就是"部门的局部最优之和，并不等于企业的整体最优"。部门需求通常聚焦在以本部门业务为边界的数字化转型理解、阶段实现目标、资源需求和时间表上，如图3-1所示。

图3-1　部门的局部最优之和并不等于企业的整体最优

例如设备部门通常会提出对设备数据采集和基于设备历史数据的预测性维护业务需求，但是与此同时，财务部门会提出基于产品制造过程全量数据的成本精细化核算诉求，而且希望在设备部门的数据采集项目上线之前，就可以向公司汇报初步的财务核算成果。于是两个项目的时间冲突就产生了，企业是应该推迟财务的数字化转型时间表，还是应该提前设备数据采集项目的开始时间呢？甚至在两个项目同步协调需求的时候，企业还会发现财务部门需要的实际设备工时等数据在设备部门的数据采集方案中并未包括，那么是设备部门追加数据采集需求，还是财务部门让步来减少需求呢？

因此，在工业企业的数字化转型过程中，需要有一个部门能够站在整体最优的视角，统一协调各业务部门的特定诉求，这个责任通常被赋予给企业级的数字化部门。数字化部门需要从全公司"一盘棋"的角度进行转型总体规划：在不同的业务部门之间，澄清和判断如何在需求调研阶段互相紧密配合、协调同步，形成融合一体的数字化转型理解和方向，理清各项目之间的依赖关系，确保按期实现企业级全局战略和目标，避免发生局部可能最优但是整体目标无法达成的冲突。

为了应对工业企业横向维度的挑战，需要在数字化转型启动之前，有团队能够提供自顶向下的总体规划能力，并在错综复杂的企业内部利益格局中，找到达成一致的路径。但是一般来说，工业企业很难有内生团队天然具备这样的能力，原因有如下几点：

- 数字化转型对工业企业来说是一项复杂而全面的转变，需要考虑多方面的因素，包括企业文化、业务流程、技术架构等。内部IT团队虽然具有技术专业能力，但由于工作环境和偏IT技术视角的限制，难以全面了解企业内部的业务运营情况和外部行业发展状况。
- 内部IT团队通常更关注维护现有系统和应用，缺乏对新技术的熟悉和深入了解，在数字化转型过程中的技术选型上，也很难做出恰当的判断。
- 数字化转型涉及大量与其他部门的合作和沟通，例如市场营销、财务、人力资源等。在跨部门的协调沟通过程中，所谓"外来的和尚好念经"是一种非常现实的心态。

因此，工业企业在数字化转型过程中，通常需要依赖外部咨询顾问的帮助。外部顾问有着更丰富的行业经验和知识，可以分析企业的需求和现状，为企业提供更全面和客观的建议。通过和企业内部具备战略管理能力的团队合作，外部咨询顾问从全局角度筛选、判断和规划整体数字化转型的建设内容、周期和协同目标，帮助企业进行步调统一的分步实施，确保数字化转型顺利进行，并取得最大的全局成效。

2. 工业企业纵向维度的理念挑战

从工业企业组织架构的纵向维度来看，由于在工业企业内部的不同管理层级之间，各级管理者和员工对于数字化转型的认知不同，也可能会导致数字化的阻塞。从管理者的角度来看，更加关注的是KPI体系的构建和整体效益目标的提升，因为他们通常不会频繁操作应用，对于数字化工具的实现细节没有那么在意。但是从基层员工的角度来看，通常可能由于信息量的制约，他们是看不清高层所制定的数字化转型目标的，更关注的反而是日常操作的便利程度和细节，或者是对自己工作的某种具体收益和回报，如图3-2所示。

角色	管理者	员工
角度	KPI构建	工作实操
需求	整体效益提升	支持与赋能
认知	清晰的目标和KPI	提升软硬件性能

图3-2 需要综合考虑不同层级对数字化转型的认知和需求

作者曾经去调研过一家电感元器件生产工厂，厂长和我提到花了1年时间，已经实施上线了一套MES，但是运行效果很差，基本得不到什么准确数据。当我到车间去实地调研了一圈之后，很快发现这是一个典型的纵向维度理念冲突所导致的结果。例如，为了准确记录在生产过程中消耗的设备工时，由于有时并不容易实现直接在老式生产设备上进行自动化记录，企业要求每个操作工人在指定工单开始和结束时，操作一个距离设备30米以上的工位终端上安装的App，在生产批次结束时记录实际消耗工时，进而辅助面向财务的产品成本精准核算。但是实际情况并不会如此理想，绝大部分员工不会真的每个批次一结束，就去按时、准确地输入一次批次信息，而是在下班的时候一次性输入多个批次的生产记录，能按照记忆填个大概就提交了。这时你发现管理者的关注点和员工的关注点完全不一样，管理者关注的是工时记录是否准确及时，但是员工关注的是工时填报工具是不是好用，是不是能按时下班而不增加额外的工作量，是不是可以让日常工作变得更加便捷等。因此在不同员工层级之间，如果管理者忽视了基层员工对于操作效率的潜在诉求，选择了看着不错但其实不适用的数字化工具，反而可能会给员工的日常工作带来额外的负担，导致数字化工具的推广遇到阻力。

那么有什么好办法，能够让不同管理层级之间尽快统一对于数字化转型工具的不同潜在需求呢？除了坚持自上而下的理念宣贯之外，每个企业都在探索适合自身的成功方法，我们来看看广西的一家绿色全屋定制家居企业是怎么做的。

广西爱阁工房家居有限责任公司（以下简称"爱阁工房"）总部位于南宁市良庆区，是一家集研发、设计、生产、销售、服务为一体的现代化家居企业，产品涵盖衣柜、橱柜等全屋定制家具。爱阁工房品牌创立于2003年，是我国西南地区建立时间较早的家居品牌之一。经过20年的发展与沉淀，爱阁工房已经成为广西本土定制家居行业的龙头企业。公司拥有建筑面积超40 000平方米的自主研发生产制造中心，大量引进意大利比亚斯、德国豪迈、桦桦数控等国内外先进生产设备，以及德国WCC、酷家乐等高端智能设计、生产管控软件，通过"引进+自主开发"的模式打造了具有爱阁工房特色的工业互联网体系，实现了非标定制家居产品的大规模量化生产，技术水平位于国内前列。

我国传统家具行业属于劳动密集型行业，受人力资源供给状况的影响突出，由于该行业的劳动强度大等原因，愿意从事家具行业生产制造的人员水平参差不齐且流动性较大。与此同时，随着通货膨胀的影响，人工成本近些年越来越高，这些都是影响家具企业发展的重要因素。大部分企业都面临产线自动化程度低、生产数控化程度不够高、各工段独立生产不能集中管理、缺乏相关的软件技术帮助、柔性生产能力较弱使得生产效率较低等问题。爱阁工房通过对传统全屋定制生产设备及工艺的信息化改造，结合生产管控与云计算软硬件，融入公司多年来全屋定制产品的制造经验与客户大数据,形成了一套具有自主特色的高效生产管控体系,彻底打通销售—设计—生产—安装—售后服务全链条。具体措施包括:

- 智能工厂改造:采购多种自动化设备,建设一体化流水生产线。
- 云设计平台建立:利用户型快速匹配系统,导入图纸对户型进行 3D 展示,并支持一键下单至工厂实现 C2M 模式。
- 建设制造执行系统(MES),并通过 APS 系统进行计划排产。
- 云数据管控中心建立:实现订单从经销商下单到工厂接单、审单、收款及拆单、工艺分析、排程、生产、成品出入库的全流程管理。

爱阁工房总经理刘威女士告诉作者:"云数据管控中心上线的时候,我们的信息化主管被员工抵触情绪搞得都落泪好几次了。旧的系统被切换之后,员工说你这做的什么系统,这么难用!经销商也是坚决不想用。可想而知,一个做 IT 技术的大小伙子是多么的委屈和难受啊……"是啊,新的数据管控中心打破了过去大家惯用的下单流程,造成了一时的不适应,但是从长远看,产品信息统一在一个平台上,可以有效地提高资源利用率,降低了沟通协调成本和差错率,增强了公司的市场竞争能力。为了推动员工和经销商更快适应新平台,管理层决定,如果设计师推动经销商在新平台上成功下单一次,单次奖励 100 元。与此同时,爱阁工房的管理层仍然继续坚定地向所有员工传达着使用新管控平台的决心,除了"胡萝卜"以外,"大棒"也是必不可少的管理推进工具。刘威女士说:"对于特别难以接受新系统的员工,我们就站到他旁边看着他用,然后问他是不会用还是难用。要是不会用可以继续培训他,要是难用就是系统的问题,就站在员工旁边帮他当场改,最后逼得他们没办法,就逐渐接受和适应新系统了"。在充分考虑了员工的精神奖励和个人诉求之后,新平台逐渐成为重要的全业务流程管控工具。

今天的爱阁工房,在工业互联网平台基本建设完成后,产品生产发放期平均缩短 20%,出错率下降 30%,板材利用率提升 15%~20%。同时,企业培养出了一批具有行业经验的信息化管控与软件开发人才及高素质生产技术工人。

3.1.2 问题挑战

Gartner 在研究了企业数字化转型中的关键问题后,发现大部分管理者关注的问题主要是技术问题。在第一时间被管理者关注的问题当中,主要涉及如下内容:

- 为了采集数据,应该怎么选择智能感知终端?选择哪个 IoT 平台?
- 一说数字化都要谈到"上云",那应该选公有云、私有云、还是混合云?
- 要实现智能制造,核心系统 MES 应该选哪个平台,还是自己开发?

这些技术问题就好像冰山在水面上的部分,只是代表了转型之路上所遇到的问题当中，最容易看清的那一小部分。在地球的南北极有大量的冰山，但绝大部分冰山的主体都隐藏在水面之下，从远方单靠肉眼望过去，是无法对冰山的危险性做出准确判断的。同样，在企业进行数字化转型的过程中，需要深入讨论和慎重抉择的企业运营的深层次问题，例如组织架构是否合理、业务流程是否冗余、合规和风险、业务战略和产品方向、资金运营模式、数据战略等，都深埋在需要管理者躬身入局之后才能发现的水面下的"冰山"里。

海明威在他的著名作品《午后之死》中说道："冰山在海里移动很是庄严宏伟，这是因为它只有八分之一露在水面上。"在我们的数字化世界当中，那八分之七看不到的"冰山"对应的是以下内容。

- 如何建立数字化的思维和企业文化。如之前提到的"转思想"和"转文化"，企业应建立起使用数字来对运营过程进行监控、分析、决策、执行、反馈的思维模式，杜绝"看着办""差不多""大概可以"等以定性描述为导向的流程化思维，形成以终为始、开放共享、长期主义、基于数据进行管理的创新企业文化。思想决定现实，没有数字化思维，具体落地的数字化创新很难持久。在"百年未有之大变局"中，如果不革新思维模式，即使是当下最强大的组织亦将泯灭于历史大潮之中。

- 如何用数字化思维重塑企业组织。如之前提到的"转组织"和"转方法"，企业在梳理优化了现有组织架构和业务流程之后，确认需要什么样的数字化工具来固化组织流程，并建立起适合自身组织能力水平的创新方法论。组织是由每个企业员工个体互联形成的网络，是把物理分散的个体耦合成网络的主要力量，农业时代主要靠土地和儒家文化，工业时代主要靠职责划分和流水线，而数字化时代主要靠数字化方法论和数字化工具固化生产关系。

- 如何积累知识，并通过数据和知识驱动决策。在数字化方法论和工具的应用过程中，企业应收集深藏在研发、生产、供应链、销售和售后业务流程中的数据与个人经验，积累、挖掘、沉淀数据背后代表的机理模型和个人经验，并不断推动组织的持续改进和升级。在过去数年随处可见的数字化转型过程中，我们经常能看到有企业认为只要上了数字化系统，解决了"没有数据"的问题，所有的困惑就能迎刃而解，数字化转型就自然而然地完成了。于是大家通过工业物联网等方式大规模收集产线和管理数据，其效果除了在大屏幕上展示实现了生产透明化，让人从找纸质数据变成了"看到看不见的数据"外，没有创造出更多让一线员工离不开的价值。新的困惑来了，为什么要做大屏幕形式的"数字孪生"？为什么拥有这么多数据却没有明显的效率提升，一线操作工程师还是感觉缺数据、缺经验、缺指南？线上审批为什么还是如此的冗长？为什么系统多了，上线速度反而越来越慢，业务人员想要的应用还是迟迟看不到？

在数据分析的世界里，有一句俗话是"Rubbish in, Rubbish Out"。同理，如果说企业思考问题的方式是陈旧的，所谓"优化"后的流程还停留在"流程驱动"而不是"数据驱动"，产生的数据是局限在已知的管理数据范围内，那么即使用再先进的数字化工具和技术来应对水面上的"冰山"，输出的结果可能仍然是不合理的。只有明确了这八分之七水面下的"冰山"所涉及的方向和成果，才能更好地选择和保证在落地实施中技术选型的正确性和可实现性，减少走弯路的成本和时间。而且在解决这些隐性问题的过程中所产生的经验和数据，根据 Gartner 统计，它们对于企业数字化转型的价值影响 15 倍于应对水面之上的"冰山"所带来的回报。

回到"数字孪生的价值"这个话题，数字孪生本质上就是在数字和物理两个世界之间架设了一座桥梁，并将物理世界产生的大量数据和流程数字化，实现数据的全连接与融合。通过在虚拟世界中观测和验证物理世界规划的合理性，为流程和业务优化提供决策依据，缩短企业产品的上市时间，降低产品验证的成本，爆发出数据驱动业务的真正价值。因此，数字孪生的未来绝不只是简单的大屏幕可视化，而是整合了设计数据、生产数据、管理数据、空间数据等海量多源异构数据，在进行计算、解析和融合之后，所建立的实时映射的动态空间系统，而且数字孪生必将越来越多地被应用在一线员工的操作过程中，实现数字孪生的"民主化"。

制造企业的核心能力是完成工业产品的设计、研发、制造、销售和售后。一般来说，制造企业很难拥有足够的数字化技术资源，像互联网企业一样完成敏捷高效的业务流程优化和对应技术的落地实现。对于制造企业的 CIO 或者 CDO，在数字化如何落地执行的话题上，他们面临着一系列来自管理层、同级的管理者和基层执行员工的问题与挑战：

- 老板说数字化技术听起来是未来，不转型可能就要落后，那么我们的数字化技术的切入点在哪里，技术应用后绩效能提升多少？
- 从对个人工作的支持来看，数字化有什么好处？是能涨工资还是能早下班？
- 小步快跑地对单项数字化技术进行应用，完成了数字化转型试点后，如何把转型能力扩展到全公司以提升整体绩效。
- 技术负债较多，有各种各样打了无数补丁还在艰难前行的现有系统，是推翻重来，还是逐步升级、重建整合？
- 基层员工对新系统不适应，有抵触情绪用不起来怎么办？
- 新技术层出不穷，今天是云计算，明天是边缘计算，后天是人工智能，是选择成熟产品套件还是自己定制化开发？
- 团队知识体系急需升级，员工技术能力不足，支撑不了转型和创新，是外聘还是内部培养？
- 数字化部门定位模糊，是继续定位于企业内部支持部门，还是要引领业务变革，甚至将来逐步走向对外提供服务，成为一个独立的第三方科技服务公司？
- IT团队日常承担着"类后勤部门"的繁重系统支撑运营职责，现在又把数字化的新工作量加上来了，工作完不成。
- 周围同行或多或少都在上云，真的上云了我们的数据还安全吗？
- ……

转型技术路线选择、如何突破技术负债和习惯的阻碍、团队组织如何升级、数据安全如何保证，一个个落地执行路上的"拦路虎"，都需要 CIO/CDO 和他的团队找出解决之道。如何去应对这些数字化转型落地过程中的挑战，并没有固定办法。每个企业都需要根据自身实际状况、所处行业的发展趋势和转型的个性化业务目标，探索适合自己的转型路线。数字化转型不是单纯地复制所谓行业"最佳实践"，而是个性化地摸索全局最优路线。下文是一些可能的应对方式供大家参考。

3.2 阶段目标与核心原则

3.2.1 分阶段战略目标及示例

对于以个性化发展为基调的企业数字化转型，如果你是一位数字化规划顾问，可以怎么帮助企业制定数字化转型发展蓝图和战略目标呢？这里有一个3步走的分阶段战略目标供参考。

1. 提升业务运营效率

数字化转型的第一步是提升业务运营效率，总结起来首先就是6个字"降本、提质、增效"。这包括了在生产、供应链、销售、客户服务等方面的流程优化和自动化水平提升，以减少人工干预，提高效率；对公司的各个部门进行重新规划和调整，匹配高效的数字化工具，并根据当前的市场趋势和客户需求进行调整和优化，让流程更加顺畅；采用物联网等技术实现供应链的透明化，并使用机器学习等技术来预测生产所需零部件的数量和类型，这不仅可以优化库存管理、降低成本，还可以及时响应客户需求，提高客户满意度；采用机器人和自动化系统代替人工的重复性或者危险性劳动。在优化后流程执行的过程中，业务数据、经验和知识逐渐被采集、存储、分析、挖掘和整理，将知识封装为产品或者组件，可以用来推动第 2 章中所提到的"数据驱动决策"。

2. 创新业务模式

数字化转型的第二步是创新业务模式，例如可以通过电子商务和在线市场来销售工业产品和服务，使企业与客户的联系更加紧密。2020 年三一集团在上海宝马工程机械展上，通过在线直播和线上直接下单的方式，开创了大型工程机械电商平台的先河。随着产业数字化程度逐渐加深，网络化协同、服务化延伸、个性化定制等新模式和新业态如雨后春笋般，在各行各业中涌现出来，例如网络化协同模式的典型代表是中国航天科工集团旗下的航天云网 CMSS 云制造支持系统。CMSS 云制造支持系统主要包括：工业品营销与采购全流程服务支持系统、制造能力与生产性服务外协与协外全流程服务支持系统、企业间协同制造全流程支持系统、项目级和企业级智能制造全流程支持系统。CMSS 全称为 Cloud Manufacturing Support System，是企业云端的工作环境，可以面向企业不同角色提供互联企业层、企业层、产线层及设备层 4 个层次的工业应用 App。

3. 实现可持续发展

数字化转型的第三个步骤是实现可持续发展，帮助制造企业从能源生产、能源供给、能源管理、能源服务等方面进行全方位的数字化转型，助力碳中和目标实现。以下是几种实现可持续发展的方式：

- 可再生能源：使用可再生能源来生产和维护数字化设备，以减少对环境的影响，也就是我们经常说的"绿电替代"。
- 精益生产：采用精益生产模式，减少浪费和资源消耗。通过优化生产流程，实现高效生产。
- 负责任的采购：与能够提供更环保、更优的可持续解决方案的供应商合作，减少对环境的影响。
- 社会责任：积极参与社区活动和慈善事业，履行企业社会责任。

作为可持续发展的践行者，施耐德电气有限公司在自身的数字化转型历程中，将可持续发展融入主营业务的方方面面，大量绿色的创新产品和数字化技术被应用于自身工厂，并取得了一些成果。最直观的是，施耐德电气在全球打造了 64 家"零碳工厂"，在中国的 23 家工厂中，就有 15 家已经实现"零碳"。坐落于北京经济技术开发区的施耐德（北京）中低压电器有限公司（以下简称"北京施耐德工厂"），就是这 15 个"零碳工厂"之一，除此之外，它还是工信部认证的"国家级绿色工厂"，以及施耐德电气全球"智慧工厂"项目中的样板工厂。2021 年，北京施耐德工厂还经过了中国船级社质量认证公司的碳中和认证并获颁"碳中和"证书，成为全国首家"碳中和"工厂，是施耐德电气"绿色"发展之路上的又一座里程碑。

在北京施耐德工厂，施耐德电气主要从三方面着手：第一，部署清洁能源，增加可再生能源的使用；第二，搭建数字化能源监控系统，提升能源使用效率，避免浪费；第三，通过智能调度，优化产线的能源管理，实现能源价值最大化。比如，从源头上，北京施耐德工厂部署了施耐德电气在中国最大的光伏项目基地，增加了清洁能源的使用比重——具体占全厂能源使用的30%，据统计每年可以减少超过2000吨的碳排放。但是，碳排放存在于生产的全过程中，更繁重的减排任务主要是在对另外70%的传统能源的效率优化上。

在施耐德电气看来，数字化技术是能效优化的基础，通过广泛采集生产线上的水、电、气等与能源相关的数据，借助大数据的监测和分析手段，可以实现对各项能耗指标的可视化管理，根据能耗高峰和低谷进行调优，避免资源浪费。以空调冷机为例，基于冷库预测模型和冷机测试模型，可以预测未来24小时的天气数据、人流数据、室内温度数据等，根据这些数据，工厂就可以对冷机的开关机策略进行优化，决定在什么时间段开启和关闭，避免在非必要的情况下长时间启动，造成资源浪费。

北京施耐德工厂内安装了数以千计的传感器，基于全套数字化监控系统，可以对生产全过程产生的各项能耗指标进行持续改善，把各个环节的碳排放降到最低。除此之外，在数据基础上，北京施耐德工厂还通过打通第三方服务，实现智能调度，降低对传统能源的依赖。比如，根据市电实时电价等变量，优化能源使用结构，在用电高峰使用新能源，在用电低谷再切换成传统用电，一方面节省了用电成本，另一方面也减少了碳排放。

不过，数字化技术固然可以在这一系列节能减排举措中帮助企业解决大量复杂问题，但措施能否顺利落地，关键还在于"人"，即人在其中的决心和驱动力。为此，施耐德电气还为工厂中的不同部门和角色设定了能源绩效KPI，让节能减排这件事变得与每个人息息相关。值得强调的是，这里的能源绩效的设定办法，同样基于现场能源、能耗数据的积累和测算，而不是拍脑门式的"一刀切"，根据不同车间、不同产线和不同班组的具体情况，会有差异化的管理指标。[1]

3.2.2 核心原则

1.战略与执行并重

在工业数字化转型过程中，第一个核心原则是战略与执行并重，处理好近期与远期、总体与局部、宏观与微观之间的关系。转型的发起者需要像一个棋手，总览全局并做出未来3~5步的整体最优选择。一方面需要自上而下，通过产生工业企业数字化转型的总体规划，统一协调不同部门之间的数字化转型时间表、目标和需求范围，将转型过程作为一个有机整体思考推进。另一方面，转型又需要发挥每一位参与者的主观能动性，自下而上地发动员工个体的创新能力，产生自我驱动的探索和有益的创新，进而将各部门的创新探索成果和经验反馈到企业战略管理层，帮助管理者修订转型战略。

以大众汽车向新能源和软件化转型的波折过程为例，来看看即使高层认知和企业战略均到位，且付出了大量的资源，但数字化转型仍然面临着失败的风险。2018 年，就在赫伯特·迪斯（Herbert Diess，以下简称迪斯）刚刚升任大众集团 CEO 时，他便发现大众集团正面临着一个重要问题，也就是对电动智能化的敏锐度不足。在"大众排放门"事件爆发的 2015 年，全球新能源汽车的销量仅仅不到 52 万辆，但在 2019 年时，新能源汽车的市场已经膨胀了 4 倍，达到了 220 万辆的水准。其中，特斯拉更是以超越行业的增长速度，销量增长了 7 倍之多。

出于对行业的敏锐嗅觉，迪斯在上任初期便提出"Electric for All"战略，致力于电动汽车产业的突破。随后，他又将大众原本拟定的到 2025 年生产 100 万辆电动汽车的计划提前到 2023 年，与此同时，还计划在 2020 年～2024 年 5 年间投入 330 亿欧元布局电动化。在组织架构优化方面，迪斯主导成立了独立软件公司 CARIAD。为了激励大众的管理层坚定转型的决心，迪斯还邀请特斯拉 CEO 埃隆·马斯克通过视频为大众 200 多名高管讲课。

加大投资、成立软件公司、制定新能源战略，迪斯的一系列操作，让外界看到了大众汽车电动化转型的决心，然而，在实际落地执行过程中，一系列从中层到基层执行不到位的走形动作却让迪斯最终失去了 CEO 这份工作。来听一听下面这些来自基层的声音吧。"软件在大众汽车甚至在欧洲根本不被重视，虽然欧洲有很多出色的开发人员""软件要复杂得多，雇佣更多的软件开发人员不会像雇佣更多的生产线工人那样加速开发""这些经理们认为编写软件就像是机械师拧螺丝""或许他们聘请一流的开发人员，只是为了让他们逃跑。因为文化和流程没有改变。"[2] 在赶鸭子上架的过程中，大众跌跌撞撞地推出了 ID 系列车型，而且大大晚于预计的时间。初代 ID.3 车型直到 2020 年才真正交付，而且要求首批车主签字认可部分功能在几个月之后才能通过更新正常起效。然而第一批 ID.3 汽车出现了大量的软件问题。大众汽车的消息人士告诉媒体，软件问题是由于软件的基础架构开发"过快"造成的，ID.3"在数月内建成"，软件架构并不完整。经过 2 年努力，大众拿出的只有令全球电车用户愤怒不已的糟糕屏幕和车载软件。在 2021 年和 2022 年，CARIAD 分别亏损 13 亿和 20 亿欧元，这种亏损幅度终于让大众集团的管理层坐不住了。

但比亏损更难以让人接受的是，CARIAD 没有按时完成软件开发直接导致奥迪和保时捷的全新纯电车型无法确定上市时间。作为大众集团旗下的另一个豪华品牌，宾利原本计划在 2030 年转型为电动品牌，但如今也不敢给出明确的时间表了。2022 年 7 月，大众集团宣布迪斯卸任。媒体援引知情人士称，核心软件开发进展缓慢，新一代电动汽车的发布被迫推迟，都是导致迪斯"下课"的"最后一行代码"。虽然大众从传统燃油车向电动化和智能化的数字化转型还在继续，但是迪斯在大众的故事已经结束了。

2. 自主与合作并重

在之前提到的"转文化"中，企业需要建立长期主义和开放共享的文化。第一，开放共享并不是沿用传统的甲乙方模式来推进转型，把工业数字化转型的成败更多地寄托在各个合作伙伴身上，而是通过自我驱动的思考，辅以开放和平等合作的心态，在同合作伙伴进行协同的过程中，发现问题和找到解决问题的答案。成功转型的关键仍然在转型企业对自己的深刻认知和分析上，而不是依赖所谓的某个最佳实践，期望通过简单地全盘复制就能解决自己的个性化问题。第二，聚焦工业企业自有核心能力，打造转型过程中所需的各种新型数字化能力，将转型的方向、战略和架构能力牢牢把握在自身手中。第三，转型所涉及的企业非核心能力，采用对外建立生态、开放合作的方法，补齐能力短板，最终实现与合作伙伴之间的共赢。

例如作为工业数字化转型中"转组织"的一部分，针对工业企业组织架构的优化和重组需求，外部咨询顾问可以帮助到业务用户的方向，更多的是通过科学的方法论来支持企业用户分析、讨论和确认未来的转型目标及对应的组织架构，不可能替用户决定未来的业务第二曲线是什么、新战略产品是什么、最优的组织架构是什么等。对未来的选择，始终是企业管理层自身的责任和应当具备的能力。也就是说，外部咨询顾问能承担的角色，只能是教练、老师和提供建议的人，队长、考生和决策者必须是企业管理层自身。

3. 业务驱动与技术驱动并重

之前的内容中提到，工业数字化转型的隐性需求，或者说容易被忽视的需求是水面之下的"冰山"，也就是那些不容易被发现的业务挑战。工业企业需要关注业务管理和数字化技术的深度融合，站在业务视角发现技术对于业务创新的价值点，在新技术的探索上做适度的超前投入，通过技术升级和管理升级来实现业务结构调整、企业利润提升和产业链协调发展等目标，最终实现制造业提质增效，从以产品一次性销售的短期价值为导向，向以产品全生命周期服务的长期价值为导向转变。

以工业企业上云这个话题为例，很多企业在转型之初就会遇到一个问题，我的企业真的需要上云吗？如果要上的话，应该怎么上？有些人判断的依据很简单，别人上云了我也得上；有的人多想一步，要求数字化部门拿出上云降低IT成本的ROI分析；有的人则会深入思考，上云对于业务转型真的有推动作用吗？以江苏国茂集团有限公司（以下简称"国茂股份"）为例，它们的选择是携手亚马逊云科技，以适配新业务模式为目标，全面改造现有应用上云，驱动业务增长。[3]

减速机是工业自动化核心中用于传动的零部件，由多个齿轮组成，可应用的行业、领域极多，小到餐桌转盘和电梯，大到水泥建材、重型矿山等工业体系都有它的身影。正因无所不在的"高出镜率"，减速机具有多品种、小批量的高度定制化特点，是明显的长尾类型商品。国茂股份的主营业务便是减速机，公司创立于1993年，至今深耕减速机行业30余年，已成长为国内通用减速机龙头企业，市场占有率国内第一，全球第三。

国茂股份目前生产的工业减速机包括十几个产品系列，样本产品有13亿个，近乎我国人口总量。"减速机行业发展有4个阶段，第一是单件定制，第二是系列设计、按需改制，第三是多系列零件高度标准化、模块化，第四是未来的大规模个性化定制。目前，行业整体处于第三阶段，但正在向第四阶段迈进。谁先跨过去谁就领先。随着客户需求越来越离散化、碎片化，这将成为未来制造业的共性问题。未来的产品迭代将以月和天为期，以往依赖少量品种大量重复制造的模式将难以维系，实现大规模定制是行业的未来趋势。"时任江苏国茂减速机股份有限公司总经理助理兼CIO的孔东华说。

对减速机行业的发展趋势来说，产品特性必然要走向大规模定制，同时提供卓越的客户体验和规模化成本优势。因此，国茂股份并没有简单地选择将现有IT应用架构原封不动地照搬到云端进行部署的做法，而是基于业务目标的未来对数字化转型提出了明确要求。用云计算的一个术语来说，就是不能选择"lift and shift"，也就是所谓"直接迁移"这样的纯技术驱动的思考方式，而是需要从业务驱动的视角出发，重构现有的传统企业管理软件架构，优化每个末端应用与后台的关系，使精益化贯穿整个定制生产系统，实现数字化系统的长期主义。

在选择亚马逊云科技进行"全面上云"后，国茂股份很快体验到了基于数字化转型所实现的"降本增效"。以云上报价系统为例，基于亚马逊云科技的微服务和专业服务，国茂股份打造了云上报价系统，摆脱手动报价的低效方式，实现了价格计算流程的自动化和大规模个性化定制客户订单，同时也优化了产品定价管理，可以根据原材料变化快速调整报价或制定自动化的定期价格保护策略，确保全球产品价格的一致性，并实现了报价应用在网页端和移动端的部署。与手动报价相比，云上报价使产品价格更新发布的频率从每季度1次提高到每周1次，销售人员每人每月可以节省16小时。

3.3 关键行动与技术路线

3.3.1 关键行动

工业数字化转型利用数字技术和解决方案，改造升级了传统工业。它不仅改变了生产方式，还重塑了企业的运营模式和竞争策略。这一转型的成功实施，会给工业企业带来深远的影响，其中包括减少重复性高的活动、获得以数据为代表的新型数字资产，以及创造更便利的创新环境。通过自动化和智能化技术，企业可以提高生产效率，降低运营成本。数据作为新型资产，为企业提供了深入的洞察和预测能力，支持更好的决策制定。同时，数字化技术还为企业的创新活动提供了便利的工具和环境，促进了跨部门和跨组织的协作，加速了新产品和新服务的开发。这些变化将有助于工业企业在激烈的市场竞争中保持领先地位，实现可持续发展。

- 减少了工业企业中那些创新成分低但重复性高的活动。诸如体力劳动和简单重复的脑力劳动，都可以被自动化，从而让每一位业务用户可以把更多的时间和精力（包括企业资源）投入到能真正体现创造性的高价值活动中。
- 工业企业获得了一种新型数字资产——数据。或许有人会说，过去也有很多数据存在于各种各样的系统当中，没有数字化转型，数据不是也在吗？是的，那时可能会有各种零散、静态、含义不明、不知道怎么用，甚至不知道是不是准确的数据，严格地说它们甚至是"负数字资产"，不止没有发现用途，还占用了大量的存储设备。通过数字化转型，这些数据经过补充、整理、清洗、挖掘，并用来指导和驱动业务流程的运转，甚至从过去的单一业务驱动中被释放出来，跨越产品全生命周期被发现了更大的价值，这时才能理直气壮地说此类数据是有用的"数字资产"。而数字资产的特殊性在于，它的价值如何界定，到底有多大价值，这个问题是最容易受个体"判断"影响的，很难和其他有型的物理资产那样，有一个相对公认的市场价格。
- 工业企业的创新活动获得了更便利的环境。工业元宇宙的能力使很多原本需要大量投入（人员投入、设备投入、场地投入、物料投入等）才能做实体实验的创新活动，有了更加简单易用、低成本、虚拟世界和物理世界相融合的实验和培训环境。搭建这个复杂环境的工作也变得更加低代码化，例如 DataMesh Director（访问链接为 https://www.datamesh.com.cn/datamesh-director/）。原本复杂的实验搭建、培训课件制作、监理验证等工作，现在只要动动鼠标，输入一下文字、视频、音频等具体内容就可以实现了，并且可以和各种移动设备完美契合，随时随地可用。

为了实现这样的数字化未来，按照一个完整的转型周期来看，主要包括以下几项关键行动。

1. 顶层设计

顶层设计是工业数字化转型的首要步骤，它为企业的转型之路提供了战略指导和行动框架。顶层设计的核心在于确保企业在数字化转型过程中能够保持正确的方向、统一的目标和高效的执行力。通过顶层设计明确企业数字化转型的长期/中期/短期等不同阶段的目标，例如企业的长期愿景是什么，行动方向在哪里等。实现战略解码，有利于企业统一思想、统一目标、统一语言、统一行动。

（1）明确企业愿景

在进行顶层设计之前，企业首先需要明确自己的愿景。这个愿景应该是长远的、富有启发性的，并且能够激励所有员工朝着共同的目标努力。企业愿景不仅包括经济目标，还应该涵盖社会责任、环境保护、技术创新等方面。通过明确愿景，企业可以在数字化转型中把握正确的发展方向，确保所有的行动和决策都与企业的长远利益保持一致。

（2）制定战略目标

基于愿景，企业接下来需要制定具体的战略目标。这些目标应该是可量化、可执行的，并且与愿景相符合。战略目标可以是提高生产效率、降低运营成本、增加市场份额、提升客户满意度、建立第二关键业务并初步发展等。在制定战略目标时，企业需要考虑自身的资源和能力，确保目标的可实现性。同时，战略目标还应该具有一定的灵活性，以适应市场环境和内部条件的变化。

（3）确定转型路径

有了战略目标之后，企业需要确定实现这些目标的转型路径，包括选择合适的数字化技术和解决方案、优化业务流程、调整组织结构、培养数字化人才等。在确定转型路径时，企业应该进行全面的分析，考虑内外部环境、竞争对手的动态、行业趋势等因素。此外，企业还需要评估转型路径的风险和挑战，制定相应的风险管理和应对措施。

（4）制定实施计划

确定转型路径后，下一步是制定详细的实施计划。这个计划应该包括具体的行动步骤、责任分配、时间表和预期成果。实施计划需要明确每个阶段的目标和里程碑，确保企业能够按计划推进转型工作。同时，实施计划还应该包括评估和监控机制，以便企业能够及时了解转型进展，调整策略和行动。

（5）统一思想和行动

顶层设计的一个重要目的是统一全员的思想和行动。企业需要通过沟通和培训，确保所有员工都充分理解数字化转型对于企业和个人的意义、目标和计划。员工的积极参与和支持是数字化转型成功的关键。此外，企业还需要建立一种开放和协作的文化，鼓励员工提出建议和创意，共同推动企业数字化转型的进程。

(6) 资源配置和支持

顶层设计需要考虑资源的配置和支持。企业需要投入必要的资金、人力和技术资源，以确保数字化转型的顺利进行。在资源配置时，企业应该优先考虑那些对企业价值创造影响最大的领域和项目。通常来说，企业很难只靠自身的力量获取数字化转型过程中需要的全部资源和支持，因此还需要建立基于生态合作的伙伴关系，获取外部必要的技术和资源支持。相关内容在后续的生态落地部分中会有详细阐述。

(7) 持续评估和优化

顶层设计不是一次性的任务，而是一个持续的过程。企业需要定期评估数字化转型的进展和效果，根据评估结果进行优化和调整。这包括对战略目标、转型路径、实施计划等进行定期的审视和更新。通过持续评估和优化，企业能够确保数字化转型始终与市场环境和企业战略保持一致，从而实现长期的成功和可持续发展。相关内容在后续的持续迭代部分中会有详细阐述。

总的来说，顶层设计是企业数字化转型的基石，它涉及企业愿景的明确、战略目标的制定、转型路径的确定、实施计划的制定、思想和行动的统一、资源配置和支持，以及持续评估和优化等多个方面。通过有效的顶层设计，企业可以确保数字化转型的正确方向和高效执行，从而在激烈的市场竞争中取得优势，实现可持续发展。

2. 工具落地

工具落地是工业数字化转型过程中至关重要的一环，它直接关系到企业能否有效利用数字化技术提升业务流程、优化决策制定、增强竞争力。企业需要在这个行动中建立适应企业个性化需求的数字化平台，应对业务和技术挑战。数字化平台可以提升企业整体的数字化能力，沉淀经验，使其逐步从没有数据或者缺少数据，过渡到具备完善的数据进行分析、决策和业务驱动，并积累数据资产。

(1) 识别核心需求

工具落地的第一步是识别企业的核心需求。企业需要深入分析自身的业务流程、运营模式、市场定位和长期战略目标，从而确定数字化转型的关键领域和优先级。这些需求可能包括提高生产效率、降低制造成本、扩大销售线索和商机的来源、改善客户服务、增强数据分析能力等。识别核心需求有助于企业确定所需的数字化工具和平台类型，以及这些工具应具备的功能。

(2) 评估现有的技术基础设施

在识别了核心需求之后，企业需要对现有的技术基础设施进行评估，包括硬件基础设施、数据平台、软件应用、数据存储和处理能力、网络安全等方面。评估的目的是确定现有技术的优势和不足，以及它们能否支持新的数字化工具的部署和运行。这一步骤对于避免重复投资和确保技术的兼容性至关重要。

(3) 选择合适的数字化平台和工具

根据核心需求和现有技术基础设施评估的结果，企业需要选择合适的数字化平台和工具。市场上有各种各样的数字化解决方案，包括企业资源规划（ERP）系统、客户关系管理（CRM）系统、供应链管理（SCM）、制造执行系统（MES）、高级计划与排程（APS）系统、数字孪生平台和开发工具、工业物联网平台、数据分析和可视化工具等。企业应根据自身的特定需求和预算，进行综合比较和选择。

(4) 定制化开发和集成

选择了合适的数字化工具后，企业需要对其进行定制化开发和集成。定制化开发意味着根据企业的具体业务流程和工作方式，调整工具的功能和界面，以确保它们能够满足企业的实际需求。集成则涉及将新的数字化工具与现有的系统和流程相连接，确保数据的流畅传输和无缝对接。

(5) 数据迁移和系统测试

在定制化开发和集成之后，企业需要进行数据迁移和系统测试。数据迁移是指将现有数据转移到新的数字化平台上，这需要确保数据的准确性和完整性。系统测试则是为了验证新工具的功能是否符合预期，是否存在技术问题或安全隐患。这一步骤是确保工具成功落地的关键。

(6) 培训和支持

为了确保员工能够有效使用新的数字化工具，企业需要提供充分的培训和支持。培训内容应包括工具的基本操作、高级功能、故障排除等。此外，企业还应建立一个持续有效的支持系统，帮助员工解决在使用过程中遇到的问题。

(7) 持续优化和升级

数字化工具落地并不是一次性的任务，而是一个持续改进的过程。随着企业的发展和市场的变化，原有的工具可能需要进行优化和升级。企业需要定期收集用户反馈，分析工具的使用数据，以便不断改进工具的性能，优化用户体验。

(8) 从数据到数据资产

在建立开放数据平台后，企业可以通过广泛地共享和收集数据，建立对数据的有效分析，根据业务需求和市场变化不断产生和优化数据资产。在对数据资产的持续利用中，企业应鼓励组织和个人学习最新的数据分析方法和趋势，不断提升数据资产的价值。通过上述措施，企业能够将原始数据逐步转变为有价值的数据资产，这些资产不仅能够支持日常运营和决策制定，还能够为企业带来新的商业机会和竞争优势。读者在后续的数字孪生章节中会看到更多关于如何利用数据资产的阐述。

（9）安全和合规

在整个工具落地的过程中，企业还需要关注数据安全和合规问题，包括确保数据的加密、备份、访问控制等安全措施得到有效实施，以及确保数字化工具的使用符合相关法律法规的要求。

工具落地是企业数字化转型的关键步骤，它要求企业识别核心需求、评估现有的技术基础设施、选择合适的数字化平台和工具、进行定制化开发和集成、实施数据迁移和系统测试、提供培训和支持、持续优化和升级、实现数据资产的建立和增值，以及确保安全和合规。通过这些步骤，企业可以确保数字化工具能够有效地支持业务流程、提高决策质量、增强市场竞争力，从而实现数字化转型的成功。

3. 生态落地

生态落地是工业数字化转型中对外获取技术资源和支持的关键步骤，它涉及企业如何与外部环境互动，如何构建一个支持创新、促进合作、共享资源的生态系统。这个生态系统不仅包括供应商、客户、合作伙伴，还可能涵盖政府机构、研究机构、行业协会等。通过开放共享的企业文化，构建起良性的企业数字化转型生态圈。数字化部门或者生态合作部门可以帮助企业定位合作资源，建立合作关系，推动联合解决方案和商业技术合作的落地，推动合作蓬勃发展。

（1）明确生态战略

在生态落地的初期，企业需要明确自己的生态战略。这包括确定企业在生态系统中的角色、目标和期望。企业应当思考如何通过生态合作来增强自身的核心竞争力，如何利用外部资源来补充内部能力的不足，以及如何通过生态合作来开拓新的市场和业务。

（2）识别关键利益相关者

生态落地的成功很大程度上取决于企业与关键利益相关者的关系。企业需要识别出对自身发展至关重要的合作伙伴，包括供应商、分销商、行业意见领袖、协会、政府机构等。了解这些利益相关者的需求、期望和优势，有助于企业建立更加稳固和互利的合作关系。

（3）构建合作框架

与关键利益相关者建立合作关系后，企业可以构建一个生态合作框架，这个框架应该明确合作的目标、原则、规则和流程。例如，企业可以与合作伙伴基于对客户和产业发展趋势的共同理解，联合开发新产品，或者联合开拓新市场。合作框架还应该包括解决合作中可能出现的冲突和问题的机制。

(4) 促进资源共享

建立了生态合作框架之后，落地的一个重要方面是资源共享。企业之间通过共享技术、数据、市场信息、人才等资源，来提升整个生态系统的效率和创新能力。例如，企业可以与供应商共享制造过程的数据，帮助它们优化产品设计和供应链管理流程。同样地，企业也可以与大学或者研究机构合作，共同开发新技术。

(5) 推动开放式创新

开放式创新是生态落地的核心。企业通过突破传统的基于内部团队的封闭研发模式，建立起内外协同的新研发模式，通过与外部合作伙伴共同开发新技术、新产品来加速创新过程，这可能涉及与初创企业、大学、研究机构等进行不同模式的合作。开放式创新不仅可以帮助企业获取新的技术和知识，还可以帮助企业更好地理解市场和客户需求。

(6) 建立共赢机制

在生态系统中，所有的合作都应该基于共赢的原则。企业需要确保合作伙伴能够在合作中获得实际的利益，无论是经济利益还是战略利益。共赢机制可以包括利润分享、风险分担、知识共享、客户和渠道共享等。通过建立共赢机制，企业可以增强合作伙伴的忠诚度和合作的积极性。

(7) 推动文化融合

文化融合是生态落地的另一个重要方面。企业可以与合作伙伴建立共同的价值观和行为准则，通常涉及企业的使命、愿景、工作方式等。通过文化融合，企业可以有效减少与合作伙伴在合作中的潜在摩擦和误解，提高合作的效率和效果。

(8) 持续优化和调整

生态落地是一个持续的过程，企业可以根据外部环境的变化和内部战略的调整，不断优化和调整生态系统。这可能涉及引入新的合作伙伴、调整合作模式、更新合作框架、建立新的合作共赢机制等。企业需要保持灵活性和适应性，以应对不断变化的市场和技术环境。

(9) 关注社会责任和可持续发展

今天，社会责任和可持续发展已经成为企业在数字化转型中不可忽略的话题，包括确保合作过程中的环境保护、绿色制造、双碳战略、公平贸易、个人权益保护等。通过关注社会责任和可持续发展，企业不仅可以提高自身的品牌声誉，还可以吸引更多的合作伙伴和客户一起加入已经构造的生态圈。

生态落地是企业数字化转型的重要支撑，它要求企业构建一个支持创新、促进合作、共享资源的生态系统。通过明确生态战略、识别关键利益相关者、构建合作框架、促进资源共享、推动开放式创新、建立共赢机制、推动文化融合、持续优化和调整，以及关注社会责任和可持续发展，企业可以有效实现生态合作的落地，从而在竞争激烈的市场中更加快速高效地获得优势，实现长期的成功和可持续发展。

4. 持续迭代、精益创新

持续迭代和精益创新是工业数字化转型中的核心原则，它们强调的是在不断变化的市场环境中，通过快速、灵活和高效的创新活动来推动企业的持续发展和改进。数字化转型不会一蹴而就，也不会有明显的目标终点，而是一个持续改进、永无止境的过程。没有最好的数字化转型结果，只有更好。企业可以制定不同周期的数字化转型规划，在月度、年度甚至跨多年的计划和实施方案中，通过敏捷快速的持续迭代，不停地创造和进入更好的数字化未来。

（1）建立持续迭代的文化

企业文化是推动持续迭代和精益创新的基础。企业需要培养一种鼓励尝试、容忍失败、快速学习和不断改进的文化。这种文化能够激励员工积极参与创新活动，不断寻求改进和优化的机会。企业领导层应该通过行动和决策，来展示自己对持续迭代和精益创新的承诺与支持。

（2）采用敏捷开发方法

敏捷开发是一种以迭代和增量为核心的软件开发方法，它强调快速响应变化、持续交付价值和团队协作。这种敏捷开发的方法可以被同样应用到其他业务领域，通过短周期的迭代开发和持续改进，来加速产品和服务的创新。敏捷开发还鼓励跨部门的协作和沟通，有助于打破信息孤岛，提高资源利用效率。

（3）实施精益创新原则

精益创新是一种注重效率和效果的创新方法，它强调最小可行产品（MVP）的开发、快速迭代和客户反馈的利用。企业可以采用精益创新原则，降低创新的风险和成本。通过低成本快速开发MVP并收集市场反馈，企业可以及时调整产品方向和策略，避免在错误的道路上投入过多资源。

（4）建立跨功能团队

跨功能的复合型团队是实现持续迭代和精益创新的关键，也就是第1章中所提到的"业务IT一体化"的团队。这种团队通常由不同专业背景的成员组成，包括产品设计师、架构师、开发人员、产品经理、市场专家等。跨功能团队可以快速响应变化，整合不同领域的知识和技能，加快创新活动的执行。

（5）通过数据分析和反馈推进创新

数据分析是推进持续迭代和精益创新的重要工具。通过建立有效的数据收集和分析机制，企业能及时了解产品和服务的性能、客户的行为和市场的动态，发现问题和机会，制定更加精准和有效的创新策略。同时，企业还需要建立反馈机制，鼓励客户和员工提供意见和建议，以便不断改进和优化。

（6）持续投资和支持

持续迭代和精益创新需要企业持续地投资和支持，包括资金、人力、技术等方面的投入。企业需要确保有足够的资源来支持创新活动的开展，同时也需要为创新活动提供必要的政策和制度支持。

综上所述，持续迭代和精益创新是企业在快速变化的市场环境中保持竞争力的关键。通过建立持续迭代的文化、采用敏捷开发方法、实施精益创业原则、建立跨功能团队、通过数据分析和反馈推进创新，以及持续投资和支持，企业可以实现持续的创新和发展，不断创造新的价值和机会。

总之，只要转型的战略方向大致正确，不论迈出的距离是大是小，先做起来就好。Just do it，迈出数字化转型的第一步吧！

3.3.2 技术路线

1. 大中型工业企业的技术路线

大中型工业企业有着充足的资金和应用场景支持，可以定位有经验的外部咨询团队协助进行规划和流程梳理，并同步培养内部的规划和技术实现团队，利用团队为工业企业发展提供合适的技术变革路线图和落地实施能力。以下是一些思考技术选择的关键点：

- 统一数据平台。大中型工业企业需要处理海量的业务和生产数据，并在不同的系统和部门之间进行共享。因此，建立在"转模式"中提到的统一数据平台非常重要，它能确保数据的准确性和可靠性，并减少数据重复收集和处理的工作量。
- 数据安全保障。由于大中型工业企业所拥有的数据量庞大、敏感性强，因此数据安全问题尤为重要，需要确保数据和业务的安全性与连续性，防止内部和外部的威胁。这就要求大中型工业企业采用高安全等级的技术框架和运营策略，以保护其数据资产。
- 自动化流程。对大中型工业企业中的后端支持部门来说，自动化流程可以减少人工错误和重复工作，降低人力成本，并加快业务流程。

2. 中小型工业企业的技术路线

对于中小型工业企业而言，数字化转型同样至关重要，但考虑到企业规模较小和资源有限，它们在转型中所选择的技术路线出发点和大中型企业有着相当的不同。以下是一些思考技术选择的关键点：

- 选择适合自己的轻量化技术。中小型工业企业通常只有有限的资源和预算，因此需要选择适合自己业务特点和规模的技术路线。对于简单的业务流程和数据处理需求，可以选择一些轻型的数字化解决方案和云服务来满足企业的需求。此时对统一数据平台的需求可能就是次要需求了，中小型企业首先要通过SaaS应用或者类似的技术路线，来进行数字化应用的敏捷实施和数据采集。
- 生态合作和人才培养。由于中小型工业企业通常没有大中型工业企业中经验丰富的管理团队和充足的数字化技术资源，因此大中型工业企业可以选择自主研发的方式进行转型的起步，但对于中小型工业企业来说这种方式就不太现实。中小型工业企业需要积极寻求外部资源的支持，重视内部人才的培训和发展，并通过应用类似低代码平台的敏捷开发工具来逐步提升自主开发能力。与此同时，由于所处地理区域和行业认知的限制，中小型工业企业寻找合适的生态合作伙伴并不是一件容易的事情，这就需要政府工信部门和行业组织在生态资源对接上给予中小型工业企业更多的帮助和支持。

3.4 升级组织架构

3.4.1 单点数字化应用阶段

在数字化转型的早期阶段，如果企业只需要应用一些单点的数字化应用来提升局部效率，那可以考虑完全不做任何数字化相关的研发和运营，只需购买行业内相对优秀并适合企业具体情况的软件或服务即可。例如，企业仅需借助数字化能力完成一些日常管理，包括员工之间的线上协同、考勤和流程审批等，可以考虑从钉钉、企业微信和飞书这3个平台中选择一个使用即可；如果希望更加有效地管理客户，则可以考虑采购一套CRM系统；在人员招聘方面，只需要配备基本的IT服务人员即可，他们能够解决一般的硬件设备的基本故障及软件系统的常见问题，能够有效帮助公司架设内部网络等。在组织架构方面，企业可以将这些IT服务人员单独成立一个组，并放在行政部等职能部门下进行管理。

3.4.2 数字化应用到核心业务流程阶段

如果数字化的应用继续加深，逐步扩展到了企业的核心业务流程中，那么数字化应用就成为企业关键的运营支撑工具。例如在制造业中应用越来越广泛的数字化营销领域，营销部门需要通过短视频运营来快速吸引潜在客户，而视频号或者抖音等平台上的优秀视频并不是随便拍拍就能够成功的。每个成功的营销视频背后都有专门的运营团队的支持，包括故事策划、演员、拍摄和后期制作等，还必须有熟悉视频号等平台流量分配规则的专业运营人员。这些工作需要自建团队，只有对企业的品牌、目标客户、企业产品、解决的痛点等足够熟悉，才有可能挖掘出有趣的创意，并最终制作出客户感兴趣的视频。首先，企业至少需要一名有经验的优秀运营人才，他必须对各类互联网平台的规则有深入的理解，对互联网运营和市场营销的基础知识（如漏斗模型分析）有足够的了解，对目标客户的心理动态有准确把握，还能作为内部运营的主导者来协调资源共同完成营销工作。其次，在从市场营销中获得的线索向销售商机的转化过程中，有大量琐碎和重复性的工作，比如回复客户的留言、接收客户的邮件和咨询需求、回应客户对产品或解决方案的初步咨询，甚至帮助客户开通产品试用等，这些工作可以交给综合能力一般，但工作细心踏实的员工来完成。

在组织架构方面，数字化运营团队可以设置在公司总部对应的核心流程主管部门下面，成立一个"数字化运营中心"之类的部门。例如在上文说到的数字化营销场景下，对应的数字化运营中心可以划分给集团市场部来管理。公司现有市场线中的高层管理者可作为线上运营方面的管理者，从市场营销的专业角度给予支持和指导。

3.4.3 数字化作为第二业务曲线驱动力的阶段

企业第二业务曲线是查尔斯·汉迪在其所著的《第二曲线：跨越"S型曲线"的二次增长》中提出的概念，它描述了一个企业在其主要业务领域外开展新业务的发展轨迹。一般情况下，这些业务通常是跨越到新兴或未被充分开发利用的市场中开展，其可行性和发展前景均存在不确定因素。企业在主营业务已经饱和或成熟的情况下，通过第二业务曲线寻找新的增长点，创造更多的商业机会。随着时间的推移，原先的主营业务开始从成熟期步入衰退期，一旦主营业务出现问题，企业的生存环境将变得严峻。而通过开拓第二业务曲线，企业可以逐渐减少对单一市场、单一产品或单一渠道的依赖，从而降低风险。

下面以美云智数科技有限公司（以下简称"美云智数"）为例，一起来看看美的集团在数字化转型过程中是如何定位第二业务曲线，并且设置对应的组织架构的。美云智数是美的集团旗下的智能科技公司，致力于推动家庭智能化、工业智能化及智慧城市建设的发展。该公司依托于美的集团的庞大资源和技术优势，拥有自主研发的芯片、智能家电和智能制造等领域内的核心技术。借助这些技术优势，美云智数已经成为智能制造和工业物联网领域内的领军企业之一。美云智数依托于美的集团的制造业背景，开发了一系列数字化制造工具，例如机器人自动化、工业物联网、高级计划与排程（APS）、产线模拟仿真等，实现了生产线的智能化改造。美云智数通过物联网技术，将传统家用电器联网以实现智能化，用户可以通过手机或智能电视控制家居电器，为用户提供了更为便利的家居生活体验。在组织架构上，美云智数和美的集团内部的 IT 部门相互独立，更多地承担着对美的集团的外部客户提供数字化转型解决方案和服务的责任。

类似美云智数，在组织架构方面，从原则上来说，作者建议负责数字化创新业务的部门与其他业务部门处于平行位置，并且分管数字化业务的 CDO（首席数字官），最好与分管其他传统业务的管理层在职能上完全区分开，可以让他们共同向 CEO 汇报，但千万不要将负责数字化业务的部门放在传统业务部门的管辖范围之内。原因是这个阶段数字化转型的难点有两个，一个在战略层，企业管理层必须想清楚具体将业务体系中的哪一个或哪几个环节率先以数字化能力重构；另一个在执行层，就是如何才能保证数字化业务与传统业务真正打通并顺畅合作。如果把数字化业务放在传统业务部门之内管辖，仍然用传统的业务模式和考核手段对待起步的数字化业务，数字化业务通常是无法适应和开始发展的，就更加不用说数字化业务有可能和传统业务争夺市场、客户、技术支持资源的问题了。

下面以柯达公司为例，分析一下如果把创新的数字化业务放在传统业务部门中进行管理，它是如何被压制和走向消亡的。在过去，柯达的胶片相机几乎是摄影师的标配。柯达常年占据全球市场至少 70% 的份额。在很长一段时间内，我国只有一款相机和胶卷，就是柯达公司生产的。街角的照相店里摆上柯达黄色的胶片盒子，是几代人的记忆。1997 年时，柯达迎来辉煌的顶峰，市值接近 300 亿美元，在全球品牌排行榜上位列第 4 名。然而在 20 世纪末，数字技术催生了数码相机。它们通常比传统的商业胶片相机小得多，价格也更加平易近人。正是由于这些优势，数码相机越来越受到追捧，而胶片相机则很快成为过去式了。

但是有趣的是，柯达并不是没有能力发展数码相机，在市场发展早期反而是柯达引领了数码相机技术的发展。1990 年柯达推出了 DCS100 数码相机，首次在世界上确立了数码相机的一般模式，从此之后这一模式成为业内标准。但 DCS100 在市场上并没有取得太大的成功，原因是这种新技术的价格过高，设计复杂，不利于传统胶片的使用者转变为数码相机的使用者。在柯达看来，相比于攻克不知道是否能够成功的数码相机技术，远不如继续大力发展胶片相机产业链。不幸的是，当柯达决定投入全部资源以转向数码摄影市场时，已经太晚了。最终柯达错过了成为数码时代的领导者的机会，2012 年 1 月 19 日柯达提交了破产保护申请，黯然退出了全球摄影市场。

3.4.4　数字化转型处于行业先锋探索阶段

如果企业在所属行业中尚且找不到可以对标的成功案例，那说明该企业正承担着行业数字化的创新先锋角色，实际上处于一种"数字化探索"的状态和阶段。在业务方面，数字化探索阶段会将数字化的技术、能力和思维与传统业务进行深度融合，基于新的能力和认知，试图重新思考该行业中的用户、场景和需求，重构解决方案，必要时会重构行业内部的商业模式、协作关系及业务流程等，甚至创造新的细分行业。

在组织架构方面，这个阶段的企业创新有可能需要完全重构自身的组织能力。首先，不论是成立单独的公司还是改造现有的公司，必须先确保公司的CEO深入理解数字化相关的思维方式。他可以对数字化的技术和能力理解不深，但一定要深入理解数字化背后的思维方式。这一点在转型的路径中非常难达成，因为一个已经在商业上取得巨大成功的人，很难更新甚至舍弃自己固有的思维体系。因此，作者认为可行的路径是成立一个在现有组织架构上完全独立的机构，可以是部门或公司，以单独负责数字化业务。一旦走向这条路，往往意味着公司的最高领导层需要承担巨大的压力，力排众议坚持自己的决策。新公司的CEO职位应该寻找一名具有优秀数字化思维的高管来担任，并且最好对于已有行业的需求痛点有着深入的认知。如果CEO和核心管理层的高管们对行业理解并不深刻怎么办？合理的方式是，给新的CEO配备几名行业资深顾问，让他们在工作中相互协作。但是既然作为顾问存在，也就是说业务发展的决策权在CEO，而不是万事都要听顾问的。

3.5 成功案例：西门子从电气自动化到工业软件巨头

西门子（Siemens）是一家全球领先的多元化企业，涉及工业、能源、医疗、数字化等多个领域。自19世纪末起，西门子就开始关注电气化领域的发展，并在此基础上逐渐成长为全球领先的工业软件供应商。西门子不仅持续向客户提供数字化转型的解决方案和服务，同时自身也在数字化转型的道路上坚持长期主义、不断创新。作者有幸在西门子从"硬"到"软"的起步阶段加入，并且作为西门子中国工业数字化解决方案早期团队的一员，与各位领导和同事们共同经历了近10年从0到1的转型发展过程。

西门子最早是个传统的电气制造企业，从事发电机、开关、变压器和电缆等产品的生产与销售。到20世纪80年代，随着信息技术的快速发展，西门子开始扩大软件方面的投入，推出了一系列自动化产品，并开始使用计算机辅助设计（CAD）系统、计算机辅助制造（CAM）系统和计算机辅助工程（CAE）系统等软件工具。在这个时期，西门子的组织架构相对简单，公司的业务主要集中在传统电气制造业领域。软件开发部门比较小，只是作为一个附属部门存在，处于整个公司的边缘地带。其研发工作也只是为其他产品提供软件支持，没有形成完整的、独立的软件业务体系。

随着20世纪90年代的到来，西门子逐渐发现软件业务的潜力，并着手推动软件业务的独立，以满足市场需求。1998年西门子建立了MES部门，并以SIMATIC IT作为MES（Manufacturing Execution System，制造执行系统）产品家族对外销售，2000年西门子收购了意大利MES厂商ORSI。作者在中国所实施的第一个MES项目就是和ORSI的同事们一起，从2004年~2007年用了4年时间，帮助山东中烟工业公司青岛卷烟厂实现从市区老厂向崂山新厂搬迁的异地技改项目，这也是国内第一个正式以ISA 95国际标准为目标实施的高水平MES项目。过了20年之后回头再看，即使和今天的各种市场主流MES产品和项目相比，青岛卷烟厂MES项目中所遵循的各种技术理念仍然没有过时。

然而在西门子MES产品发展的前5年，工业软件业务是不赚钱甚至赔钱的。当时据非正式小道消息，全球的MES业务一年至少要亏损1亿欧元！因此在西门子内部经常能听到各种质疑的声音，专心做以PLC为代表的工控产品业务不好吗？西门子中国区PLC产品线的年销售额至少达到数十亿元，而作者所在的MES产品线的年销售额只能达到千万级。卖MES有什么意义吗？西门子工业自动化全球负责人Dr. Anton Huber，也是西门子数字化业务的"先知"和向软件服务转型的坚定倡导者，在一次西门子内部大会上明确了管理层对此的立场：愿意为工业软件业务继续投资十年！

于是后面的故事大家就知道了，西门子开始了一系列眼花缭乱的收购，直到今天仍然在继续。2007年西门子以35亿美元的价格收购了美国UGS公司，成立了独立的设计研发软件业务部门，命名为"西门子PLM（Product Lifecycle Management）软件事业部"。西门子从此获得了数字化世界的3项重要产品：NX、Teamcenter和Tecnomatix。通过结合双方在实体领域的自动化、信息化以及虚拟领域的PLM软件方面的专业知识，西门子成为全球唯一一家能够在客户的整个生产流程中，为其提供设计制造一体化软件和硬件解决方案的公司，这成为真正影响西门子业务格局的重大举措。此时，西门子的雄心已经开始显露：推出创新的数字化工厂解决方案，真正地把工程和自动化统一起来，通过无缝的信息和数据流传输，实现整个价值链的协同。数字化工厂解决方案将帮助工业企业降低生产成本，提高产品质量，缩短新产品的上市时间，提高企业应对市场趋势的灵活性。

值得一提的是，2008年10月西门子收购了COMOS软件。COMOS涉及整个工程生命周期，包括从最初的构思草案，到工程设计、运营、服务和维护，直至停机和拆除，可在工厂或园区的全生命周期中进行一体化工厂管理，帮助工业企业优化工程设计流程、缩短流程运行时间以及建立高效的工厂管理。在这个时期西门子工业软件业务的规模不断扩大，形成了 MES+PLM+COMOS 的完整产品体系，并将其应用于汽车、航空、电子、医疗和能源等多个领域。但是直到这时，工业软件业务团队仍然属于西门子 IA（Industry Automation，工业自动化）部门下的一个分支部门，还没有独立发展。

2010 年开始，随着云计算技术和大数据技术的发展，西门子开始加速数字化转型，并启动了"西门子数字工厂"计划，旨在通过数字化技术实现全球工厂资源的高度集成和协同，以提高企业效率和产品质量。为了更好地支持数字化工厂计划，西门子进一步加强了软件业务的组织架构，对软件产品线进行了重新组织和调整。2015 年，西门子将软件业务的组织架构进一步优化，设立了与工业自动化平行的独立部门，也就是数字化工厂软件业务部门，负责 Virtual Commissioning（虚拟调试）、制造执行系统（MES）、数字化工厂设备管理等全套数字化工厂软件解决方案的研发和市场推广。2016 年 4 月，西门子正式推出基于云的开放式物联网操作系统 MindSphere。构建在亚马逊云科技（以下简称 AWS）上的 MindSphere 向下可连接现场设备，向上可提供多种多样的企业应用市场，用于数据分析、模拟仿真和远程监控等领域，进一步提升了西门子在工业软件领域的影响力。

2020 年起，西门子开始将人工智能（AI）和物联网技术应用于工业软件领域，并构建了基于数字化工厂平台的"西门子工业物联网"（Siemens Industrial Internet of Things，IIoT）战略。该战略旨在通过数字化、智能化、自动化和网络化的技术手段，实现企业和设备之间的高度集成和协同，帮助客户提高生产效率、降低成本和提高产品质量。为了更好地支持 IIoT 战略，西门子继续优化了软件业务的组织架构，增加了许多与 AI 和物联网相关的业务部门，例如数字化工厂自动化和智能化业务部门、数字化保障业务部门、数字化车间业务部门等。这些新的业务部门将带领公司进一步探索工业软件与 AI 和物联网技术的结合方式，为客户提供更加综合和高效的解决方案。

今天，西门子已经成为全球最大的工业软件公司，仅次于 SAP 的欧洲第二大软件公司，以及全球前十大软件公司，拥有当前世界品类覆盖最全面、综合竞争实力最强的工业软件体系。西门子在收购的同时也在不断卖出子公司以"瘦身"转型，先后卖出了手机业务、通信业务、家电业务、汽车电子 VDO 等。西门子经历了从传统电气制造业到工业软件公司，再到包括咨询能力在内的端到端数字化解决方案提供商的深度转型，其组织架构也随着业务的发展而逐渐优化和调整，例如软件从最初只是自动化产品的附属团队，到工业自动化集团下属的软件业务部门，再到独立于自动化业务发展的数字化工厂软件业务部门和数字化智能业务部门等。这些变化反映了西门子在不同发展阶段，对工业软件业务重视程度的不断加强，以及对市场需求的快速响应和创新能力的提升。

用 4 个关键词可以概括西门子的数字化转型之路：精简组织、合并收购、架构调整和构建生态。除了数字化软件部门之外，西门子自身的制造部门也在数字化进程上不停地前进，将来自德国的先进经验在中国进行复制、优化和创新。西门子在 2019 年被《哈佛商业评论》评为近十年来数字化转型最成功的工业制造型企业之一。

参考文献

[1] AI 前线在华 15 个"零碳工厂"，施耐德电气如何用技术实现"绿色"目标 [Z/OL].（2022-11-11）[2023-08-13]. https://new.qq.com/rain/a/20221111A04UXQ00.

[2] Tina，核子可乐. 缺少软件开发文化，大众汽车陷入困境，CEO 也被赶下了台 [Z/OL].（2022-09-05）[2023-08-13]. https://www.infoq.cn/article/HRBow-LeJ4jByhV1MISz4.

[3] 数据猿. 传统制造企业如何数字化转型？中国减速机 Top 1 企业给出这份答案 [Z/OL].（2023-04-27）[2023-08-13]. https://new.qq.com/rain/a/20230427-A0ALXB00.

Chapter4 | 第 4 章

工业数字化转型的底座：智能制造

智能制造是指通过集成先进的信息技术、自动化技术和数据分析技术，实现制造业的数字化、网络化和智能化。它的核心目标是提高生产效率、降低成本、提升产品质量和灵活性，以及实现产品的个性化定制。智能制造不仅优化了生产流程，还增强了对市场变化的响应能力，使得制造业能够更加灵活地适应客户需求和市场动态。

智能制造通过集成化生产、定制化生产、资源高效利用、供应链数字化、新商业模式的创造以及人才培养和企业文化的塑造，为工业数字化转型提供了坚实的基础，智能制造是工业数字化转型的底座。智能制造不仅改变了生产方式，重塑了企业的运营模式，还增强了市场竞争力，是现代工业发展的重要方向。随着技术的不断进步和应用的不断深入，智能制造将继续推动工业数字化转型向更深层次发展。

4.1 智能制造及其实施重点

4.1.1 智能制造的意义和特征

1. 智能制造的意义

智能制造具有 3 个主要意义：站在客户视角，满足客户对产品质量、成本和交货时间的内在需求，也就是解决 QCD 问题；站在企业管理视角，提升企业运营效率和核心竞争力；站在行业视角，为行业提供智能制造参考标准，以实现《中国制造 2025》的目标。

首先，智能制造可以满足客户对产品质量、成本和交货时间的内在需求。在传统的制造环境中，这3个因素往往是相互矛盾的：提高产品质量可能会增加成本和/或延长交货时间，而减少成本和交货时间可能会降低产品质量。通过应用智能制造技术，企业可以在3个因素达成平衡的情况下，同时实现这3个目标。例如，通过预测性维护和实时监控，可以减少设备故障和停机时间，从而提高产品质量和缩短交货时间，同时降低成本。使用大数据和人工智能（AI）技术进行需求预测和生产计划详细排程调度，则可以进一步优化这3个因素。

其次，智能制造可以提高企业的运营效率和核心竞争力。通过实现生产过程的自动化和数字化，企业可以提高生产效率，减少浪费，降低成本，并提高产品和服务的质量与响应速度。通过收集和分析生产数据，企业可以获得关于其运营和市场趋势的深入洞察，从而制定更有效的策略。这不仅提高了企业的运营效率，还增强了其在市场上的竞争优势。在今天这个充满竞争和快速变化的世界中，这是至关重要的。

最后，智能制造为实现《中国制造2025》的目标提供了参考标准。通过推广和实施智能制造，我国的制造企业可以提升其产品和服务的质量、效率与创新性，从而达到国际一流的水平，实现我国从制造大国向制造强国的升级。这不仅能提升我国制造业的国际地位，也能为其他国家和地区提供可复制和可借鉴的成功模式。此外，智能制造也可以帮助我国制造业解决一些长期存在的问题，如环境污染、能源消耗和人身安全等。

2. 智能制造的特征

智能制造不仅仅是一种技术革新，它代表了一种全新的工业生产理念，涉及生产流程、产品设计、供应链管理、市场响应等多个方面。智能制造有如下特征：

第一，智能制造的核心在于集成和优化。它通过高度集成的信息系统、自动化设备和先进的数据分析技术，实现了生产过程的智能化。这种集成不仅仅是物理设备的连接，更重要的是信息流的无缝对接。在智能制造的环境下，生产设备能够实时收集数据，通过智能算法进行分析，从而实现自我优化和故障预防。这种自我学习和自我调整的能力，是工业数字化转型的基础。

第二，智能制造可推动生产模式的转变。传统的生产模式以大批量生产为主，而智能制造则支持更加灵活的定制化生产。通过数字化技术，企业能够快速响应市场变化，满足小批量、多样化的生产需求。这种生产模式的转变，使得企业能够更好地满足消费者的个性化需求，提高市场竞争力。

第三，智能制造可提高资源利用效率。在智能制造的环境中，通过精确的数据分析和预测，企业能够更有效地规划生产资源，减少浪费。例如，通过智能生产调度系统，可以优化物料流动，减少库存成本；通过能源管理系统，可以监控和调节能源消耗，降低能耗。这种对资源的精细化管理，是今天实现可持续发展和达成国家双碳目标的关键。

第四，智能制造可促进供应链的数字化。在智能制造的框架下，供应链不再是简单的物流传递，而是一个信息流、物流和资金流高度融合的网络。通过物联网（IoT）和云计算等技术，企业能够实时监控供应链状态，实现供应链的透明化和实时响应。这不仅提高了供应链的效率，也增强了企业对市场变化的适应能力。

第五，智能制造可为企业带来新的服务模式。在数字化的基础上，企业可以开发出新的服务模式，如基于使用量的计费模式、远程监控和维护服务等。这些新的服务模式不仅为企业创造了新的收入来源，也为客户提供了更多的价值。

第六，智能制造可为企业塑造新的企业文化。智能制造在推动企业变革中也对企业的人才培养和文化产生了影响。智能制造要求员工具备更高的技能水平，这促使企业加强员工培训，提升整体数字化技术水平。同时，智能制造也要求企业建立一种以数据驱动、持续创新为核心的企业文化，这对于企业的长期发展至关重要。

4.1.2 智能制造的实施重点

智能制造是基于新一代信息技术与先进制造技术的深度融合，贯穿于设计、生产、管理、服务等制造活动的各个环节，具有自感知、自学习、自决策、自执行、自适应等功能的新型生产方式。智能制造以智能工厂为载体，以关键制造环节智能化为核心，以端到端数据流为基础，以网络互联为支撑，以缩短产品研制周期、降低运营成本、提高生产效率、降低产品不良率、提高能源利用率为目标。

1. 智能工厂

智能工厂是一个高度自动化、信息化、智能化和综合集成的现代制造体系，主要包括智能设计、智能生产、智能管理、智能物流、系统集成等，其主要特点是以数字技术结合制造技术的创新运用，实现设备、人员、信息、产品等产业要素的高效协同和运营，赋能企业在制造业市场中更灵活地实现产能规模调整，提高生产效率和产品质量，降低人力成本，增强产品竞争力。智能工厂通过集成智能生产、智能物流、智能化制造系统与设备、数据互联监控与优化构建智能制造研发生态，再结合人才培训与知识共享等一系列服务，为企业提供全面的智能制造解决方案。

2. 关键制造环节智能化

关键制造环节是指生产制造过程中的关键设备或者加工中心。这些关键设备包括传感器及仪器仪表、人机交互系统、嵌入式系统、控制系统、工业机器人等。关键制造环节智能化是指通过运用先进技术手段提高设备的生产效率、质量稳定性和附加值，从而推进现代制造业的整体升级。关键制造环节是智能制造的骨骼和四肢，没有足够的设备执行能力，是无法对生产进行精准控制的，更无法达成高质量制造的。举例来说，某国内领先卡车厂采用数字孪生技术对焊接、装配、喷涂等关键制造环节进行实时仿真优化，通过工艺参数调整与故障排除来提高产品一次性合格率与总装质量，缩短生产周期。

3. 端到端数据流

端到端数据流是指从生产端的传感器、生产设备、物流设备等产生的实时数据，经过采集、处理、传输、存储、分析、应用，一路流转至终端用户系统的过程。这个过程包括设备数据的采集、处理、传输、存储、分析和应用等环节。没有精确的数据分析和决策，是很难及时、准确地把握设备状态并精准完成指定生产任务的。端到端数据流为生产过程提供实时、全面、准确的数据，为企业提供高质量的信息化决策支持，是智能制造的血液，是实现智能工厂的数据支撑。制造企业通过工业互联网技术，企业组网内的工艺设备自动收集实时数据，使用云技术对数据进行存储与分析，再基于大数据分析构建一整套生产制造从原材料采购到成品发货的、端到端的数据流应用链路，实现生产现场的透明化、可视化，发现并解决生产过程中的问题，节约成本，提高生产效率。

4. 网络互联

网络互联是指利用计算机技术、通信技术和综合布线技术实现各种终端设备在同一网络中共享资源和进行数据传输的技术体系。网络互联是智能制造的神经网络。智能工厂依托于这种网络互联技术，实现了设备间的实时通信、数据收集、信息共享以及资源整合。网络互联的核心功能包括信息传输、数据收集、资源共享和协同合作，确保生产过程中产生的各种操作数据能够实时地传输与处理，从而为各种应用提供实时信息与数据支持。网络互联在智能工厂中充当着信息支撑与系统整合的角色。例如，智能工厂的企业信息化管理系统、制造执行系统、自动化设备控制系统等，以及企业内部不同部门与供应商、合作伙伴之间，都要依靠有效的网络互联进行实时交互与协同。

总结一下，智能制造的实施重点包括：
- 智能制造要进行生产组织和工作流程的优化。
- 智能制造要实现产品的标准化、模块化、数字化。
- 智能制造要以生产设备自动化、智能化为基础。
- 智能制造要实现人、机器、系统、产品的互联互通。

- 智能制造要实现生产数据自动采集和大数据分析。
- 智能制造要构建信息物理系统，实现数字孪生。

4.2 智能制造的主要应用场景

4.2.1 智能装备

智能装备涵盖工业机器人、增材制造、人机交互系统、控制系统、嵌入式系统、传感器及仪器仪表等。智能制造基于工业机器人和其他技术所组成的自动化生产线，利用先进的传感器、执行器、计算机和通信技术，实现对生产过程的自动化、信息化和智能化。智能制造的主要应用场景有：

- 机器人装配与搬运：工业机器人完成产品装配、搬运及包装等工序，可提高生产效率和降低劳动成本。
- 自动化生产线：通过将不同种类的智能设备连接在一起，形成高度集成、可调度的生产系统，可实现连续加工和批量生产。
- 工业物联网（IIoT）：连接各类设备、系统和人，实现生产数据的实时传输与共享，可为优化生产提供决策依据。
- 自适应生产：根据订单需求灵活调整生产规模、工艺和节拍，可提高生产灵活性和应变能力。

在设计、制造机器人和自动化生产线之前，我们首先需要确定它们将要应用的场景以及需要承担的任务。例如，机器人需要完成物流、装配、搬运等任务，而自动化生产线则需要完成物料加工、检测、包装等任务。因此，在生产线中需要有一个清晰的工艺流程图，明确每个环节的具体任务和要求，以此来确保机器人和自动化生产线的设计与制造是符合实际需求的，同时在设计、制造机器人和自动化生产线的过程中，要保证操作安全和生产安全。

1. 工业机器人的设计

工业机器人是指工业领域中具有多关节机械手和高自由度的机械装置，整体包含了机器人主体、驱动系统、控制系统3部分，部分工业机器人还设置了行走机构。大部分工业机器人都有3～6个运动自由度，腕部有1～3个运动自由度。驱动系统主要涵盖了动力系统、传动系统，可以让执行机构做出相应动作。控制系统按照相关的输入程序对驱动系统、执行系统发出指令信号，并实现自动化控制。

工业机器人的设计要根据工作环境及其作用与任务的不同而确定，基本包括以下几个要素。

(1)控制系统

工业机器人控制系统的控制算法包括运动规划、伺服控制和力响应等模块，主要涉及计算机控制器、传感器工具、物理搬运机构、通信设备、工业控制器等。

(2)自主性操作和运动能力

工业机器人不仅可以控制自身的各种动作，而且还可以基于已有的资料和指令进行任务调度，并具有可靠的动力学特性。

(3)传感器和机械装置

工业机器人的传感器和机械装置是以它运作的环境特性为基础配备的，包括与执行器连接的关节伺服电机、编码器、力/扭矩传感器等，这使得机器人可更高效地完成任务，并提高自身的安全性。工业机器人的关节、传动结构及运动范围的设计要结合产品加工要求、空间限制、人因工程等因素。

(4)通信协议

工业机器人能够与其他系统自由交换信息，实现网络化的互联通信控制。传感器与控制器的通信可以采用I2C总线、SPI总线或者UART协议等来实现。控制器与云端或者其他设备的通信可以使用Wi-Fi、蓝牙、4G等无线技术，或者使用网线、CAN总线等有线技术来实现，并支持MQTT、HTTP、TCP/IP等网络。人机交互可通过语音、图像、触摸等多样化方式，利用Wi-Fi或者蓝牙等无线技术或者USB等有线技术来实现。工业机器人内部不同组件之间的通信（如控制器与传感器之间的通信、电机驱动电路与控制器之间的通信），使用I2C总线、SPI总线、CAN总线等来实现。

(5)系统软件开发和测试

工业机器人设计过程中的系统软件开发涉及编写底层驱动程序、通信协议和应用程序，构建人机界面和功能模块，以满足系统运行要求。工业机器人设计过程中的测试主要指对功能、精度、负载能力、速度等性能参数进行测试，并根据结果优化设计参数。

2. 自动化生产线的设计

自动化生产线是一种高度集成的生产系统，它由按工艺顺序连接的工件传送系统、控制系统，以及一组自动化主机和辅助设备组成，可自动完成产品全部或者部分制造过程。自动化生产线由电机、电磁阀、气动、液压等执行装置驱动，并通过传感器、仪器仪表等检测装置进行状态监测，最终通过PLC等工控处理器进行逻辑运算处理后输出控制指令。

自动化生产线的设计要根据其所在的生产环境和产业特性而定，其设计方案主要包括工业机器人、动力系统、控制系统、自动化操作系统、通信设备等，具体分为以下几个方面。

（1）生产线的工序分析与元件选择

分析产品或零件的生产过程，了解加工工序、装配顺序，为生产线规划提供依据。在生产线的设计中，选择气缸及皮带、电机及导轮等各种元件，并配合合理的线路拓扑结构，以形成合理的空间布局，适应不同生产场景的需求。

（2）控制系统的设计

控制系统的设计可基于多种控制方案，如 PLC 控制、PC 控制、监控系统开发等。此外，我们还可以根据实际的生产需求，在控制系统中加入逻辑控制模块。

（3）数据采集及处理

通过数据采集模块定期采集生产线工作状态的数据，并在数据处理模块中对其进行处理。这样可以实时了解生产线的生产状况，及时做出相应的调整。

（4）自动化配送系统

在自动化生产线中，产品的自动化运输可以通过传送带和物料搬运机器人来实现。此外还可以通过自动化立体仓库等技术手段，提高物料配送效率和降低生产成本。

3. 自动化生产线的实施

（1）实施成本

自动化生产线的实施是一项高投资的大规模运营活动，因此是否能按照计划执行，能否根据控制器的要求和设备的性能指标以及生产环境的实际情况进行具体的选购、使用、安装和调试，是逐级有效降低生产线实施成本的关键所在。

（2）协调和管理

自动化生产线管理主要针对的是日常的运营管理和协调控制。为此，企业应派遣一支具备自动化控制和机电设备安装技能的运营管理团队来管理。

（3）维护保养

自动化生产线的维护保养是保障自动化生产线顺畅运行的基础，因此企业需要定期进行自动化生产线设备的检查、维护和保养。

（4）人员培训

对于自动化生产线的建设，企业需要对操作人员进行系统培训，培养其使用和管理自动化生产线的技能与知识，以确保自动化生产线的顺畅运行和生产效率的提高。

综上所述，设计、制造、部署和运维工业机器人及自动化生产线需要精心规划和实施。企业的数字化规划师和自动化工程师，要充分审视需求，确定设计方案和实施方案的细节，同时注重未来人工智能技术的发展趋势。

4.2.2 智能设计

随着市场竞争的加剧和客户需求的多样化，生产企业越来越需要在智能工厂中实现快速响应，以满足客户的个性化需求。为此，设计研发部门需要回答如下问题：

- 如何有效筛选产品创意？
- 如何使产品创新符合市场需求且跟上甚至引领市场趋势的变化？
- 如何确保合理的产品组合和中长期规划，以保证持续、稳定、有效地满足市场需求？
- 如何最大化地缩短研发周期，跟上市场变化的节拍？
- 如何合理地控制研发成本，以最小的代价满足市场的多样性需求？
- 研发设计形成的数字资产在产品全生命周期中是重要且有效的数字资产，如何充分发挥它们的价值？

在这种情况下，数字化研发设计工具变得尤为重要。早在20世纪90年代初，世界领先的汽车主机厂就纷纷利用数字化研发设计工具来应对挑战。丰田汽车通过20多年的数字化研发能力建设大幅提升了研发质量，并成功地降低了40%的研发成本，缩短了30%的研发周期。福特汽车也早在20世纪90年代开始投入大量资金进行数字化研发平台建设（C3P），降低了50%的成本（5亿美金/年），缩减了30%的研发设计时间。

数字化研发设计不仅仅是采用多种多样的计算机辅助技术（CAx），而是将数字化技术在研发的各个环节中广泛应用，实现彼此协同，同时建立产品数据平台，打造开放、并行的研发工作机制。值得注意的是，数字化研发设计不仅可实现缩短产品开发周期、降本增效、平台复用和建立虚拟验证，更是可基于三维数字化模型达成可延展、可控制、可追溯、可复现的分析目标。以汽车制造企业为例，通过应用数字化研发设计平台，部分车企可将研发周期从36个月降低至18个月甚至更短，开发后期的设计修改减少50%，原型车制造和试验成本减少50%，投资收益提高50%。究其根本，数字化研发设计的核心价值是在研发周期缩短、平台复用和软硬件一体化虚拟验证能力的基础上，缩短决策链，使企业能够围绕用户迅速给予支持和响应，并可按照客户要求的时间、方式、配置、价格提供期望的产品，这也是一场革命性的研发流程变革。

1. 三维参数化设计

三维参数化设计是数字化研发设计工具的核心功能之一，它是一种基于数字化建模的方法，通过在CAD软件中创建三维模型，设置各项参数，实现了模型的灵活修改和优化。首先，三维参数化设计可以快速进行设计审查、优化和调整，从而降低设计成本，提高设计效率。其次，三维参数化设计也可根据客户的个性化需求进行定制化设计，快速生成满足客户需求的产品模型，为客户提供更好的定制化服务。最后，三维参数化设计所形成的三维产品模型，是工业元宇宙涉及的各项应用中所必需的关键数字资产。三维产品模型可以帮助制造、供应链、销售、售后等部门利用数字孪生技术，在多场景中充分发挥虚拟世界和现实世界结合的能力，更好地赋能一线操作人员。

例如，在整车的外观验证过程中，虚拟现实技术可以优化造型评审流程。专业造型评审人员通常会使用油泥模型来判断设计策略与外观的一致性，最终确定造型方案。通常造型评审流程会涉及5~6次油泥模型，模型制作耗时且昂贵，难以观测汽车的动态变化。而基于三维产品模型产生的虚拟现实（VR）评审系统可以将评审流程简化，通过VR设备可清晰地展现效果图中未能清晰展示的部位，同时可提前判断汽车姿态表现甚至内饰设计。虽然有些评审项目已全部将油泥模型更换为VR模型，但部分企业考虑到开模、制造工艺和可行性等，目前的VR暂时难以完全替代油泥模型，因此部分项目在初审和终审阶段仍需使用油泥模型，而中间的审核阶段则使用VR模型。

2. 产品全生命周期管理系统

产品全生命周期管理（Product Lifecycle Management，PLM）系统是一种基于数字化研发设计工具的系统，它可以实现协同设计、资源管理、产品数据管理等功能。广义的PLM包括从产品创意、规划设计、生产制造到售后服务支持的全过程管理。狭义的PLM指的是产品研发设计阶段的数据管理和协同。PLM通过提供统一的平台来整合产品研发设计、工艺协同和研发项目管控，从而提升企业的研发效率和产品质量。在此基础上，企业可进行业务扩展，实现跨前期规划、研发设计、生产制造、维护维修的产品全生命周期管理。

PLM系统主要应用于制造企业，尤其是产品结构复杂、设计周期长、设计工作量大、按订单设计的企业。它对于企业提高研发效率、实现研发过程的协同工作、缩短产品开发周期、降低产品成本起到了重要作用，主要包括以下5个方面的功能：

- 基础技术和标准（如XML、可视化、协同和企业应用集成）。
- 信息创建和分析的工具（如机械CAD、电气CAD、CAM、CAE、计算机辅助软件工程CASE、信息发布工具等）。
- 核心功能（如数据仓库、文档和内容管理、工作流和任务管理等）。
- 应用功能（如配置管理、配方管理、合规）。
- 面向业务/行业的解决方案和咨询服务（如汽车和高科技行业）。

PLM系统作为数字化研发设计工具的重要载体，可帮助企业实现产品开发各环节的管理和跟踪，确保企业内部业务线的协同和沟通，从而优化设计的标准化流程，提高设计质量和效率。

3. 全数字化设计平台

为了满足客户的多样化、定制化需求，企业需要构建一个基于产品全生命周期的全数字化设计平台。该平台应包括三维参数化设计模块、PLM 系统、仿真分析模块等。在这个平台上，企业不仅可以通过各种数字化工具进行数字化建模、模型修改和模型优化，还可以对产品进行结构分析、流体分析、热分析、电磁干扰分析等仿真分析。通过全数字化设计平台，企业可以快速实现从设计到生产的全过程数字化，并确保产品的质量和可靠性。

全数字化设计平台是企业实现研发信息上传下达和部门间实时沟通的数字底座。基于 AUTOCAD 和 CATIA 等软件提供的接口，企业可以进行深度定制化的二次开发，建立账号体系和平台。员工登录平台后便可使用对应软件进行三维建模、有限元分析、运动仿真分析等。账号系统与项目管理系统深度绑定，由管理者在 PLM 系统中发布设计、校核等任务。以汽车生产为例，在做数据校对和整车数据匹配时，企业在全数字化设计平台上可便捷地抽取轻量化数据，有利于完成整车层面所需的大量校对工作。同时，由于 CAD 等软件与企业级 IT 系统的融合，企业可对图形设计者和设计版本进行追溯。

4. 协同研发及全业务链数据共享

在全数字化设计平台上，企业可实现协同研发及全业务链数据共享。协同研发是指基于数字化研发设计工具，各业务线之间可以实现实时沟通和协同设计，从而提高研发效率。协同研发的价值在于厘清研发任务间的触发机制，实现同一研发平台在不同物理环境下的快速决策和联合预警，有效打破系统和软件间的独立运营，实现仿真数据的实时记录和研发流程中的平滑衔接。同时，通过全业务链数据共享打通研发与生产、供应链、销售、售后间的信息壁垒，能使更有价值的信息进入研发的决策链中，最大程度规避系统性问题的产生。

例如，在整车研发评审流程中，时常出现相似评审之间的冗余问题，即不同评审专家提出相同的问题，整改时需付出额外的沟通时间，甚至做出大量的无效整改。而基于协同办公的评审流程中，可在系统中实时记录问题，对冗余问题进行分类后再推送至相应的整改人。冗余部分可被推翻、覆盖或仲裁，实现利用少量人工跟踪整个项目的目标，降低出错风险，减少无效工作。未来甚至可以实现在元宇宙中进行异地协同评审，各评审团队通过交互式智能终端在数字虚拟空间中同步查看三维产品模型，并进行实时的交互式讲解和交流，评审流程会被智能终端自动记录下来，最大程度避免了在二维空间中对产品未来的运转状态进行想象所导致的理解偏差。

在全数字化设计平台上，各个业务线之间可以实现快速而精确的数据共享，并保证数据的一致性和准确性。通过协同研发及全业务链数据共享，企业可以在数字化研发设计工具中快速整合各个业务线的资源，减少企业内部信息孤岛的产生，提高企业研发效率，节约时间成本。在传统研发流程中，部分企业的研发部门与其他部门独立办公，信息相互隔离，导致研发人员较少考虑到制造工艺、成本和用户，甚至不同研发部门间也存在着信息隔离。同时中层决策者也淹没在大量的研发日报检查和汇报材料的准备中，导致其无力了解制造分析、用户需求和外部环境的变化，一定程度上导致了企业内的重要决策者在数字时代的信息牢笼，被动过滤掉了大量有价值的信息。而通过协同研发可以实现数据的无缝自动流动，模型的改动可反映至制造部门并判断其产生的影响；售后产生的问题清单也可帮助研发部门进行模型的修改和评审决策。因此，协同研发的重要意义在于优化研发内部流程和横向拉通制造、销售、售后等其他业务模块，实现数据在核心业务流程中的透明化和实时性，打破流程僵化带来的信息牢笼。

4.2.3 智能工厂运营管理

智能工厂运营管理是指通过实时监控生产数据、分析生产效率、优化资源配置和调度等方法，实现对生产过程的精确调控与持续改进。智能工厂运营管理包括以下几个方面。

1. 生产计划与排程

通过数据分析与预测，实现生产计划的快速制定、调整和执行，以满足市场需求变化。此方面的核心数字化应用是高级计划与排程（Advanced Planning and Scheduling，APS）系统。APS 基于先进算法和数据分析，支持生产计划和资源调度，以实现生产能力和效率的最大化。通过对生产过程进行建模和仿真，考虑工艺约束、人力资源排班、机器设备可用性以及物料供给等方面的约束因素，可以快速准确地计算出相对最优的生产计划和详细到人员/机台/小时的排程安排，帮助企业提高产品质量和生产效率，降低成本，快速响应市场变化。

APS 通常包括以下主要功能模块：①需求计划模块，根据来自 ERP 和 CRM 的预测销售量和生产周期等数据，计算出生产的基础计划；②排程计划模块，根据生产时间、交付期限和资源利用率等因素，生成生产作业的详细排程计划；③资源管理模块，对生产所需的各种资源进行规划和管理，包括人力资源、机器设备、原材料和工装夹具等；④生产监控模块，通过和 MES 集成实时收集和分析生产过程数据，根据需要对生产计划进行及时调整，如图 4-1 所示。

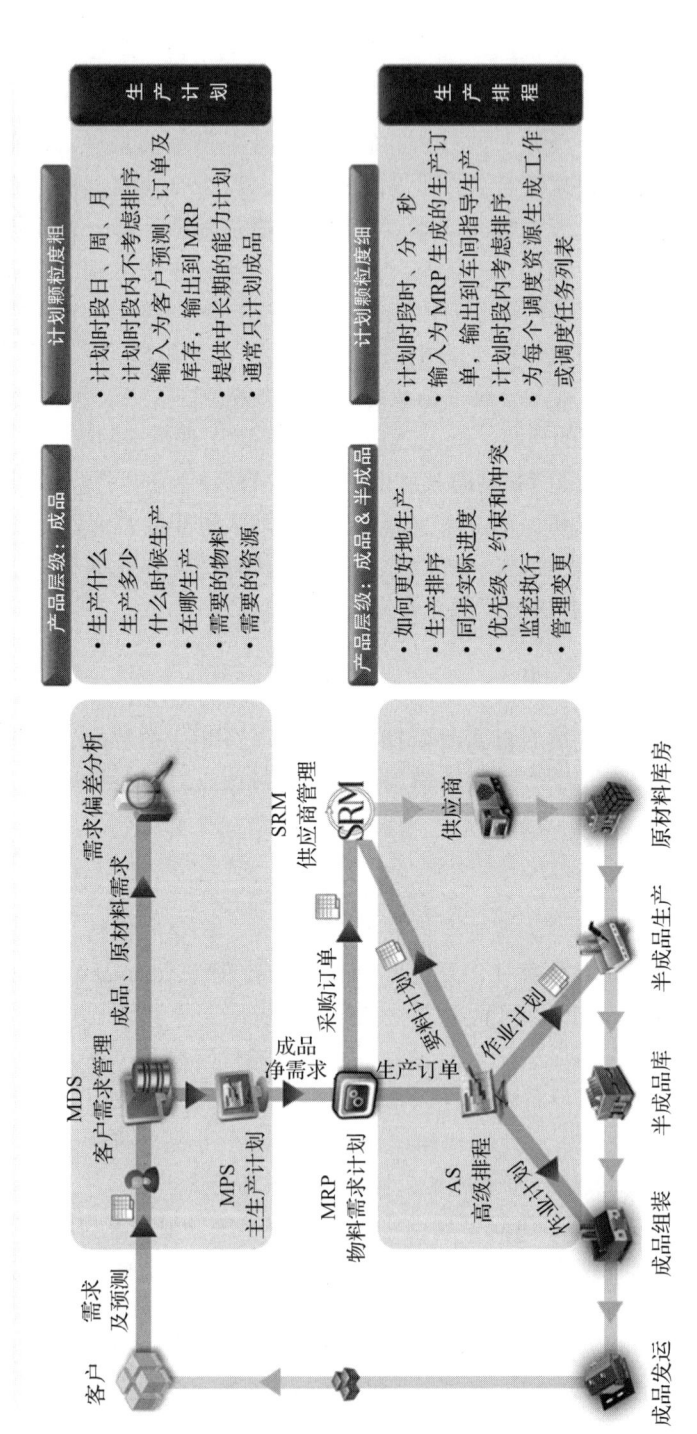

图 4-1 高级计划与排程（APS）

2. 能源与环境监控

实时监测工厂的能源消耗及环境状况，有助于企业降低能耗和提高环保水平。能源管控业务的核心数字化应用是能源管理系统（Energy Management System，EMS）。EMS 通过对能源使用的监测、控制、分析和优化，可实现能源效率提高和能源成本降低的目标，其主要功能包括能源数据采集、能源分析、能源监测、负荷预测、能源调度和控制、报告输出等。在 EMS 中，各种能源设备和系统均可以通过传感器、仪表、控制器等设备进行实时数据采集，系统再基于这些数据进行分析和计算，利用能源优化算法和模型找出能源消耗不合理的地方，并提出优化建议和对策。EMS 可以应用于各种基础设施、工业设备和建筑物，如公共事业、电力、医疗、商业、学校、工业、住宅等领域，通过对能源使用的优化和控制，实现节约能源、减少成本、提高效率、降低污染等目标，具有重要的经济和环保价值。

3. 设备维护与故障预警

设备维护主要包括两方面，第一是对设备的实时状态进行监测，一旦出现任何故障或者报警信息则进行对应的快速处理，以确保生产的连续性，并根据设备历史状态数据，分析固定周期的设备总体运行效率（Overall Equipment Effectiveness，OEE）和平均无故障工作时间（Mean Time Between Failure，MTBF）等关键指标，为后续的设备保养计划提供参考依据。第二是通过历史大数据分析，实现设备故障预测与健康管理。

（1）设备总体运行效率（OEE）

一般情况下，生产设备都有自己的理论上的最大产能，但是实际上想达到这个产能几乎是不可能的，要实现理论上的最大产能必须保证没有任何干扰和质量损耗。由于存在热机、备件更换、保养、故障等多种停机因素，事实上设备在运行中存在着大量的失效时间。OEE 是指实际的生产能力与理论产能的比率，计算公式为 OEE = 时间开动率（Availability）× 性能开动率（Performance）× 良品率（Quality）。时间开动率反映了设备的时间利用情况；性能开动率反映了设备的性能发挥情况；而良品率则反映了设备的有效工作情况。反过来，时间开动率度量了设备的故障、调整等事项的停机损失；性能开动率度量了设备短暂停机、空转、速度降低等事项的性能损失；良品率度量了产品加工中的良品在总产量中的占比。

需要引起注意的是：在实际工作中，很多人为了追求指标好看，而将 OEE 表现得非常高。这实际上反而偏离了计算 OEE 的目的，也就是问题透明化和减少浪费。根据作者多年在工厂实际项目中的实施经验，国内企业的 OEE 最好情况下一般是 75%～80%，一般企业的 OEE 也就在 40%～50% 之间。

举例说明如何计算 OEE。某工厂实施 8 小时作业体制，其中午休时间 1 小时，上班时间包括早会、检查、清扫等20分钟，上午和下午各休息15分钟。有一台设备应市场需要，每天加班30分钟，该设备的理论节拍为0.8分钟，在正常稼动时间内应生产575件，但实际仅生产出418件，实际测得的节拍为1.1分钟，当天更换刀具及故障停机的时间为70分钟，不良率维持2%。请问该设备的设备综合效率为多少？

答：根据已知条件可得，可作业时间=480+30=510min；计划停止时间为50min，负荷时间=510-50=460min；停机损失时间为70min，稼动时间=460-70=390min；良品率为98%；产出418件，对应节拍为0.8min。

因此，时间开动率=（390/460）×100%≈84.8%；性能开动率=[（0.8×418）/390]×100%≈85.7%；良品率=98%。于是得到

$$OEE = 84.8\% \times 85.7\% \times 98\% \approx 71.2\%$$

（2）设备故障预测与健康管理

设备故障预测与健康管理（Prognostics and Health Management，PHM）的概念和技术首先出现在军用装备中，并在航天飞行器、飞机、核反应堆等复杂系统和装备中获得应用。随着技术的不断发展，目前PHM在很多工业领域逐渐受到重视，在电子、汽车、船舶、工程结构安全等方面的应用也不断增加。PHM是对复杂系统传统上使用的机内测试（Build-in Test，BIT）和状态（健康）监控能力的进一步扩展，它是从状态监控向健康管理的转变，这种转变引入了对系统未来可靠性的预测能力，这种能力可以用于识别和管理故障的发生、规划维修和供应保障。PHM利用工业系统中产生的各类数据，经过信号处理和数据分析等运算手段，实现了对复杂工业系统健康状态的检测、预测和管理，将设备的健康管理从传统的事后故障管理转变为衰退管理，通过预测性维护实现设备的零宕机和持续可靠的运行。

PHM包含故障预测和健康管理。故障预测是指根据系统的当前状态或历史状态预测性地诊断部件或系统完成其功能的状态（尝试预测未来的健康状态），包括确定部件或者系统的剩余寿命/正常工作的时间长度。健康是指与期望的正常性能状态相比，部件或系统的性能下降或偏差的程度，健康管理是指根据诊断/预测信息、可用维修资源和使用要求对维修活动做出适当决策。

4. 工艺管理与优化

工艺管理与优化的目的是通过不断收集、分析生产数据，改进生产工艺和流程，提高产量和品质。工艺优化的过程大致可以分为以下几步。

（1）明确优化目标和方向

优化生产流程，减少不必要的中间环节和浪费；优化原材料及能源使用情况，

控制产品不良率；完善质量控制体系，提高生产工艺的稳定性；减少工艺过程中的废弃物排放，采用环保型生产工艺。

（2）分析现有生产工艺

收集生产线的工艺数据、设备状态、产品质量等方面的信息，通过对现有工艺数据进行对比和统计分析，找出生产过程中的瓶颈和问题，再根据问题对现有生产工艺进行分析，提出可行的改进方案。

（3）制定工艺改进措施

合理安排生产流程，减少中间环节，提高生产效率；对关键工艺参数进行细致调整，达到最佳工艺设定；根据生产需要调整设备配置，提高生产设备的性能水平；合理利用能源和原材料，减少消耗和浪费；提高操作人员的技能水平，确保工艺改进措施得以贯彻执行。

（4）实施与评估工艺改进

根据前期研究和分析，编制详细的工艺改进方案；与相关部门共同讨论改进方案，完善方案并获得批准；制定具体的实施计划，按照计划逐步推进改进方案；实施改进方案后，定期收集数据和信息，对改进效果进行评估；根据评估结果，持续完善和优化工艺改进措施。

（5）总结与推广经验

从工艺改进的实施和效果中总结经验教训，将工艺改进的具体成果整理成可复用的资料，并将成功的经验和方法推广到其他生产线或车间；在持续改进的过程中与其他部门和工程师保持沟通交流，分享经验和资源，共同推动企业发展。

4.2.4 智能供应链

供应链管理（Supply Chain Management，SCM）是指以客户需求为导向，通过各种手段达成最优化的运作方式，确保在适当的成本内实现生产和物流过程的无缝对接，以提高客户满意度。从基本层面上来说，供应链管理是指从原料采购到产品交付再到最终目的地的整个过程中，对与产品或服务有关的实物流（商品）、数据流和资金流进行的管理。许多人将供应链与物流混为一谈，但实际上物流管理只是供应链管理的一部分。当今的智能供应链管理提供物料处理和各种软件来帮助供应链中的所有相关方（包括供应商、制造商、批发商、运输和物流提供商以及零售商）创建产品或服务、履行订单和跟踪信息。

供应链活动涵盖了采购、产品生命周期管理、供应链计划（包括库存计划以及企业资产和生产线维护）、物流（包括运输和车队管理）以及订单管理。供应链管理还可以延伸到围绕全球贸易开展的活动，例如全球供应商和跨国生产流程的管理。在智能制造的加持下，企业可以将各种智能化技术应用于供应链以提升效率。

例如，与传统供应链管理相比，智能供应链管理可以更好地保证计划和执行协调一致，同时节省大量成本。采用"计划到生产"运营模式（产品生产与客户需求紧密相关）的企业必须能够准确地做出预测。这样的企业需要兼顾众多因素，以确保生产的产品刚好能够满足市场需求，避免成本高昂的库存过剩现象。借助智能供应链管理解决方案，企业能够在满足客户需求的同时实现自身的财务目标。除此之外，智能供应链管理还具有其他许多优势，例如，它让供应链中的一线员工可以腾出时间和精力，为企业贡献更多价值。优秀的供应链管理系统能够应用机器人流程自动化（Robotic Process Automation，RPA）技术自动执行单调的任务，并为供应链专业人员提供必要的工具，助力员工成功交付供应链的核心产品和服务。供应链管理中的主要功能模块如下。

1. 市场与客户管理

市场和客户需求应该始终作为整个供应链的开端和导向，客户关系管理的过程就是开发和维护与客户的关系的过程。客户需求管理强调的是对客户个性化需求的管理，它能及时地把客户的潜在需求及时反馈给设计、生产部门，帮助企业生产客户满意的产品。通过这个过程，企业可以辨认出关键客户及其需求，并把他们作为公司战略的一部分。整个供应链的运作由客户需求推动，供需协调，能够避免推式供应链管理的弊端。

2. 产品开发管理

产品开发管理最需要避免的一个误区就是"闭门造车"。供应链管理中的产品开发是和客户及供应商共同开发产品，并把产品投向市场。负责产品设计和商业化过程的团队应该和市场部门合作以确认客户及其需求，应该和采购团队合作来选择材料和供应商，应该和生产团队合作根据市场的需求来发展新产品和新技术。

3. 计划与需求管理

需求管理是通过有预见性地预测，使需求和供给相匹配并使计划更有效地执行。计划和需求管理不仅仅指下达订单指令，它还包括设计经济订货批量（EOQ）、在最小化的配送成本的基础上满足客户需求等。这是一个平衡客户需求、生产计划和供应能力的过程，包括协调供给和需求、减少波动和不确定性，并对整个供应链管理提供有效支持。

4. 采购与供应管理

供应商与制造商之间经常需要进行有关成本、作业计划、质量控制等信息的交流与沟通，以保持信息的一致性和准确性。同时，要对供应商实施有效的激励和管理措施，对供应商的关键业绩指标进行评价，使供应商不断改进。

5. 生产与运营管理

生产与运营管理包括生产组织管理（布置工厂、组织生产线、实行劳动定额和劳动组织、设置生产管理系统等）、生产计划管理（编制生产计划、生产技术准备计划和生产作业计划等）和生产控制工作管理（控制生产进度、生产库存、生产质量和生产成本等），以实现预期的生产目标。具体内容可以参见前文有关"运营管理"的内容。通常来说，生产与运营管理会作为一个单独的部分和供应链管理分别讨论。

6. 仓储与物流管理

仓储与物流管理的日常活动主要包括进、出、存3个方面。在仓储和物流管理中，信息化和可视化的应用十分必要，如果信息不能及时被采集、整理、分析和使用，就会造成极大的资金浪费和库存积压。如何提高库存的周转率和资金利用率，降低原材料、半成品、产成品的库存和流通费用，是仓储与物流管理需要解决的问题。

制造企业过去的供应链管理，狭义来说只对线性物流和资金流过程进行管理。现在的供应链管理需要对一系列整合的过程进行管理，不仅要关注产品在原材料采购、生产管理、质量管理、仓储物流、销售售后等方面的资源整合和配置优化问题，也要考虑企业与整个供应链上下游其他成员的合作关系。

未来的智能供应链管理侧重于响应能力和客户体验，将通过一个网络而不是线性模型来洞察和管理这一切。网络中的每个节点都必须能够根据消费者的需求进行灵活调整，同时能够处理寻源、贸易政策、运输方式等问题。人们将越来越多地利用先进技术来提高整个网络的透明度和可见性，并进一步提升连通性和供应链管理的利用率。整个供应链管理的计划职能将变得更智能，以便充分考虑消费者的需求。适应能力将成为供应链必不可少的能力。

供应链计划在过去是一项定期发生的业务活动，未来它将成为一种持续的活动，并且让计划和执行更加协调一致，这也是目前大多数企业亟待改善的方面。通过智能供应链管理，企业可以获得支持并做好迎接未来的准备。

4.2.5 智能服务

智能服务是智能制造中涉及产品生命周期最长的重要部分，对于客户的产品体验和满意度有着至关重要的作用。智能服务是指通过人工智能、机器学习、物联网等技术手段，为客户提供个性化的产品和智能化的产品服务，甚至将产品销售模式转变为服务销售模式，以使客户得到更好的体验。企业通过各种智能化技术，例如人工智能、机器学习、物联网等，进行数据采集、分析和预判，为客户提供更为细致、准确、及时的售后服务。不仅如此，智能服务还可以根据客户需求，自动化生成标准的服务方案，或者通过智能化交互终端快速实现远程产品服务，加快服务响应速度，提升服务效率。智能服务已经成为企业转型升级、实现高效盈利甚至是获得竞争优势的关键。现代服务与制造行业通过提供优质的服务与产品，获得客户对一站式服务的整体满意，从而赢得市场。

1. 个性化定制

随着社会生产力和科技水平的不断提高，消费需求正日益呈现个性化和多元化的趋势，传统的标准化、大批量的生产方式受到了前所未有的挑战。以服装行业为例，过去我国向海外出口服装，一个批次可以装满一个集装箱，但是今天的销售批次可能会减少到 100 件甚至更小的规模。企业需要通过柔性制造的能力，适应客户订单的批次数量越来越小、品种越来越多的变化趋势。并且，为了更好地向客户展示与其他竞争对手不同的产品提供能力，制造企业可以主动运用互联网、移动互联网等技术搭建个性化定制平台，实现与客户的在线实时连接，借助平台的集聚和交互功能实现海量客户与企业间的交互对接，使大规模个性化定制成为可能。

在个性化定制的模式下，传统的层层渠道分销、封闭运行、单向流动的企业与客户之间的关系被打破，旧有的需求定位粗略、市场反馈滞后，甚至产品厂商与客户需求和反馈被分离等问题得到解决。通过大数据分析，企业可以深入了解客户需求，了解甚至挖掘出客户潜在的喜好，为客户设计出符合其需求的产品和方案。同时，个性化产品加远程服务可以使企业产品的质量和差异性得到提高，从而吸引更多客户，增加企业的销售额和利润。

那么如何实现个性化定制呢？这需要整合智能装备、智能设计、智能生产运营到智能供应链的端到端能力，分为以下 3 个步骤。

（1）深入了解客户需求

满足客户需求是个性化定制的核心。企业可以通过问卷调查、分析数据等方式收集客户的反馈，了解他们使用产品的情况、对竞争对手的评价以及对未来的期望；查看客户的购买历史、评论、浏览历史等数据信息，分析其消费模式和偏好，并将这些数据应用于个性化定制策略；利用人工智能技术，如机器学习、自然语言处理等，从客户的语言和行为中识别出他们的需求和偏好，进而推荐个性化产品和服务。

（2）从数字化设计到虚实融合的交互确认

在上一步骤中所收集的客户需求可以直通到产品设计环节，通过数字化设计工具和协同研发平台高效完成产品设计工作，并将设计结果与客户确认后，传递到制造部门以指导生产。例如，在服装个性定制化场景下，消费者在服装定制化选型平台上进行相应选择后，系统可以直接将定制设计的产品样式发给生产制造商的设计部门。产品设计师基于海量产品 3D 模型库，快速设计出产品原型，并输出三维设计模型，作为和消费者进行虚实融合交互的基础数据。设计、制版、试衣等环节均可在数字孪生世界中完成，用虚拟服装取代真实服装，快速完成和消费者的样式确认。在确认过程中使用虚实融合的可交互数字内容，可以保证消费者、品牌商、生产制造商、设计师等主体有效获取统一的数据信息，保障各方以简单高效的方式沟通。对于消费者来说，消费者可以深度参与服装设计生产的全过程，有利于提升对产品的满意度。例如消费者可通过虚拟交互，更换自己喜欢的面料、颜色、款式细节等，定制好款式后反馈给生产制造商，由厂商确认后进行实际生产。生产制造商可以通过 AI 量体的能力，基于采集的消费者人体 3D 数据精准建模，匹配各类数字样衣，消费者可在虚拟场景下观看效果，达到更加真实的试衣效果和反馈。

（3）实现柔性制造

在获取数字化设计所输出的产品 BOM、工艺路线、SOP 等信息后，制造厂商通过智能装备技术帮助生产关键设备提升自动化水平、优化工艺、同外部系统集成，准时、保质、保量地完成产品交付，例如，工业物联网技术可以让设备之间相互连接，帮助企业直接监测生产质量和进程，以保持生产线的高效运作；通过使用可重配设备、标准化工作站和自动化控制系统来实现对生产线的快速调整，以适应不同规格和工艺的生产需求；将产品分解成多个模块，保证每个模块可以独立生产和组装，使得制造产品像拼装乐高积木一样，可以按需组合不同的模块，以满足客户的特定需求；在供应链上添加柔性制造环节，如某些零部件可以通过 3D 打印或其他定制工艺生产。

下面以汽车制造行业为例，来说明如何实现对乘用车的个性化定制。个性化定制主要体现在以下几个方面：

- 车型选择：消费者可以根据自己的需求，定制不同车型、动力、座位数等。
- 汽车外观：消费者可以定制车身颜色、轮毂样式等外观设计元素，使汽车符合个人口味。
- 汽车内饰：消费者可以定制座椅材质、方向盘风格、音响设备等内饰部件，打造私人专属的驾驶空间。
- 高级配置：消费者还可以根据自己的需要，添加诸如导航设备、自动驾驶系统等高级功能。

特斯拉是一个典型的汽车制造行业个性化定制的例子。不同于传统汽车制造商，特斯拉提供拥有多种可选配件和配置的电动汽车。客户可以根据自己的需求和预算自由选择车型、驱动方式、颜色、内饰、轮毂和附加功能等选项，以定制自己的个性化汽车。而且，特斯拉改变了汽车行业一直沿袭的经销商分销模式，使用"直销模式"面向终端客户直接销售汽车，减少了传统汽车制造商的"中间人"，进而降低了销售服务过程中不必要的成本，获得了更高的利润率。

2. 远程服务

工业设备在进入智能化阶段之前，如何对已经销售到全国各地，乃至全世界的设备提供及时的运维是一个现实的难题。通常的情况是设备分布各地，企业无法远程监测设备的运行参数、故障情况，对名下设备的运营情况浑然不知，能耗产量等关键数据更是无从知晓。当设备发生故障时，服务工程师不能在第一时间获得故障信息、不能看到设备状态、不清楚设备的历史动作时，无法判断故障原因，也无法做出及时正确的维保方案，从而导致客户满意度不高、出差维护成本高、故障修复时间长、售后服务效率低等管理问题。

设备远程运维管理系统通过建设平台，使设备在线化、客户在线化、服务在线化，工程师可以快速远程定位诊断，减少无效出差，从而有效降低出差成本、沟通成本和管理成本。当设备出现故障需要维修时，用户可以通过移动设备随时提交维修工单，补充完整对应信息。设备运维负责人通过移动设备，随时随地可派工给运维工程师，运维工程师根据工单的图文描述快速了解情况。处理过程全程自动记录、服务记录全部存档、服务打卡地图显示、用户可对服务过程进行评分，以及服务绩效报表可视化，使得管理更简单有效。

下面来看看特斯拉是怎样对已售出的汽车做远程服务的。OTA 模式（Over-The-Air）是使用无线网络更新汽车配置的一种方式。特斯拉是世界上最早采用 OTA 模式更新汽车配置的汽车制造商之一，它通过 OTA 模式来更新汽车配置，让车主不必到售后服务中心就可以方便地获得汽车的最新配置更新。以下是特斯拉通过 OTA 模式来更新汽车配置的相关步骤：

（1）车载计算机连接网络

特斯拉汽车将车载计算机和车载无线通信设备连接到云端数据中心，通过网络更新汽车配置。

（2）配置更新确认

车主在得到更新配置通知后，首先确认是否需要进行配置更新。

（3）下载并安装更新

当车主确认更新之后，车载计算机会自动下载新配置，并自动安装。

（4）更新结束提示

车主在更新完成后会收到结束提示，告知汽车配置已成功更新，让他们能够享受到最新的驾驶体验。

特斯拉通过OTA模式实现汽车配置更新的优势是节约时间和金钱。车主只需要在家里通过无线网络将汽车连接到云端数据中心，就可自动获取配置更新，无须再去服务中心或另行下载安装配置更新，方便快捷，避免不必要的时间和成本浪费。此外，OTA模式还可以及时更新已知的安全漏洞，从更多的方面提高汽车的安全性能。通过OTA模式，特斯拉给车主带来了方便和最新的客户体验。同时，特斯拉的OTA更新模式也是车辆生产厂商为更好地提供售后增值服务而开发的一种通道。通过OTA模式，厂商可以为汽车打开选配功能，在安全等关键方面实现自动更新，不断满足消费者需求，提高消费者满意度。

4.3 智能制造与工业元宇宙

4.3.1 智能制造与工业元宇宙的应用目标和场景

- 应用目标和场景一致：智能制造和工业元宇宙在工业企业提质增效的场景下目标是一致的，例如在产品设计、生产优化、设备运维等方面，两者都服务于同样的业务用户，旨在提升制造业的效率、降低成本、提高产品质量，并推动制造业向更加智能化、数字化、自动化的方向发展。
- 需要应用的先进技术一致：智能制造和工业元宇宙都依赖于先进信息技术之间的相互融合，从而发挥整体作用，如工业物联网、工业大数据分析和工业人工智能。

4.3.2 智能制造与工业元宇宙的侧重

- 技术融合与应用深度：智能制造的核心在于利用信息技术对传统制造业进行改造，通过数字化、网络化和智能化的手段，实现生产过程的优化。这包括了生产设备的自动化、生产数据的实时监控，以及基于数据分析的决策支持。智能制造的实施，往往侧重于对现有生产流程的改进和效率提升，它更多地关注现实世界的生产效率和成本控制。相比之下，工业元宇宙则是一种更为宏大的概念，它不仅包含了智能制造的所有技术元素，还进一步扩展到了虚拟空间的构建。工业元宇宙通过数字孪生、虚拟现实（VR）、混合现实（MR）等技术，创造了一个与现实世界平行的虚拟环境，使得工程师和设计师可以在虚拟空间中进行产品设计、模拟生产流程，甚至进行远程协作。这种技术的应用深度远超智能制造，它不仅改变了生产方式，还重塑了工作和创新的环境。

- **体验与交互的革新**：智能制造通过自动化和智能化技术，使得生产过程更加高效和精准。然而，它在很大程度上仍然依赖于传统的工作方式，即工人在现实环境中操作机器和设备。尽管智能制造提高了操作的便捷性和安全性，但它并没有根本改变人与机器的交互方式。工业元宇宙则在体验和交互方面带来了革命性的变化。例如在工业元宇宙的员工培训场景中，工人可以通过智能穿戴设备，如苹果的 Vision Pro，进入一个虚拟与现实融合的生产环境中进行沉浸式的操作和学习。这种全新的交互方式不仅提高了工作的趣味性，还极大地提高了培训效率和操作的准确性。此外，工业元宇宙还支持全球范围内的远程协作，打破了地理界限，使得不同地区的专家可以共同参与到项目中，共同解决问题。
- **发展阶段与应用前景**：智能制造作为一种成熟的技术体系，已经在多个行业得到了广泛应用，如汽车制造、电子组装等领域。许多制造业企业都已经开始思考如何将智能制造技术与自身的生产流程相结合，以实现更高的生产效率和更低的成本。工业元宇宙则处于发展的初期阶段，它的概念和应用还在不断地探索和实验中。尽管工业元宇宙展示了巨大的潜力，但它的实现还需要解决许多技术难题，包括如何构建更加真实的虚拟环境、如何确保虚拟操作与现实世界的无缝对接等。此外，工业元宇宙的商业模式和应用场景也需要进一步地探索和验证。

总的来说，智能制造与工业元宇宙在推动工业发展的道路上有着共同的目标，但它们的实现路径和对未来工业形态的影响有着本质的不同。智能制造侧重于物理世界的生产效率提升，而工业元宇宙则通过虚拟空间的构建和与物理世界的逐步融合，为工业发展提供了全新的视角和可能性。随着技术的进步，两者之间的界限可能会逐渐模糊，共同推动工业向更加智能化、自动化和人性化的方向发展。

4.4 智能制造的演进路线

智能工厂是当今制造业转型升级的重要趋势，通过采用数字化、网络化和智能化技术，实现生产全过程的高度自动化与智能化控制，从而提高生产效率和产品质量。传统工厂向智能工厂的演进过程不是一蹴而就的，要经历互联、洞察、持续优化 3 个阶段。下面来看看这 3 个阶段的主要特点和关键技术。

4.4.1 互联阶段

互联阶段是制造业向智能制造转型的起点，主要包括数据采集与远程监控、生产可视化、开发移动应用、产品追踪追溯等方面。这一阶段的主要目标是将现有的生产设备进行互联，通过数据采集和分析实现设备的实时监控，进一步提高制造效率和产品质量。关于如何实现设备互联会在后续的工业物联网章节中详细阐述。通过分析数据，企业可以及时准确地了解设备运行的状态，分析出现的设备故障和报警信息，寻找改进方案。互联阶段通常从企业的设备部门开始，优化企业各系统之间（纵向）和各部门之间（横向）的信息传递，奠定企业数字化转型的数据基础，实现生产效率的快速倍增。

4.4.2 洞察阶段

洞察阶段在互联阶段采集数据的基础上，完成更大范围的运营透明化，以及对企业内部运营关键问题的分析和预测。互联阶段结束后，制造企业有了大量历史数据的积累，可以利用数据分析技术对已有数据进行聚类和分析，以数据驱动决策，推进智能化生产。在洞察阶段，数字化的范围从设备部门逐渐扩展到整个工厂，包括设备智能化、供应链透明化、精益数字化、能源管理优化、生产质量分析与预测、可视化数字孪生工厂等方面。

- 设备智能化是指在对设备运转机理建立模型的前提下，利用物联网和大数据等技术，尝试开始应用设备预测性维护等深层次应用。
- 供应链透明化是保证供应链顺畅运转的关键，企业为此应使用物联网技术实现物料、人员、载具、应用系统等对象的互联互通，推动供应链高效运转。
- 精益数字化是指将生产过程中非价值增加的过程逐步削减，最终实现高品质、快速和低成本的生产。
- 能源管理优化是实现绿色制造必不可少的过程。企业利用智能控制、分布式储能、绿电替代等技术，实现能源的合理分配和利用，以降低制造成本和对环境的负面影响。
- 生产质量分析与预测是指利用已有的生产和质量等过程数据，进行在线/离线质量过程分析，对缺陷问题进行分类，探究质量波动的根本原因，尽早发现质量问题并进行预警。
- 可视化数字孪生工厂的建立。利用三维可视化技术，构建三维数字孪生工厂虚拟场景，将工厂内分散的数据信息整合到以数字孪生形式表现的数据可视化大屏内，让管理者能够直观快速地了解工厂内各车间、产线、设备的状态信息，实现可视化的高效管理。

4.4.3 持续优化阶段

制造企业在实现洞察阶段之后，还可以进行人机高度协同、机器与机器之间的通信、供应链网络协同、个性化制造、绿色制造、可计算数字孪生工厂等方面的持续优化。这一阶段的目标是进一步提高生产效益、降低成本、提高竞争力，构建更加深入的智能制造过程。

1. 人机高度协同

机器正在被赋予越来越强大、越来越多样化的智能，它不仅能帮助人类做一些简单的、重复性的劳动，甚至可以具备一定的自主性，协助人类或独立完成较为复杂的作业。可见在未来很长一段时间内，局部作业的无人化程度必然会越来越高。但综合机器人作业的效率与成本，以及机器人从事高度柔性作业仍然受限等因素，在可预见的未来，人仍然是最复杂精密和适合执行复杂精巧动作的"机器"，智能制造与物流中心等场景下系统的全自动化、无人化作业仍难以大范围落地，由人与机器配合共同作业的人机高度协同仍是未来很长一段时间内的主流模式。

2. 机器与机器之间的通信

M2M（Machine to Machine）通过移动通信对设备进行有效控制，从而将业务边界大幅度扩展，创造出较传统方式效率更高的经营方式，或创造出完全不同于传统方式的全新服务。M2M将数据从一台终端自动传送到另一台终端，也就是让机器与机器之间进行自动的数据交换与传递，实现信息共享和协同，以及设备之间的联动协作，从而提高生产效率和稳定性。

3. 供应链网络协同

供应链网络协同是指供应链上的各环节参与者之间密切合作，实现信息共享和业务流程自动化，及时响应变化和共同解决问题，以提升供应链的整体效率，降低成本，提高客户满意度。供应链网络协同可以帮助企业及时响应市场变化，更好地控制供应链的风险；优化整个供应链流程和资源配置，降低生产和物流成本；针对供应链中的问题和潜在风险，及时采取应对措施，降低风险影响和损失。

4. 绿色制造

这一环节非常重要，制造企业可以利用清洁能源，减少废气废水的排放，优化制造过程的材料使用和循环利用，实现绿色低碳生产。

5. 可计算数字孪生工厂

在洞察阶段的"可视化数字孪生工厂"的基础上，对来自三维BIM或者CAD系统的厂房和产品设计数据、来自车间现场的实时生产数据、来自ERP/SCM/MES等业务管理系统的管理数据、各物理对象所处空间的数据等海量多源异构数据进行计算、解析和融合，建立实时映射的动态空间系统，实现人、机、物、环境等的参数化、模型化，通过数据驱动模型运转，从而在数字孪生的虚拟空间中实现数字孪生体的可计算，支撑监测诊断、仿真预测和决策指导等环节。

总结一下，传统工厂在向智能工厂转型的过程中，通常会经历互联、洞察、持续优化3个阶段。只有不断地通过业务驱动技术升级，才能不断提高生产效率，适应市场环境，赢得更多的机会。全面利用工业物联网技术，实现智能制造的数字化转型，是实现制造业升级和提高竞争力的必然途径。

4.5　智能制造案例

湖北兴发化工集团股份有限公司（简称"兴发集团"）是一家以磷化工系列产品和精细化工产品的开发、生产和销售为主业的上市公司。通过二十多年的发展，公司已成为国内规模较大的精细磷酸盐生产企业之一。在九曲黄河进入内蒙古的第一站，兴发集团投资超百亿，在乌海经济开发区建设了有机硅新材料一体化循环项目。作为集团重点项目，位于内蒙古的兴发集团有机硅新材料一体化循环项目——15万吨/年离子膜烧碱装置，主要提供草甘膦、有机硅装置生产所需液碱、氯气和盐酸，也是国内首家采用草甘膦工业副产盐作为原料的烧碱装置。然而在企业发展过程中，也面临着诸多挑战。[1]

由于地理位置的原因，人工成本是横亘在企业面前的突出难题，企业不仅用人成本高，招人难度也很大，相关沉默资产无法得到很好的利用，容易出现数据孤岛问题。此外，企业对装置的集约化、一体化要求进一步提高，数字化建设成为摆脱以上困境的关键，以数智化构建工业4.0未来工厂，实现绿色低碳和工业自主化运营。数智化能力提升是兴发集团构建企业核心竞争力的关键之举。兴发集团在内蒙古投资建设有机硅新材料一体化项目，以"安全、绿色、效益"为核心，以打造高度自主化的未来工厂为目标。兴发集团联合中控技术，在氯碱行业建成了数字化智能工厂。

该项目以中控i-OMC为系统支撑，借助先进的工业网络技术、工业AIOT技术、数字孪生、智能优化技术、模型预测技术等，对工厂的生产运行管理及过程控制产生巨大影响，实现了工业装置的高效、安全、自主运行。自2022年11月项目整体上线投运以来，累计黑屏运行时间超过130天（截至2023年4月底），各项行业指标达到国际先进、国内领先，并通过打造以"内接安全、纵深防御、专业运维"为核心的工控安全解决方案，建立起具有纵深防御能力的网络安全防御体系，中控i-OMC系统全面提升了装置的自控率、平稳率和安全性。通过优化多工况报警、报警审计、报警操作统计分析，中控i-OMC系统助力项目装置减少了

90%以上的报警，大大提高了工厂整体运行的可靠性以及生产效率。内蒙古兴发氯碱装置共设计了 35 个子流程的启停操作，运用 i-OMC 系统智能操作导航技术，实现工厂一键启停和装置全自动运行。依托 i-OMC 系统在氯碱装置全流程中的先进控制以及设备在线健康诊断功能，装置运行实现了自适应调整，对负荷和生产过程的控制更加平稳，如图 4-2 所示。

图 4-2　兴发集团内蒙古园区制烧碱智能工厂

项目投运后，碱产品合格率达到 100%，电解槽出口碱液浓度波动绝对值小于 0.2%，浓度酸消耗控制在每年 5 吨以内，传统的硫酸消耗折算到每吨氯气中约 15～20 千克，降本效果明显。

中控 i-OMC 系统深度融合智能算法、专家经验和工艺机理知识，大幅降低对人员的需求，达到了无人化操作；稳定产品质量，提高产品生产效率，大幅降低生产能耗和物耗。目前兴发集团整个氯碱工厂的定员由行业普遍的 120 人左右减少到了 40 人以下，其中操作工每班人数仅有 2 人，运行人力下降 67%。系统投入使用后，还将传统的操作知识经验沉淀，对企业人才培养起到非常好的作用，资产增值方面的数据综合利用率超过了 80%。此外，基于中控"工厂操作系统 + 工业 App"的架构，兴发集团部署了生产管理、安环管理等插件式 App，并与全厂视频监控、无人巡检、智能卸堆、自动在线分析、循环水智能调温系统等形成综合应用。

中控"工厂操作系统 + 工业 App"通过统一数据应用底座，帮助企业实现了数据互通和知识共享，消除了企业内部的信息孤岛，助力企业实现生产过程透明化、运营管理精细化、决策支持智能化。通过持续的数智化投入，兴发集团实现了国内少有的无人巡检、无人操作、无人记录的"三无工厂"。基于 i-OMC 系统海量运行数据的 AI 智能分析，在生产过程的全生命周期实现了操作的去技能化，有效解决了区域用工难、招工难问题，并建立了安全、环保、稳定、精细化的生产运营管控体系。兴发集团与中控技术的进一步深化合作，必将为我国化工行业的数字化转型做出新示范。

参考文献

[1] 中控技术. 中控技术 × 兴发集团：树立氯碱行业高质量发展行业典范 [Z/OL]. （2023-01-13）[2023-08-13]. http://www.cechina.cn/company/56976_222779/messagedetail.aspx.

第 5 章 | Chapter5

触手可及的算力：工业云计算

5.1 云计算及其部署

1990 年～2020 年的 30 年是 IT 产业和云计算产业高速发展的"激荡三十年"。随着互联网、云计算、人工智能等先进技术的发展，全球经济正在以不同的节奏、相似的目标共同经历着数字化转型的大潮，科技创新已经成为企业的核心竞争力。未来，科技巨头有望继续在相当长的一段时间内占据全球 500 强企业的前列。从中国市场的变化来看，中国本土企业在过去 20 年里取得了惊人的发展，体现了中国经济的快速增长和对全球市场影响力的逐渐增强。中国企业的排头兵正在逐渐从制造业转向高科技和服务业，并且在特定领域里开始引领全球产业发展，例如阿里云已经成功进入了全球云计算行业的前列。虽然今天中国互联网产业遇到了"上半场结束"的挑战，但是互联网企业仍然是数字经济中不可忽视的重要力量。世界经济的企业发动机，是从金融业到制造业到以云计算为基础的科技企业的不断发展和跃迁。在产业发展的跃迁过程中，云计算的重要作用一览无余，甚至可以说它不只是一类技术，更是一次产业革命。

5.1.1 云计算的发展历程

云计算是 21 世纪以来科技领域最重要、最具影响力的技术之一，给我们的生活和工作方式带来了翻天覆地的变化。云计算概念的首次出现可以追溯到 20 世纪 60 年代早期，当时美国计算科学家约翰·麦卡锡提出了一种将计算资源集中起来进行共享和访问的概念。然而在那个时候，由于计算能力有限，云计算的发展一直受到技术和成本的限制。2006 年，亚马逊推出了弹性计算云（Elastic Compute

Cloud，EC2），将虚拟计算资源作为一种服务提供给用户。这是云计算产业发展过程中的里程碑，标志着云计算开始商业化，并开启了云计算商业世界的快速发展。直到今天，依托以 EC2、S3（简单对象存储）为代表的 IaaS（基础设施即服务），亚马逊云（Amazon Web Services，AWS）仍然是全球当之无愧的云计算产业头名。而在中国的云计算发展历史上，2009 年 9 月阿里的王坚院士带领团队，写下了阿里云的第一行代码，开启了中国云计算产业的发展进程。

随着云计算的发展，越来越多的企业开始意识到云计算的潜力和优势，纷纷将自己的业务从传统的本地数据中心迁移到云上。云计算提供了更高的灵活性和可伸缩性，使企业能够根据业务需求快速调整计算资源。2011 年云计算的一个新概念——"平台即服务"（Platform as a Service，PaaS）开始兴起。它为开发者提供了更多创建和部署应用程序的工具与平台，进一步简化了开发流程。云计算的发展也带动了其他技术的快速进步，例如大数据分析、自动驾驶、虚拟仿真、人工智能和生物制药等技术的发展和应用都离不开云计算的支持。未来，云计算产业仍将继续发展壮大。随着新技术的不断涌现，如边缘计算和物联网等，云计算将进一步推动数字化转型的进程，促进创新和产业升级。

从云计算产业的市场占有率来看，在 Gartner 所推出的年度 CIPS（云基础设施和平台服务）魔力象限中，基础设施即服务（IaaS）和集成平台即服务（PaaS）两类产品在 AWS、微软云、阿里云和谷歌云的 2022 年度"半年总结"中处于不同的位置，如图 5-1 所示。

5.1.2　云计算的定义

云计算有多种定义方式。根据美国国家标准与技术研究院（National Institute of Standards and Technology，NIST）的定义，云计算是一种新的模型，用于实现对可配置计算资源共享池无所不在、方便、按需地网络访问（例如网络、服务器、存储、应用程序和服务），这些资源可以通过最小化的管理工作或服务提供商交互快速部署和发布。云计算主要有以下几个特点。

1. 按需自助

云计算是一种按需自助的服务模式。用户可以依据自身需求，通过网络登录厂商提供的控制台，自助部署计算能力。用户可以根据需要自主选择不同性能的算力服务、存储服务、网络服务及操作系统、数据库和应用程序服务等。这种模式使用户可以在短时间内方便地获取所需计算资源，而无须到处寻找服务销售，经过烦琐的业务交流，甚至投入大量时间进行环境配置。

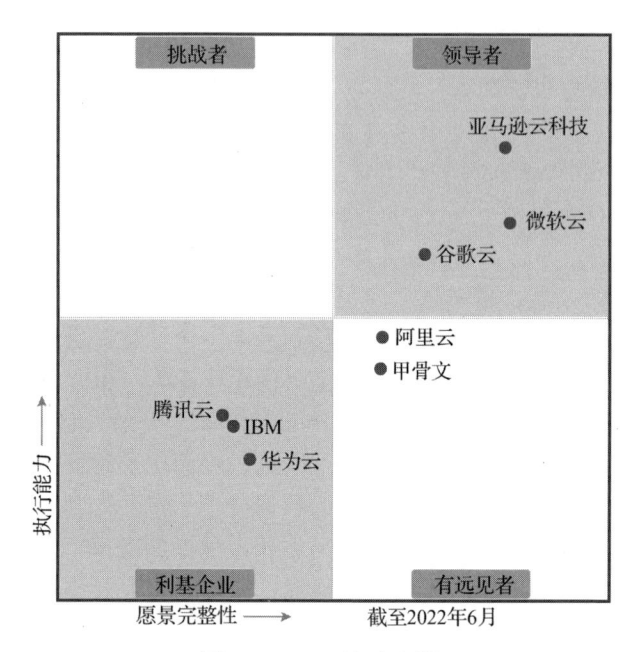

图 5-1 CIPS 魔力象限

2. 网络访问

在云计算出现之前的应用访问方式中，下载安装并从本地设备上访问，是大家习以为常的一件事。直到今天，有关 AI 大语言模型的各类应用，依然会有部分朋友提出诸如此类的问题："怎么下载 ChatGPT 啊？我的电脑能运行吗？安装麻烦不？"而与此相反，网络访问是云计算的基本特征之一。所有的云计算服务，包括计算、存储、数据库、物联网、操作系统和应用程序等，都是通过网络进行访问的。用户可以通过任何具有网络连接的设备访问云计算服务，如计算机、平板终端、智能手机甚至是可穿戴终端。这种特点使得云计算可以实现跨地域、跨平台、跨终端的资源共享，大大提高了资源利用率和组织协同效率。

3. 资源池

云计算采用资源池的方式自动化管理和动态分配计算资源。在云计算的平台上，硬件和软件资源都是以虚拟形式被集中管理和调度的。用户不需要关心这些资源具体处于哪个地理位置，云平台会自动定位空闲的资源并将其提供给客户使用。资源池的概念使得云计算能够实现灵活、高效、可扩展的资源分配和管理；同时，也使得资源的利用率得到最大限度的提高。

4. 敏捷弹性

当用户的业务需求发生变化时，云计算平台能够自动调整资源分配，以实时满足用户的需求。例如，当用户的应用程序访问量突然增加时，云计算平台会自动增加计算资源来应对负载的增加；而当访问量减少时，云计算平台又会自动释放多余的计算资源，以节省成本。这种弹性的资源分配和管理方式使得云计算可以灵活地应对各种业务场景，保证服务的稳定性和可靠性。

下文以海信和 AWS 的合作案例为例[1]，看看如何通过对云计算服务的应用满足业务的敏捷弹性需求。海信旗下聚好看科技股份有限公司（以下简称"聚好看科技"）承担着海信互联网电视技术的研发和运营，以"云计算＋大数据＋人工智能"为全球电视用户提供可靠稳定的服务，包括影视、教育、K 歌、游戏、购物、应用等。在上云之前，聚好看科技采用了同城灾备模式，核心业务部署在同城数据中心，应用以容器形式部署于自建云平台上。2019 年，聚好看科技的日活用户数量接近 2000 万，每天要处理近百亿级的数据。

聚好看科技在用户规模不断扩大、业务高速发展的同时，也面临着新的需求与挑战。第一，苛刻的业务连续性要求。如何为上亿消费者提供稳定、实时、可靠的智能服务至关重要。第二，IT 资源需具备良好的弹性和灵活配置能力。通常，电视用户多数在每天 19:00~20:00 期间批量开机，造成瞬时流量暴涨，给系统带来压力。每周五晚黄金时段将出现一周内的流量高峰，凌晨后流量又将大幅减少；每年节假日中，以除夕为例，该时段的用户流量将飙升至平时的数倍，业务突发峰值不亚于电商行业的"双 11"和"6·18"。在同城灾备模式下，为应对业务高峰，企业需要提前部署并超配大量资源，不仅难以做到资源的灵活调控，也造成时间和设备资源的极大浪费。

在基于 AWS 云服务实现混合云双活架构之后，聚好看科技在 AWS 云上搭建了 Kubernetes 容器环境，当业务流量激增时，其容器云平台的扩展时间由以前的数天缩减到 5 分钟以内；当业务流量降低时，可按需收缩容量资源，用户只为业务实际使用的资源付费，有效节省了成本。上云后聚好看科技拥有可保障业务双活、运行稳定、资源灵活扩展的混合云平台，具有资源分钟级弹性伸缩和超小粒度的计算资源调度能力，大大减轻了 IT 人员的运维压力，帮助 IT 部门把精力聚焦在对业务的优化和创新上。

5. 可计量服务

云计算是一种可计量的服务模式。云服务提供商通过为不同产品提供度量功能，自动控制和优化资源的使用。同时，它们还会监视和控制资源的使用情况，确保资源分配合理、公平。用户可以根据自己的需求支付相应的费用，并随时了解资源使用情况，以便对服务进行优化。这种透明的服务模式为用户节省了大量成本，同时也提高了服务质量。

5.1.3 云计算的部署类型

云计算的本质是将各种计算资源和应用程序汇总起来放到网络上，然后对用户提供服务。那么这些资源放在哪里，应该怎么放？这些数据和服务应该被谁看到或者使用？不同考量因素组合起来，就形成了不同的云计算资源的部署类型。根据放的地方不同可以分为 3 类：公有云、私有云和混合云。

1. 公有云

公有云的核心特征是基础设施的所有权属于云服务商，云端资源向社会大众开放，任何符合条件的个人或组织都可以租赁并使用云端资源，且无须进行底层设施的运维。公有云的优势是成本较低、不需要维护、使用便捷且易于扩展，适合个人用户、互联网企业，可以满足对广泛商业客户提供共同服务的客户需求。一般公有云以一种即付即用（Pay as you Go）、弹性伸缩的方式为用户提供服务，具有强大的可扩展性和较好的规模共享经济性，但是所有定制者都共享相同的基础设施，安全保护和可用性有时并不能满足特定用户的需求。

2. 私有云

云服务商为单一客户构建 IT 基础设施，IT 资源仅供该客户内部员工使用，这样的产品交付模式称为私有云模式。私有云的核心特征是云端资源仅供某一客户使用，其他客户无权访问。由于私有云模式下的基础设施与外部分离，因此数据的安全性、隐私性相比公有云更强，可以满足政府机关、金融机构以及其他对数据安全要求较高的客户的需求。

私有云通常分为内部部署和外部托管两种部署模式。内部部署的私有云部署在企业数据中心的防火墙内，提供了更加标准化的流程和保护，但在大小和可扩展性方面受到限制。IT 部门需要为物理资源承担资金和运营成本。内部部署的私有云适合需要对基础设施和安全性进行全面自主控制，并且具备足够的技术团队资源进行管理和提供内部服务的企业。外部托管的私有云由具备可租赁计算资源的数据中心 / 云服务商提供，其中云服务商搭建专有云环境并充分保证隐私，适合那些数据需要上传到指定物理位置之外且不喜欢公有云，但是自身的 IT 基础架构运维和服务能力偏弱的企业。

3. 混合云

对大型企业，尤其是制造业用户来说，同时使用公有云和私有云在未来会是个常态。一方面，用户在本地 / 托管数据中心中搭建私有云，处理大部分核心业务并存储敏感的关键数据；另一方面，用户通过互联网获取公有云服务，满足峰值时期的 IT 资源需求，并且通过 VPN/ 专线连接到内部私有云，实现公有云与私有云的连接。混合云能够在部署互联网化应用并提供最佳性能的同时，兼顾私有云本地数据中心的安全性和可靠性，更加灵活地根据各部门工作负载选择云部署模式，因此受到规模庞大、需求复杂的大型工业企业的广泛欢迎。具体应用案例将在下文的"大众汽车工业云"部分中做详细阐述。

5.2 云计算的不同服务类型

不同的用户需要不同的服务。根据提供服务类型的不同，云计算可以分为软件即服务（SaaS）、平台即服务（PaaS）和基础设施即服务（IaaS），这是最常见的3种云计算服务。如果更细分的话还有数据即服务（DaaS）、SDN即服务（SDNaaS）、容器即服务（CaaS）、功能即服务（FaaS）、身份即服务（IDaaS）等。

5.2.1 IaaS/PaaS/SaaS 的定义

1. 基础设施即服务（IaaS）

IaaS 服务是把底层的服务器、虚拟机、存储空间、网络设备等基础设施作为一项服务提供给用户。用户可以通过 web 网页的方式注册账号，然后申请 CPU、内存、磁盘、存储、路由器、防火墙和负载均衡等基础资源。申请成功后，用户可以自行部署和运行任意软件，包括操作系统、数据库、中间件和应用程序。这种模式最为突出的特点是用户无须自行搭建耗资巨大的 IT 基础设施，并且增加了用户使用 IT 资源的灵活性，进而降低浪费。常见的公有云 IaaS 服务有 AWS EC2、阿里云的 ECS 等。

2. 平台即服务（PaaS）

PaaS 服务是将软件开发所需要的工具平台作为一种服务，构建在基础设施之上对外发布，用于在集成环境中开发、部署、运行和维护应用程序。软件开发者可以直接在 PaaS 上自由构建自己的应用程序，不需要购买和部署服务器、操作系统、数据库和 web 中间件等即可运行。这种模式的优点是开发者可以便捷地获取各类成熟的软件开发、测试、运维的工具，进而简化开发流程并减少重复性工作。Amazon RDS、微软 Azure IoT Hub 等都是 PaaS 服务类型的典型代表。

3. 软件即服务（SaaS）

SaaS 服务是为用户提供完整的业务应用软件功能服务。用户通过订阅的方式随时随地在云上使用这些标准软件，无须下载和安装，也不需要关心软件的授权、升级和维护等问题。用户通过互联网在各种设备上访问客户端，从而减轻了软件搭建和维护的负担，但被迫放弃了对软件版本和一些个性化需求的控制。对于服务商来说，由于只需要托管和维护单个应用程序，降低了研发和应用运维的成本。

SaaS 采用灵活租赁的收费方式，用户在付费周期内按实际使用账户和使用时间付费即可。这一模式颠覆了软件消费模式——由传统的使用前一次性付费更改为定期订阅模式，使用一个软件许可证即可在不同终端设备上登录使用，非常好地满足了用户移动办公的业务诉求。同时从财务核算的角度来看，用户购买软件的资本性支出（Capex）转换成了购买服务的运营支出（Opex），降低了企业现金流的压力。典型的 SaaS 服务如金蝶 SaaS ERP、NetSuite 和微软 Office365 等。

用一张图来总结一下 3 种服务模式的区别。简单来说，如果按照针对客户需求进行定制化的自由度进行排序，从高到低是 IaaS>PaaS>SaaS。但是有得必有失，定制化程度越高，运维的工作量或者所需要付出的总拥有成本也会跟着提高。因此，如果用户期望管理所有的配置和软件开发过程，并且有足够的 IT 资源和成本负担能力，那他应该选择购买 IaaS 服务，并自行完成从操作系统、数据库、开发平台到业务应用的所有安装、配置、开发和运维工作。反之，如果用户仅仅希望使用甚至测试一个业务应用，自身的 IT 资源很少甚至没有，那就应该选择 SaaS 服务，用尽可能低的成本和尽可能少的时间完成业务目标，如图 5-2 所示。

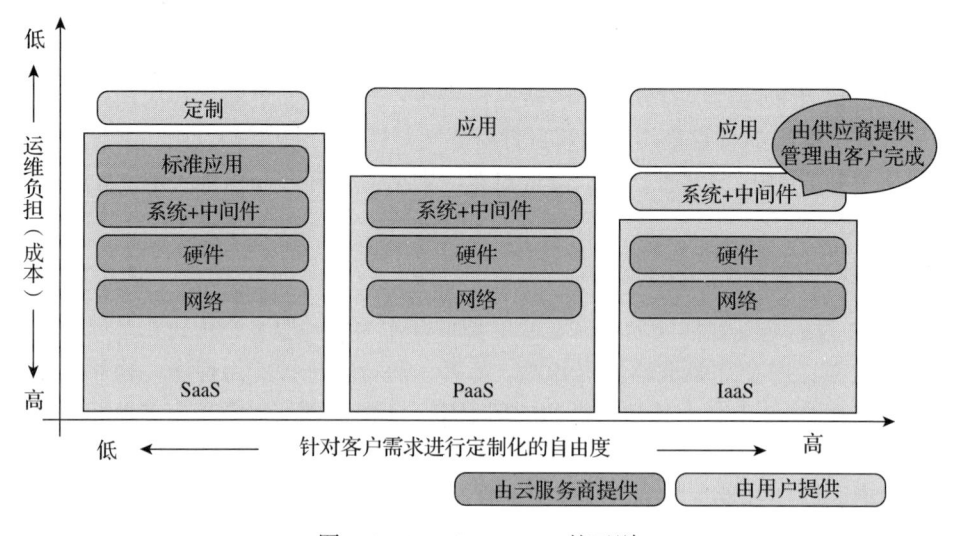

图 5-2 SaaS/PaaS/IaaS 的区别

5.2.2 云计算的价值

1. 加速创新

云计算对于用户的最大价值并不是仅仅帮助用户降低了 IT 成本，它还加速了企业业务创新，推动数字化转型快速前进，避免因为不能快速创新而导致的隐性损失。从创新的角度来看，云计算为企业提供了一个全新的敏捷平台，可以快速开发、测试和部署新产品或服务，加速市场推广，并支持基于数据的快速决策。尤其是在开发和实现 AI 应用时，需要大量的计算和存储资源来支持，云计算可以通过提供高扩展性和高可用性的服务，支持企业管理和分析海量数据。以 ChatGPT 为代表的 AIGC 技术正是因为有了云计算的支持，才能在各种细分领域的大模型训练和推理过程中发挥越来越大的价值，并与各种已有工业应用结合起来，以自然语言交互的方式让 AI 对工业数字化产生更大的推动作用。

2. 降低总拥有成本

很多云计算的用户在讨论上云成本对比问题的时候，很容易直接用购买云计算服务的成本，和购买硬件并部署在本地所需的花费相比，这样的比较方法是不全面和错误的。正确的成本比较方式应该是使用总拥有成本（Total Cost of Ownership，TCO）进行对比。传统的 IT 运营模式下，需要企业花费大量资金的事务不止购买硬件，还有购买相应的操作系统、数据库、运维监控等软件和保持运维团队，而且这些开销还会随着时间的推移而增加。云计算则是按需付费，企业只需要支付实际使用的资源费用，无须一次性投资大量 IT 基础设施，不必购买硬件或软件许可证，快速部署、灵活使用。同时云计算可以对所使用的各种服务资源进行自动化和动态管理，根据用户应用的工作负载变化，动态增减资源分配，并对用户增减的云计算服务自动进行资源配置和资源释放等，包括自动化的容灾、备份、安全性和宕机的自动恢复等。

5.3 工业云计算

5.3.1 双模 IT

根据 Gartner 的定义，双模 IT（Bimodal IT）是指两种不同的、共存的工作模式和场景。模式 1 是可以精确预知的，而模式 2 则是探索型的。模式 1 集中在完全理解的、能精确预知的领域，它的工作是将这些领域从传统的 IT 环境进化到更加适应数字化的世界，更强调持续的"可靠性"，以保证企业业务的连续性为主要目标，像长跑运动员。而模式 2 面对的是未知的、全新的问题，它通过探索、试验来处理未确定的需求，例如对于未知业务的探索和尝试，更强调"敏捷性"，像短跑运动员。

双模 IT 的概念将工业企业的 IT 团队分成了两个部分，如图 5-3 所示。第一个部分为"稳态 IT"，对应模式 1 的工作，即支撑传统 IT 架构，倾向于按部就班地工作，确保企业业务的平稳运行和连续性。第二个部分为"敏态 IT"，对应模式 2 的工作，更多采用了敏捷开发和快速迭代的方式，以应对创新挑战。

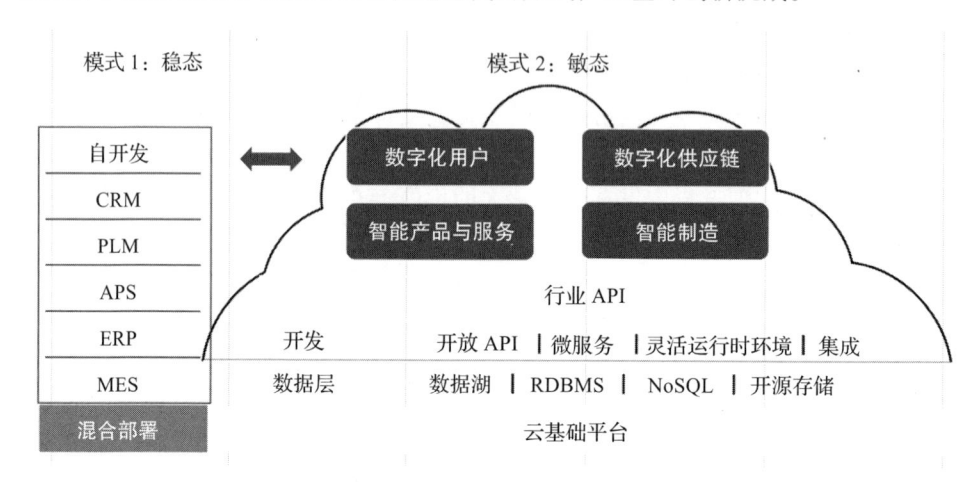

```
模式 1：稳态                          模式 2：敏态

┌──────────┐
│   自开发   │      ┌──────────┐      ┌──────────┐
├──────────┤ ←→   │ 数字化用户 │      │数字化供应链│
│   CRM    │      └──────────┘      └──────────┘
├──────────┤
│   PLM    │      ┌──────────┐      ┌──────────┐
├──────────┤      │智能产品与服务│      │  智能制造  │
│   APS    │      └──────────┘      └──────────┘
├──────────┤
│   ERP    │                  行业 API
├──────────┤        开发    开放 API │ 微服务 │ 灵活运行时环境 │ 集成
│   MES    │
├──────────┤        数据层       数据湖 │ RDBMS │ NoSQL │ 开源存储
│  混合部署  │
└──────────┘                       云基础平台
```

图 5-3　工业企业的双模 IT 模式

双模 IT 的核心是通过对企业业务流程的"稳态"和"敏态"的分析，灵活采用传统的集中式和云化 IT 技术手段，系统化地构建"稳态"系统和"敏态"系统和谐共存的新型 IT 架构。双模 IT 可以确保企业 IT 架构与"稳态"和"敏态"业务精确匹配，提升企业 IT 贡献率、降低企业运营风险等，助力企业的数字化转型取得成功。在"稳态"应用中，企业利用本地部署和云计算混合的架构，提供足够的高可靠性与安全性，保证生产环境的稳定性和安全性；在"敏态"应用中，企业以云计算为主要架构，甚至完全基于云原生架构进行设计和开发，具备相当的灵活性和可扩展性，易于实现新产品的快速开发和创新。

"稳态"和"敏态"IT 的不同包括如下几点。

- 面对的需求不同。"稳态"IT 所面对的需求通常是十分明确的，无论是 ERP、财务软件或者是固定资产管理，每个企业通常根据业务部门已有的明确需求实施交付。但在"敏态"模式下，每个部门、团队甚至个人都在尝试新事物，都在探索阶段，不仅需求不明确，其目标客户群也无法准确定位。
- 关注点不同。对于"稳态"的传统 IT 架构来说，因为需求能够比较容易地提前确定，所以关注的往往是性价比，用低成本实现安全性和可靠性。"敏态"IT 恰恰相反，成本并不是考虑的重点，更关注的是如何增加销售收入、提升品牌影响力、达成业务创新等目标。
- 开发模式不同。"稳态"IT 因为更加关注安全性和可靠性，所以会运用传统瀑布和敏捷并行的开发模式,按部就班地实现需求。但在"敏态"IT中,更需要的是敏捷治理,所以敏捷开发成为主要手段。
- 团队所需人才不同。"稳态"IT需要的是那些能够解决已确定方向的复杂问题的人才,只需考虑如何稳定、高效地实现目标;而"敏态"IT所需要的人才是能够对不确定因素进行把控,甚至是勇于探索未知的人。

5.3.2 联想双模 IT 实践案例

在 2007 年~2017 年的 10 年间,联想的 IT 系统容量扩大了数百倍,积累了超过 12PB 的数据,采购成本却相对降低了约 95.45%,运维成本更是降低了约 99.77%。特别是 2013 年开始对于"双模 IT"的引入,联想以 DevOps 的运维管理方式打破了以往单一的 ITIL 运维管理模式,实现了高效的自动化管理平台,进而支持自开发应用以满足业务需求。如今,联想以全球多个数据中心为主体,以公有云为补充来满足全球业务需求。其中,北京总部数据中心和武汉容灾恢复中心作为公司总部核心数据中心,在北美的芝加哥、罗利和雷斯顿等地的数据中心构成海外核心数据中心,中国香港和德国埃森数据中心则帮助联想实现全球化的服务与支持。[2]

在"双模 IT"运维上,联想在"稳态"架构方面约占 70%,主要包括高性能、高可靠的核心硬件基础架构,采用高端小型机和高性能存储承载核心数据库,并利用 X86 虚拟化资源部署 SAP 等商业套件。同时,联想正在利用自身的 R2IA(RISC to X86)方案,逐渐将 ERP 等关键业务从小型机的 RISC 架构迁移到基于 X86 的开放、标准架构,以更好地实现企业信息化的自主可控和长效稳定。

"敏态"架构则约占 30%,主要包括面向互联网应用环境的软件定义基础架构(SDI),广泛采用超融合基础架构(HCI),通过 SDI 方式对计算、网络、存储和服务器等虚拟化资源进行集中管理,提供快速部署、灵活拓展的基础环境,充分满足客户营销、服务等面向互联网环境的业务系统需求。

联想新的双模架构不但有力地支持着存量业务的平稳运行,更充分适应业务的快速变化和调整,加速新业务上线,为联想提供了实时的商业洞察力,有效满足了增量业务的爆发性增长需求。

5.3.3 工业云助力工业企业实现数字化转型

双模 IT 作为数字化转型过程中的产物,在一定时间段内有其积极意义,它帮助企业降低了转型过程中的焦虑与不安,迈出了转型的第一步。但是对于数字化转型逐步深入的未来,企业业务的不确定性越来越高,产品所需要服务的业务场景越来越复杂,绝大多数数字化团队需要积极转变为"敏态"模式来应对,长远来看双模 IT 不是数字化转型过程中应当被追求的终点。数字化企业需要的是随时能够响应市场变化，跳脱出"稳态"的 IT 小圈子，建立 IT 与业务结合的一体化组织，真正做到全流程端到端敏捷。

与此同时，工业互联网平台需要在通用云计算的标准服务上叠加工业物联网、工业大数据、人工智能等新兴技术，构建更精准、实时、高效的数据采集体系，建设包括存储、集成、访问分析和管理功能的使能平台，实现工业技术、经验和知识的模型化，以及软件的标准化和复用化，以工业 App 的形式为制造企业提供各类创新应用。工业云已经成为工业企业数字化转型过程中不可忽略的底层基础技术，将工业生产环节中的各种信息集成到统一的云平台上，实现对企业产品全生命周期的数字化管理。

1. 敏捷业务创新

在当今市场竞争环境中，快速响应市场变化、进行敏捷业务创新是企业生存和发展的关键。工业云可以搭建敏捷、灵活的创新开发平台，提供持续交付能力，让企业能够快速进行试错和迭代，同时提升客户体验。通过工业云，企业可以更加敏锐地捕捉市场机会，快速推出创新产品和服务，与市场保持同步。

以小鹏汽车和阿里云的合作为例，采用阿里云并行文件存储 CPFS 对训练过程中的模拟数据进行计算，是其智能应用快速升级的重要一环。"智能汽车的模拟训练需要通过传感器实时收集汽车周围的数据，并立即对收集到的数据进行分析与决策。因此，每日的训练会产生几十 TB 的数据，而智能汽车的 AI 系统又需要对如此庞大的数据进行实时分析计算，这就对文件存储服务的性能、吞吐、时延提出了更高的挑战。阿里云并行文件存储 CPFS 可以帮助小鹏汽车轻松顶住压力，不仅能解决日均几十 TB 的数据，还能帮助 AI 系统迅速处理数据，加快汽车在复杂路况和驾驶技巧方面的训练速度。"小鹏汽车物联与商业技研高级总监谭蔚华如是说。[3]

2. 智能产品与服务

随着科技的不断进步，传统制造业正在向智能制造业转变。工业云可以帮助企业将制造延伸至服务领域，通过智能连接产品实现全生命周期的服务增值，为企业打造新的竞争优势。工业云基于物联网技术，实现对智能产品的连接与管理。通过大数据和机器学习的预测性分析，企业能够更好地了解产品性能、用户需求和市场趋势，为产品升级和服务优化提供依据。

基于全球公有云，涂鸦 IoT 开发平台实现了智慧场景和智能设备的互联互通，承载着每日数以亿计的设备请求交互。平台服务涵盖硬件开发工具、物联网云服务、智慧行业开发，为开发者提供从技术到营销渠道的全面赋能。截至 2023 年 3 月 31 日，涂鸦 IoT 开发平台累计有超过 78.2 万名物联网设备和软件开发者，分布于200多个国家或地区，辐射全球超12万个渠道，赋能7600家客户开发了约2700种智能设备。

通过联网的设备和应用传输到云端的数据，经过符合数据安全法规的脱敏和安全加密后，将会以多种统计方式呈现在涂鸦IoT开发平台上，便于开发人员、市场研究及运营人员进行广泛及深入的分析。常见的设备数据统计、App应用数据统计、用户反馈数据统计等，均可通过可视化数据表盘清晰地展示。根据实际分析需要，平台为用户提供多种统计方法和工具，如自定义时间、地区进行统计，根据数量或百分比区别统计等。运营人员可以在涂鸦IoT开发平台查询和管理自己的用户、接收客户反馈、与客户在线沟通、编辑可展示在App内的知识内容等，从而实现售后的用户关系维护和客服问题处理等，全面提升品牌对消费者的服务体验。[4]

3. 智能制造

智能制造是工业云的重要应用方向之一。工业云可以在传统产线自动化与制造流程化的基础上，进一步打造数字化透明工厂和提升产品质量，同时实现设备运维的智能化分析。通过工业云，企业可以基于海量产品的质量及设备数据，应用大数据分析和机器学习技术，建立数字化工厂平台，从而提高生产效率和产品质量，同时通过远程监控和预测性维护，降低设备故障率和维修成本。

大众集团作为汽车行业的创新者已有80多年的历史，是欧洲大型汽车制造商之一，每年生产1100万辆汽车。大众汽车利用AWS服务组合所带来的广度和深度，包括物联网、机器学习、分析和计算服务等，来提高工厂效率及运行时间，增强生产的灵活性并改善车辆质量。在大众汽车工业云上，来自122家全球制造工厂的实时数据被汇集起来，用于管理装配设备的整体效率，并跟踪零部件和车辆。大众汽车基于Amazon S3构建了一个全公司范围的数据湖用于分析数据，通过识别生产和浪费方面的差距，找出运营趋势、改进预测并简化运营流程。大众汽车使用Amazon SageMaker全面托管服务，为开发人员和数据科学家提供快速构建、培训和部署机器学习模型的能力，以优化其所有工厂中机器和设备的运行流程。在选择部署方式方面，大众汽车使用AWS Outposts在企业内部部署本地AWS服务、基础设施和运营模式等，针对延迟敏感的应用程序，提供工厂和云之间的无缝切换功能，带来一致的混合云体验。大众汽车工业云平台是一个开放性的平台，ABB、ASCon、BearingPoint、Celonis、Dürr、GROB-WERKE、MHP、NavVis、SYNAOS、Teradata WAGO等合作伙伴均加入了首批软件应用程序市场。[5]

4. 数字化运营

数字化运营是企业在数字化转型过程中的重要一环，工业云在此方面起到了关键作用。传统的企业运营是基于业务流程驱动的，而工业云可以帮助企业逐步转向数据与流程混合驱动。通过工业云，企业可以基于市场、供应链及制造数据，应用大数据分析和机器学习技术，实现数据驱动，而非基于人工的经验决策。这使得企业能够更加精确地掌握市场需求、优化供应链和提高运营效率，从而获得更大的竞争优势。

随着国际快时尚品牌的强势进入和扩张，国内传统时尚休闲品牌面临着消费群体流失、库存积压、资金周转、策略转型等多重考验。产能过剩造成库存积压、终端门店导购管理不精细、品牌设计和定位同质化、传统订货经营模式粗放、前后端供应链管理水平低，都是服装服饰行业普遍遇到的问题。在整个行业哀鸿遍野时，却有一家企业逆势而上。即使在环境影响之下，该企业2020年前3季度的营收仍做到同比增长10.35%，达到55.21亿元，全年净利润超过7亿元，同比增长约27%。这家企业就是太平鸟。太平鸟创立于1996年，从街边店铺、单个女装品牌，到拥有线下4300多家门店和7个品牌。2017年太平鸟开始与阿里巴巴全面合作新零售，致力于线上线下全渠道一体化运营以及会员的全域运营。太平鸟除了做到线上线下全域运营外，还实现了供应链TOC的数字化变革。在阿里云的助力下，太平鸟的线下门店销售系统全面数字化，供应链全链路实现数据信息畅通，营业收入和净利润显著增长。[6]

综上所述，通过敏捷业务创新、智能产品与服务、智能制造以及数字化运营，工业云可以帮助企业提高创新能力、增加附加值、提升生产效率并实现数据驱动的运营模式。工业云的搭建和应用将成为企业转型与发展的重要战略，助力企业在快速变化的市场环境中立于不败之地。

5.3.4 工业云计算和常规云计算的差异

工业云计算与常规云计算在本质上都是云计算技术的应用，但它们在应用场景、技术需求、服务模式和面临的挑战等方面存在显著差异。以下是对这些差异的详细阐述。

1. 应用场景

（1）工业云计算

工业云计算主要针对的是工业环境，这是一个对各项技术的要求极为严格和精准的领域。工业云计算的应用场景包括但不限于智能制造、工业自动化、供应链管理、能源监控、设备维护等。在这些场景中，云计算技术被用来提高生产效率、降低运营成本、优化资源分配、提升产品质量和安全性。例如，在智能制造中工业云计算可以提供与需求相比近似无限的算力，支持在云端的实时数据分析，帮助企业优化生产过程。

（2）常规云计算

常规云计算的应用范围更广，它服务于包括制造业在内的各种行业，如金融、教育、医疗、零售、媒体等。这些应用场景通常涉及各类跨行业的通用需求，例如网站托管、数据存储、移动应用开发、大数据分析、人工智能等。常规云计算的目标是提供灵活、可扩展的 IT 资源，以支持各种在线服务和应用的开发与运行。云服务提供商（如 Amazon Web Services (AWS)、Microsoft Azure 和阿里云）提供的服务，可以满足从小型创业公司到大型企业的各种业务需求。

2. 技术需求

（1）工业云计算

在工业云计算中，技术需求相比常规云计算往往更为特殊和严格。首先，工业环境对系统的可靠性和稳定性要求极高，因为任何系统故障都可能导致生产中断，对生产过程造成巨大的经济损失。其次，工业云计算需要支持低延迟的数据传输和处理，因为工业设备和传感器产生的数据需要被实时分析和响应，一旦在极短的响应时间（微秒到毫秒级）内没有做出规定的处理动作，轻则可能产生残次产品，重则可能出现生产事故，甚至造成无可挽回的损失和人身伤害。此外，工业云计算需要具备强大的数据安全和隐私保护能力，因为工业数据往往包含企业非常敏感的研发和质量信息，这是制造业企业生存的核心竞争力。最后，工业云计算需要支持与现有各类工业系统的集成，这可能会涉及各种老旧工业 IT 和自动化设备的兼容性问题。

（2）常规云计算

常规云计算的技术需求虽然也包括 IT 技术层面的可靠性、安全性和可扩展性，但相对工业云计算来说，这些需求的标准可能没有那么严格。例如，对于传输延迟的要求可能没有那么高，因为常规云计算服务的用户通常可以容忍一定的延迟，甚至可以接受一定程度的服务请求响应失败。此外，常规云计算更多地关注于服务的灵活性和成本效益，以及如何支持多样化的应用开发。

3. 服务模式

（1）工业云计算

工业云计算的服务模式通常更加定制化。由于上述技术需求和行业标准要求，常规云计算所提供的服务内容和模式通常不能直接照搬到工业云计算中落地。由于工业应用的特殊性，工业云计算可能需要提供特定的平台服务，也就是常说的工业云 PaaS。这些平台服务需要支持工业软件的部署和运行，如 PLC（可编程逻辑控制器）编程、CAD（计算机辅助设计）软件等。同时，工业云计算厂商也可能提供数据即服务（Data as a Service，DaaS），帮助企业处理和分析来自生产线的大量数据，挖掘工业数据背后看不到的隐含价值。此外，工业云计算服务提供商可能还需要提供专业的工业数字化咨询服务，帮助企业实现数字化转型。

（2）常规云计算

常规云计算的服务模式相比工业云计算更加标准，详见上文的基础设施即服务（IaaS）、平台即服务（PaaS）和软件即服务（SaaS）。这些服务模式为用户提供了从基础设施到应用层面的全面支持，用户可以根据自己的需求选择合适的服务。例如，IaaS 允许用户租用虚拟机和存储空间，PaaS 提供了应用开发和部署的环境，而 SaaS 则提供了可以直接使用的软件应用。

4. 面临的挑战

（1）工业云计算

工业云计算面临的挑战包括如何确保工业数据的安全传输和处理、如何与现有的工业系统和设备集成、如何满足严格的行业标准和法规要求。例如，工业数据可能涉及大量的核心知识产权和商业机密，因此必须采取严格的数据安全措施。在工业云计算场景中，最常见的技术需求是"本地化部署"和"边缘计算"。工业设备往往有较长的使用寿命，这意味着云计算平台需要能兼容老旧设备。此外，工业云计算还需要遵守各种行业标准，如 ISO/IEC 27001（信息安全管理体系）等。

（2）常规云计算

常规云计算的挑战主要集中在如何提供高性能的服务、如何管理大规模的数据中心、如何优化资源分配以及如何保护用户数据安全。例如，随着用户数量的增加，如何保持服务的响应速度和稳定性是一个挑战。同时，云计算服务提供商需要不断优化资源分配策略，以提高能效和降低成本。随着数据量的激增，如何有效管理和保护用户数据，防止数据泄露和滥用，也是常规云计算需要解决的问题。

总的来说，工业云计算与常规云计算在应用场景、技术需求、服务模式和面临的挑战上有明显的区别。工业云计算更注重于满足工业环境的特殊需求，如高可靠性、低延迟、高安全性和与工业系统的集成。而常规云计算则更侧重于提供通用 IT 服务，支持多样化的应用开发。尽管两者在某些方面存在差异，但它们共享了相同的技术基础和服务模式，都致力于通过云计算技术推动数字化转型。这些技术基础包括但不限于虚拟化、分布式计算、自动化运维、大数据处理、人工智能等。虚拟化技术使得物理服务器能够被分割成多个虚拟机，提高了资源的利用率和灵活性。分布式计算允许数据和任务在多个节点间分散处理，提高了系统的可扩展性和容错性。自动化运维则通过自动化工具简化了云服务的部署、监控和管理，降低了运维成本。

随着技术的进步和应用的深入，工业云计算和常规云计算之间的界限可能会逐渐模糊，两者的融合将为各行各业带来更多的创新和价值。

5.3.5 工业云的主要应用场景

通过工业云，企业可以对传统的生产和管理过程进行数字化，实现高效、灵活、安全的业务运营。在实际中工业云可以应用于多个场景，包括数字化研发、数字化工厂、数据湖分析和数字化供应链管理等方面。

1. 数字化研发

数字化研发是工业云的重要应用场景之一。在传统的高性能计算（High Performance Computing，HPC）模式下，由于需要依赖昂贵的硬件设备，研发计算任务通常成本高昂且较为耗时。因此，传统高性能计算的运营模式通常会有算得慢、算得贵、不灵活和安全合规风险等局限性。

- 算得慢。一个大型的业务仿真作业通常需要几小时、几天甚至几个月来完成，在需要多个作业任务互相协同的场景下，容易产生业务流程的停滞等待；当需要执行的仿真作业数量众多时，极易发生资源争用，或多任务计算时需要排队等待；一旦计算过程发生错误，则需要重新开始，浪费时间和计算资源。
- 算得贵。为了满足当前计算需要，用户往往被迫按最大峰值设计购买硬件。当平日没有出现峰值需求的时候，算力就容易出现闲置，造成资源折旧浪费。而大型业务仿真作业所需要的专业计算采用的硬件往往配置很高，折旧率更大。
- 不灵活。传统算力提供模式下，一旦完成了算力中心的配置和上架，就面临着一系列的扩展性挑战，例如业务流程调整不够灵活、计算参数调整不够灵活、硬件扩容升级不够灵活等。
- 安全合规风险。研发仿真过程中涉及的数据和流程属于工业企业的核心资产，需要多重安全机制以保证数据的安全性。

工业云可以为企业提供高性能的云计算环境和资源，使得研发计算任务可以更快速、更灵活、更经济地完成。某风电新能源集团公司在进行风力发电机组载荷分析与仿真的过程中，遇到了如下挑战：需求波动大，难以预估本地资源采购量；本地机器为低主频的旧机器，单核计算效率低；运行应用要求调度系统同时支持 Windows 和 Linux。在仿真作业中需要应用的仿真软件包括 Bladed、Ansys、nCode、StarCCM。该公司通过应用上海速石科技的一站式企业级研发云平台，优化核心应用 Bladed，利用云上更新和主频更高的 CPU 硬件最大化发挥应用性能；通过 fastone 平台同时调度任务至本地和云上的 Windows 节点与 Linux 节点，满足业务需求。所有的资源通过平台统一管理和监控，大大提高了管理和运维的效率。

2. 数字化工厂

数字化工厂将工业互联网技术与云计算相结合，从而实现生产和管理过程的数字化转型。通常工业用户会基于混合云模式搭建数字化工厂架构，主要场景包括云端的工业 PaaS 平台、云边结合的产品缺陷检测自动分类等。

（1）工业 PaaS 平台

工业互联网是当下数字化转型的重要趋势之一，它为工业企业提供了更高效、更灵活的生产运营模式。而工业云计算作为实现工业互联网的基础技术之一，为企业的数字化转型提供了强大的支持，并充分支持了工业 PaaS 平台的实现。工业互联网平台主要包括底层的边缘层、中间的 PaaS 层和上层的应用层。其中，工业 PaaS 平台起到了关键的作用[7]，如图 5-4 所示。

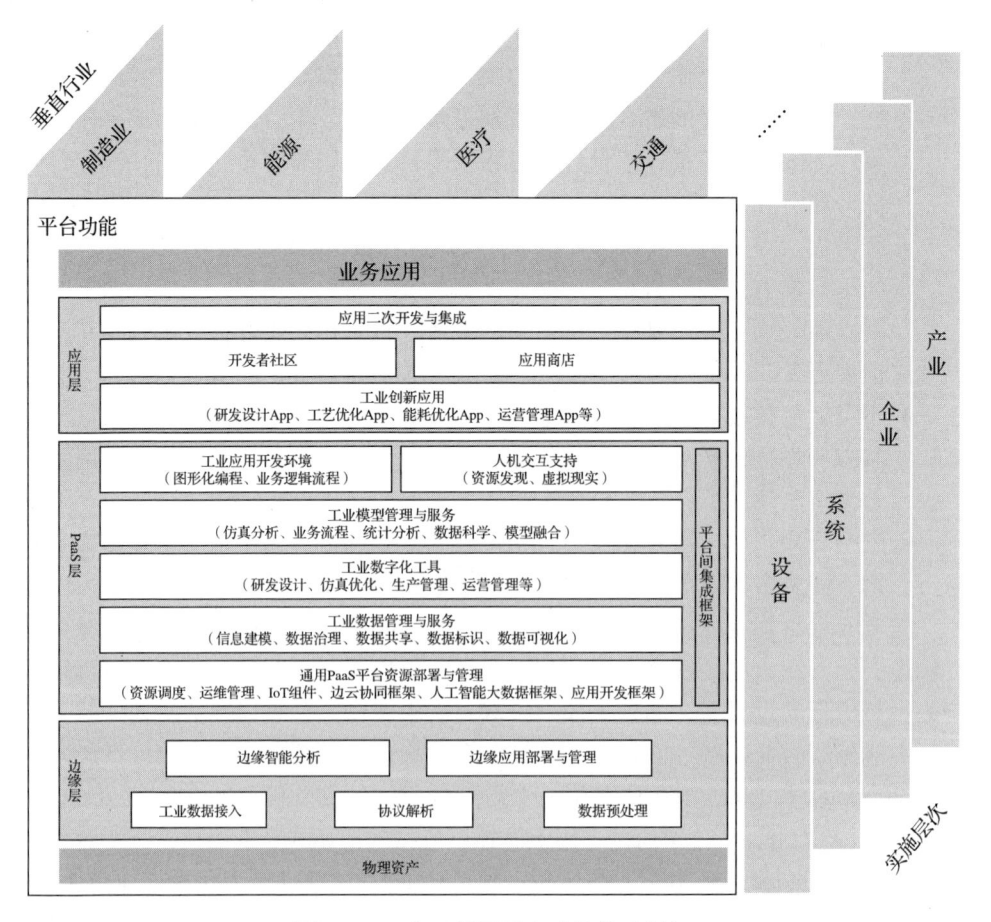

图 5-4 工业互联网平台功能体系框架

PaaS 层提供资源管理、工业数据与模型管理、工业建模分析和工业应用创新等功能。一是 IT 资源管理，通过云计算的通用 PaaS 等技术对系统资源进行调度和运维管理，并集成边云协同、大数据、人工智能、微服务等各类框架，为上层业务功能的实现提供支撑。二是工业数据与模型管理，面向海量工业数据提供数据治理、数据共享、数据可视化等服务，为上层建模分析提供高质量数据源，以及进行工业模型的分类、标识、检索等集成管理。三是工业建模分析，融合应用仿真分析、业务流程等工业机理建模方法和统计分析、大数据、人工智能等数据科学建模方法，实现工业数据价值的深度挖掘分析。四是工业应用创新，集成 CAD、CAE、ERP、MES 等研发设计、生产管理、运营管理方面已有的成熟工具，采用低代码开发、图形化编程等技术来降低开发门槛，使得业务人员能够不依赖程序员，独立开展高效灵活的工业应用创新。此外为了更好地提升用户体验和实现平台间的互联互通，还需考虑人机交互支持、平台间集成框架等功能。

（2）云边结合的产品缺陷检测自动分类

随着工业自动化技术的快速发展，越来越多的智能检测系统开始应用于各种工业制造领域，以提高生产质量和效率。产品缺陷检测是其中经常应用的技术之一。而云边结合的产品缺陷检测自动分类，则是一种基于云端训练和边缘推理的创新解决方案。相比于传统的本地训练推理模式，它具有明显的优势和未来的价值。

在传统的本地训练推理模式中，缺陷检测 AI 模型的训练和推理都在本地进行。由于计算资源受限，模型的训练和更新速度较慢，只能处理较小规模和简单的数据样本，并且很难自动适应复杂多变的生产现实场景。当提供解决方案的开发团队撤离现场之后，用户方如果遇到了新产品换型或者发现了新的缺陷种类，很难独立对缺陷检测的 AI 模型进行重训练和部署。

而云端训练＋边缘推理的模式可以将模型的训练和推理分别放在云端和边缘设备中进行，以下是具体流程。

- 数据采集：通过物联网或者其他手段收集数据。
- 云端训练：将采集到的质量样本数据上传至云端进行模型训练，利用云计算的高效性和强大的计算能力，可以大大加快模型的训练和更新速度，同时可以处理大规模和复杂的质量样本数据，提高模型的准确率和普适性。
- 模型部署：将云端训练完毕的模型部署到边缘设备上。
- 边缘推理：使用边缘设备进行实时的质量检测和缺陷分类，利用边缘计算的高实时性和低延迟性，在最短时间内完成检测和分类任务。

相对于传统的本地训练推理模式，云端训练＋边缘推理的模式有以下几点优势。

- **计算能力的充分利用**：云计算拥有非常丰富的算力资源和强大的计算能力，而边缘设备则拥有高效的实时计算和低延迟的优势，两者相结合可以充分利用计算资源，提高整个系统的性能表现。
- **更新和管理的便捷性**：云端训练可以方便地进行模型的更新推送和版本管理，避免传统本地模型的更新和管理中可能会出现的重复更新、版本混乱，以及需要在不同设备上进行大量手工操作等问题。
- **数据安全性**：云端训练将数据样本集中在云端，可以有效保护数据，提高敏感数据的安全性，降低数据泄露的风险。

中科创达与施耐德电气基于 AWS 联手打造了融合智能工业视觉平台 TurboX Inspection。TurboX Inspection 是依托中科创达操作系统和 AI 技术，面向工业视觉场景进行深度优化和适配的云端一体化融合智能平台。该平台能通过较少的样本图片，快速完成训练、验证和交付，包含推理引擎、数据管理、算法库管理、训练管理、模型验证等多个子系统，可以对各种复杂的缺陷进行快速、精准的识别，并在云端与 AWS 的机器学习训练服务 Amazon SageMaker 的算法框架实现深度融合，在边缘侧与施耐德电气的各类工业自动化设备无缝对接，从而实现智能操作系统、智能云和智能设备的三方合力、融合创新，如图 5-5 所示。

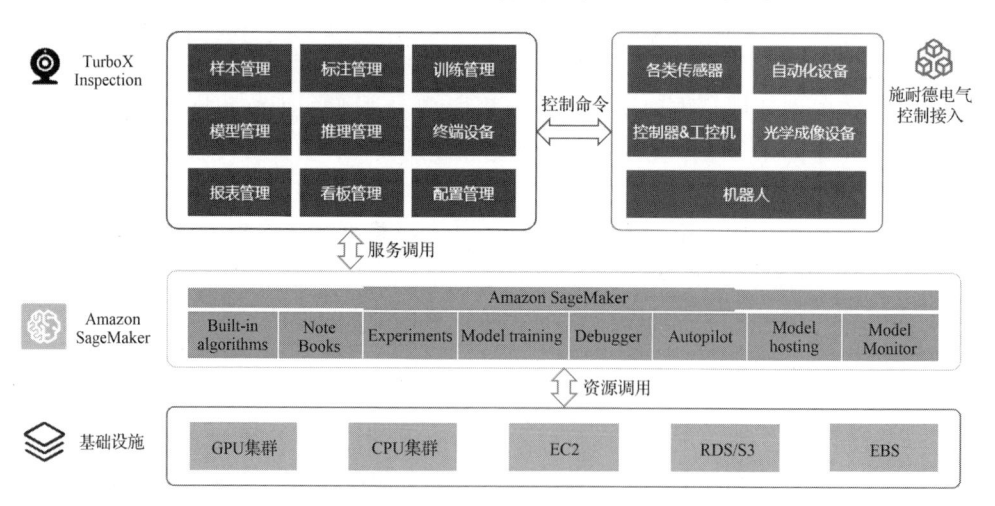

图 5-5 融合智能工业视觉平台 TurboX Inspection

TurboX Inspection 针对工业领域的产品多样化、产品更新周期快等特点，提供目标检测、识别、分类、分割 4 大视觉 AI 核心算法能力，在液晶面板和电气设备等多个产线成功应用。结果表明 TurboX Inspection 平台的过检率低于 1.5%，漏检率为 0，远超过传统机器视觉的检测水平，可有效帮助制造企业减少 75% 的工作量，产能提升 35 倍。

随着云计算和 AI 的快速发展，云端训练+边缘推理的模式具有广阔的应用前景和未来价值。未来，这种模式有望得到更加广泛的应用，并将逐渐延伸到智能园区和智慧城市等各个领域。

3. 数据湖分析

工业生产、销售和服务过程中产生了海量数据，企业需要对其进行有效的存储和分析，以挖掘潜在的商业价值。数据湖是一种新型的数据存储和管理体系结构，可以集中存储结构化和非结构化数据，并提供强大的分析能力。工业云技术可以为企业构建可靠的数据湖基础设施，将不同来源、不同类型的数据整合在一起，实现全面实时的数据分析。

联想注重业务与数据团队的紧密结合，内部的数据团队需要与不同业务部门分工合作。从 2016 年开始，联想集团开始把几十年信息化过程中的大小数据系统整合起来，形成企业整体数据湖，并构建统一的数据模型。以销量预测为例，联想生产销售各种复杂的设备，因此销量预测是多层次的，总销量预测会分不同地区和不同产品线。数据团队把预测模型放到数据湖的统一分析平台上，通过几轮配型后，进行模型积累。平台本身所提供的分析和算法工具，可以让业务人员运用不同的数据集，使用自动化机器学习工具测试不同的算法，并给出最优结果，同时根据业务实践来判断哪个参数和配置最符合要求，如图 5-6 所示。

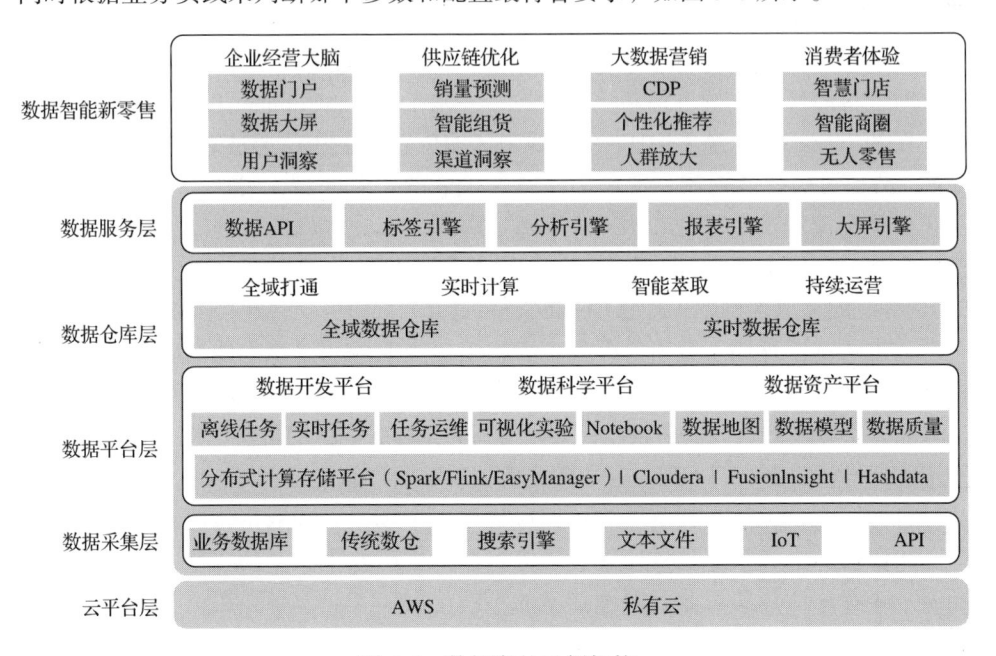

数据智能新零售	企业经营大脑（数据门户、数据大屏、用户洞察）／供应链优化（销量预测、智能组货、渠道洞察）／大数据营销（CDP、个性化推荐、人群放大）／消费者体验（智慧门店、智能商圈、无人零售）
数据服务层	数据API、标签引擎、分析引擎、报表引擎、大屏引擎
数据仓库层	全域打通、实时计算、智能萃取、持续运营；全域数据仓库、实时数据仓库
数据平台层	数据开发平台、数据科学平台、数据资产平台；离线任务、实时任务、任务运维、可视化实验、Notebook、数据地图、数据模型、数据质量；分布式计算存储平台（Spark/Flink/EasyManager）| Cloudera | FusionInsight | Hashdata
数据采集层	业务数据库、传统数仓、搜索引擎、文本文件、IoT、API
云平台层	AWS、私有云

图 5-6 数据湖的示例架构

4. 数字化供应链管理

通过工业云技术，企业可以实现供应链的数字化管理，减少库存和运输成本。智能物流通过云计算和物联网技术，对物流过程进行实时监控和调度优化，提高物流的效率和准确性。

顺丰 DHL 供应链中国（下文简称顺丰 DHL）是德国邮政敦豪集团（DPDHL）和顺丰集团联名成立的品牌。作为行业引领者，顺丰 DHL 积极拥抱行业变革，深耕智慧物流领域，以合作双赢的理念与科技企业强强联合，共同打造创新型物流科技解决方案，引领行业升级，助力合作伙伴降本增效。

制造企业经常遇到诸多物流问题，例如泊位分配不均，重载泊位日周转数达10次以上；在"先到先装卸+逾期罚款"的规定导向下，供应商倾向于提前到达园区，排队等待装卸货，导致园区内外拥堵；卸货不及时导致工厂待料停产；生产计划变更需要依靠人工调度，无法实现灵活调度和调整；工厂对生产信息安全严格管控，在园区内布设局域网的难度大，需要易部署、实施快、不影响生产的方案。

而在仓储管理方面，资产跟踪管理缺乏网络化解决方案，传统的无源 RFID 主要以手持人工扫描进行记录，人力成本高且容易漏检；仓内原材料存储、生产供应、移库、发货等过程，资产的位置和状态无法实时获取，导致管理成本高、运作效率低。

华为云和顺丰 DHL 应用 NB-IoT 技术 + OceanConnect IoT 云服务，构建高效的园区泊位管理、创新 RFID 等解决方案。园区泊位管理解决方案使用 NB-IoT 技术实时上报园区泊位的占用和空闲状态，并基于 OceanConnect IoT 云服务完成快速开发和集成，配合顺丰 DHL 开发的园区泊位管理应用，通过 PC 端、货车司机 App、叉车司机智能腕表、现场作业人员 App 的信息同步，实现了泊位状态的可视化、业务流程的数字化以及现场调度的智能化。创新 RFID 解决方案使用新一代的分离式 RFID 读取器，将 RFID 激励器和接收器分离，有效减少干扰，增强 RFID 标签的读取准确率；通过 OceanConnect IoT 云服务，快速接入 RFID 读取器，实现数据清洗、存储、分析、开发，大幅缩短企业应用系统上线的时间，并且可扩展到其他类型的 IoT 设备，实现统一接入和管理；引入智能分析算法，通过人工智能、实时流分析等前沿技术，实现对海量 RFID 数据的价值挖掘，识别价值事件，比如料箱的出入门方向、叉车的室内位置、资产室内追踪等。[8]

总而言之，工业云在实际中可以应用于多个场景，如数字化研发、数字化工厂、数据湖分析和数字化供应链管理等，提升生产效率和产品质量，实现可持续发展。随着云计算和工业互联网技术的不断发展，工业云将会在更多领域发挥作用，为企业创造更大的商业价值。

参考文献

[1] 来源网络.AWS携手海信聚好看科技[Z/OL].（2022-07-05）[2023-08-13]. https://www.eservicesgroup.com.cn/news/80372.html.

[2] 王聪.深耕行业应用，联想"双态IT"加速企业数字化转型[Z/OL].（2017-03-31）[2023-08-13]. https://articles.e-works.net.cn/infrastructure/article134473.htm.

[3] 婷说.小鹏汽车＋阿里云：做的就是智能云未来！[Z/OL].（2019-12-09）[2023-08-13]. https://zhuanlan.zhihu.com/p/96178235.

[4] 涂鸦智能.涂鸦IoT开发平台概述[Z/OL].（2024-01-09）[2024-02-18]. https://developer.tuya.com/cn/docs/iot/introduction-of-tuya?id=K914joffendwh.

[5] Toya. AWS和大众向合作伙伴开放工业云项目[Z/OL].（2020-07-24）[2023-08-13]. http://www.techweb.com.cn/cloud/2020-07-24/2798274.shtml.

[6] 王吉伟.太平鸟实现全域运营，营业收入显著增长[Z/OL].（2021-02-17）[2023-08-13]. https://zhuanlan.zhihu.com/p/351032355.

[7] 工业互联网产业联盟（AII）.工业互联网体系架构（版本2.0）[R/OL]. 2020[2023-08-13]. https://www.miit.gov.cn/cms_files/filemanager/1226211233/attach/20238/7b6171f454f94a5e9a14f2fd3b5f1c4c.pdf.

[8] 华为技术.智慧物流，联接美好未来[Z/OL].（2019-09）[2023-08-13].https://www.huawei.com/cn/huaweitech/cases/sf-dhl.

第 6 章 Chapter6

无所不及的智能：工业 AI

人工智能（AI）起源于 20 世纪 50 年代，目前已被广泛应用于媒体娱乐、健康医疗、金融服务等行业。工业 AI 作为人工智能在工业领域的应用，通过智能化手段提升生产效率、优化控制流程、提高产品质量，并降低运营成本。它贯穿设计、生产到运维的整个生命周期，是实现工业数字化转型和智能制造的关键技术。需要强调的是，工业 AI 不是单一的技术，而是技术的融合体，它需要融合专业知识、工程原理、软件、人工智能和数据科学，将机器学习算法转化为特定工业领域的应用。

6.1 工业 AI 的关键要素

工业 AI 的关键要素包括分析技术、大数据技术、云计算与网络通信技术、机理模型和样本数据。分析技术是 AI 的核心技术，而大数据技术、云计算与网络通信技术为工业 AI 提供数据来源、存储平台和传输渠道。机理模型对于工程师理解问题、收集正确数据、把握参数的物理意义以及适应不同工业设备和场景至关重要。样本数据是验证工业 AI 模型有效性的关键，也是提升模型学习能力的重要元素。通过持续收集和反馈样本数据，AI 模型能够变得更加精准和全面。例如，在工业生产中，机理模型使工程师能够深入理解特定生产工艺和设备，从而收集到准确且高质量的数据。对参数物理意义的理解有助于优化机器学习算法，使 AI 模型适应多样化的工业应用场景。样本数据的持续收集有助于进一步改进 AI 模型，确保其在实际应用中的准确性和可靠性。

6.1.1 工业 AI 的特点

工业 AI 的核心优势在于其与工业生产及供应链场景的深度融合。这种融合不仅体现在技术层面，更在于对工业流程的深刻理解和优化。在工业企业中，即使是 IT 部门的运作，也必须与工业的特定需求和环境相适应。例如，当执行基于人工智能的 IT 系统自动化运维时，其目标并非单纯追求技术的新颖性，而是要满足工业领域特有的双模 IT 要求。在第 5 章中我们提到，双模 IT 是指在保持现有 IT 系统稳定运行的同时，积极探索和应用新技术以提升效率和创新能力。这就需要工业 AI 的应用兼顾稳定性和创新性，确保在不牺牲生产效率和安全性的前提下，逐步引入和融合新技术。这种平衡的实现，要求工业 AI 解决方案不仅要具备强大的数据处理和分析能力，还要能够适应多变的工业环境，包括设备异构性、数据多样性以及流程复杂性。工业 AI 的特点还体现在其对实时性、可靠性和精确性的高要求上。在工业生产过程中，任何延迟或错误都可能导致生产中断或质量下降，因此工业 AI 必须能够提供快速、准确的决策支持。此外，工业 AI 还需要具备强大的自适应能力，能够根据生产环境的变化及时调整策略，以保持最优的生产效率。

搭载 AI 系统的工业自动化设备，相较于传统电气自动化设备，能够实现更灵活和智能的生产方式。以汽车制造业为例，传统制造过程中人工操作易受疲劳、情绪等因素的影响，导致生产效率和质量产生波动。工业 AI 技术的应用使生产过程更加高效、可靠。机器视觉引导的智能机器人能精准完成车身焊接、夹具引导、零部件装配等任务，大幅减少人工操作需求，提升生产效率，同时确保产品质量的稳定性和一致性。

工业 AI 通过分析和挖掘大量工业数据，为企业决策提供宝贵依据。在能源行业，实时分析发电设备数据是一个典型应用。通过收集设备的运行参数、温度、压力等数据，并利用人工智能算法进行分析，可以预测设备故障，降低潜在的停机风险，减少生产损失。例如，通过分析历史数据建立故障预测模型，系统能在监测到设备运行参数异常时及时预警，提醒工程师维护和检修，避免生产中断，延长设备寿命，降低运营成本。

工业 AI 与人类协作，共同完成生产任务，能够提升生产效率和产品质量的稳定性。在某些装配过程中，工人与机器人的紧密协作至关重要。如在电子产品装配中，工人负责精细操作，如插件、焊接，而机器人负责搬运、组装等重复性工作。这种协作既发挥了人类的灵活性和创造力，又利用了机器人的高效性和准确性，极大提升了生产效率。工业 AI 还能通过监测和分析工人操作，提供实时反馈和指导，提高工人的工作质量和效率。例如，在汽车装配过程中，AI 系统通过行为分析监测工人的操作步骤和动作规范，发现不规范操作时及时提醒工人，确保产品质量稳定。

6.1.2 工业 AI 的自主智能控制与劳动力转型

工业制造正从自动化迈向自主智能控制的新纪元，控制系统需在无人干预的情况下实时决策和调整工艺参数。工业 AI 将智能控制技术广泛应用于自动化控制器，提升控制精度，优化制造流程，提高效率，降低成本。在消费品制造领域，如食品、饮料、纸浆和造纸行业，原材料特性的不稳定经常导致产品质量和机器性能不可预测。在传统工业制造中，操作人员和工程师依赖个人经验进行试错，这种方法既耗时又依赖专业知识，导致良品率和设备利用率不稳定。自主智能控制策略通过构建可靠机理模型，结合操作人员的经验和历史数据，自动确定最佳调整方案，提升生产效率和产品质量。

AI 支持的自主智能控制将成为企业保留退休劳动力经验、塑造未来劳动力的核心。随着 AI 技术在工业领域的深入应用，企业可以传承退休员工的经验，培养新一代劳动力，提升新员工的技能和知识水平。技术潮流正引领我们进入新工业时代，在制造业中，AI 虽然改变了基础设施，但突显了劳动力技能的短板。一方面，制造业工作枯燥，年轻人不愿投身制造业，而 AI 被认为会代替人类完成重复性工作。但实际上，机器人替代部分重复性工作后，非常规认知类型的工作任务（如故障维修等）需求逐渐增加，使得人与 AI 的协作在先进制造业工厂中更为重要。另一方面，制造业现有的劳动者技能水平不足，可替代性强。企业应结合人工智能与职业教育，推出虚实融合培训，满足电力、汽车和能源等领域的员工对基于人工智能的新技术的学习需求。

AI 将提升操作人员的个人能力，赋予其更多的控制权和决策权，使其更好地监控和调整生产过程。操作人员不再仅执行重复任务，而是成为机器性能的一线管理者，根据实时数据和分析结果，进行更精准的监控和调整。这不仅能提高生产效率，也能提升操作人员的工作价值和成就感。强化学习与人的反馈相结合，使智能系统在人类指导下不断学习和发展。在工业生产中，操作人员的专业知识和直觉为强化学习算法提供决策依据，提高系统的性能和可靠性。

6.1.3 工业 AI 的安全性与定制化挑战

工业场景对 AI 的可靠性、稳定性、准确性的要求高于一般场景，同时还要确保工业数据安全，防止模型被篡改。在工业生产中，任何小错误都可能导致严重后果，因此 AI 系统的可靠性和稳定性至关重要。例如，在汽车制造中，AI 控制的机器人若出错，可能损坏昂贵设备或危及生产安全。随着工业数据价值的增加，数据安全问题日益突出。一旦数据被非法获取，可能导致商业机密泄露，造成巨大损失。模型被篡改可能导致生产混乱，影响产品质量。为降低风险，可先在非核心生产环节引入工业 AI，再逐步过渡到核心环节，降低风险并提升适应性。企业可在非关键环节（如财务、行政、仓库等）引入 AI 技术，积累经验，提高员工对 AI 的信任度；加强数据安全防护，如使用加密技术和访问控制，确保数据安全；建立实时监测系统，监控工业 AI 模型，一旦发现异常，及时提醒并修复。

开发行业定制的底层 AI 模型难度较大。各行业都有独特的专业技术和知识体系，不同行业的生产工艺、技术标准和专业知识不同，使得开发特定行业的工业底层 AI 模型较为困难。如制药行业需严格遵守 GMP（药品生产质量管理规范），电子制造行业需要高精度的自动化设备和先进的质量检测技术。行业特殊性使通用工业 AI 模型难以直接应用，需定制化开发。企业可通过加强数字化建设，实现生产过程数据标准化，为开发工业 AI 模型提供数据基础；赋予基层技术人员自主权，鼓励其参与工业 AI 项目，充分利用专业知识和实践经验；加强产学研用结合，与高校和科研机构合作，开发适合行业的工业 AI 解决方案。

工业 AI 落地涉及现有设备、人工操作与 AI 系统的有效整合。现有设备和人工操作形成稳定的生产体系，引入 AI 系统需与现有资源整合，以发挥最大作用。在老旧工厂中，设备的自动化程度低，难以与 AI 系统兼容，采集数据需要改造升级大量设备，引入 AI 系统的难度较大。人工操作与 AI 系统的协同需要企业合理规划和组织培训，确保工人正确使用 AI 系统，从而提高生产效率。

企业需更新管理思路，将引入工业 AI 视为系统工程，整体规划布局，同时注重数据处理和效率提升，建立高效的数据采集、传输和分析系统，为运行工业 AI 模型提供准确、及时的数据支持。企业还需要升级改造现有的生产设备和 IT 设备，提高设备的自动化程度和支撑能力，如升级网络设施、服务器、存储设备等基础设施，提高数据传输和处理的速度及稳定性。

6.1.4 智慧无人零售：Amazon Go

消费品行业融合了工业制造与零售行业的双重特性。产品送到门店后，在推广销售环节，AI 扮演着关键角色。下面以亚马逊无人零售为例，探讨工业 AI 如何助力实现智慧无人零售。

2016 年 12 月 5 日，亚马逊推出颠覆性的线下实体店——Amazon Go。2018 年 1 月 22 日，Amazon Go 正式对公众开放。Amazon Go 提出了创新的"Just Walk Out"购物理念，彻底革新了传统零售体验。在传统零售中，顾客需经历挑选、扫描、排队结账、等待收据的烦琐流程，而 Amazon Go 通过工业 AI 和高科技，为顾客提供了便捷、轻松、有趣的购物新体验。

在 Amazon Go，顾客可以自由进入商店，并在挑选商品后直接离开，无须排队结账或等待收据，这是工业 AI 和高科技带来的革命性变化。实现"Just Walk Out"的关键在于准确识别"谁拿了哪件商品"。这看似简单，实则对工业 AI 是巨大挑战。想象一下，商场内人潮涌动，孩子们四处跑动，顾客往往不会立刻离开，而是挑选商品，阅读产品说明后还可能将商品放回货架，甚至放到其他货架上。跟踪这些动作和对象意味着工业 AI 需要处理和计算庞大的数据。

首先，解决"谁"这个问题，需要全程定位顾客。Amazon Go 采用了定位器、链接器和复杂状态解析器 3 个主要模块。店内摄像头生成 3D 点云，这意味着，通过多个摄像头捕捉到的图像数据，可以生成三维空间中的点云模型，这些点云模型能够反映出店内物体的空间分布情况。进一步地，系统会将这些 3D 点云的结果聚合为一个全局表示，并提取移动对象。这一步骤是通过机器学习和图像识别技术实现的，旨在从复杂的图像数据中准确地识别和跟踪顾客的移动轨迹。这种技术的应用，使得 Amazon Go 能够在没有收银员的情况下，通过分析顾客的行为来自动完成商品的结算过程。

接着，链接器将人员位置从一个帧连接到下一个帧，为每个人分配并保留标签。当人们靠近时，识别会变得困难，这被称为纠结状态，需通过运动和图像特征解决位置不确定的问题。

在解决"谁"的问题之后，接下来的挑战是识别"拿了什么"。Amazon Go 的商品数量众多、外观相似，如方便面、餐具包、饮料等。通过产品分类和基于残差网络的细粒度识别技术，即使在照明变化、阴影和反射的影响下，工业 AI 也能识别成千上万的产品。

以下是 Amazon Go 中应用的主要技术。

- 视觉识别技术。Amazon Go 部署了大量摄像头和传感器，这些摄像头和传感器通过人工智能和机器学习技术追踪顾客的每一个动作。顾客进店时，系统通过摄像头识别身份并监控其购物行为，包括挑选和放回商品等。这项技术能够追踪顾客所选的商品，并在顾客离店后直接结算。
- 无人机器人库存管理。Amazon Go 利用机器人和机器设备进行库存管理。机器人扫描货架，记录产品的位置、数量和价格。顾客取走商品后，系统自动更新库存，确保及时补货，提高管理效率，满足顾客需求。
- 深度学习技术。除了视觉识别和机器人库存管理，深度学习技术被用来分析顾客的购物数据，以优化其购物体验。通过分析顾客的购物习惯，提供个性化推荐和优化商品陈列，帮助顾客轻松找到所需商品。

美国报纸 US Today 对 Amazon Go 的购物流程进行了简要分析：首先，消费者通过手机，以类似地铁刷卡的方式进入店铺，但需注册亚马逊账户；入口处的摄像头通过 Amazon Recognition 技术进行人脸识别；其次，消费者在货架前的行为被摄像头捕捉，包括拿起和放回商品；货架上的摄像头通过手势识别判断商品是被购买还是仅被查看；店内传声器根据环境声音定位消费者，红外传感器、压力感应器和荷载传感器记录商品的取放情况；这些数据被实时、无延迟地传输至 Amazon Go 的信息中枢；最后，在消费者离店时传感器记录其购买的商品，并自动在账户中结算，如图 6-1 所示。

图 6-1　Amazon Go

作为高市值的科技公司之一，Amazon Go 的研发甚至不会对亚马逊的财务有任何根本性的影响，但它带来了无限的可能。在亚马逊的发展历史上，即使失败的业务，也有可能对亚马逊的长期发展产生积极影响。例如早期的拍卖业务吸引了第三方商家加入，失败的 Fire Phone 的经验被运用到了 Alexa 的开发中。

最后来看看零售业人士是如何评价 Amazon Go 的："就像亚马逊做的很多事情一样，我敢肯定它不会把 Amazon Go 看作便利店，也不会把它当作书店，而是把它当作一个数据实验室，商店本身并不是它的目标。"

6.2　工业 AI 的主要应用场景

在工业企业的不同业务板块中，AI 的应用前景和趋势正在深刻影响着从研发到生产、从销售到服务的每一个环节。

在研发领域，AI 的应用场景主要集中在加速创新过程、提高研发效率和降低成本方面。AI 可以通过数据分析帮助科学家和工程师发现新的材料、设计和工艺。例如，在药物研发中，AI 可以模拟分子结构，预测药物的效果和副作用，大大缩短新药上市的时间。在产品设计阶段，AI 可以快速进行原型设计和模拟测试，帮助工程师优化产品设计，降低物理原型的制作成本。

在生产领域，AI 可以帮助企业提高生产效率、实现智能制造和优化资源分配，通过预测性维护减少设备故障，通过自动化和机器人流程自动化（RPA）减少人力需求，通过智能调度系统优化生产计划，推动制造业向智能制造转型，实现生产过程的自动化、智能化和柔性化。

在供应链管理中，AI 可以提高供应链透明度、降低库存成本和提高响应速度，通过分析历史销售数据和市场趋势，为企业提供更准确的需求预测；帮助企业优化供应商选择、物流路线和库存管理，降低整体成本；识别供应链中的风险点，提前采取措施，减少潜在的供应链中断风险。

在销售领域，AI 已经开始帮助销售人员分析客户数据和行为，提供个性化的销售策略，例如通过聊天机器人和智能推荐系统提升与客户互动的准确性，通过自动化营销活动，提高营销效率，实现精准营销。

在服务领域，智能客服系统正在为客户提供 7×24 小时的售前/售后支持，使用 AI 聊天机器人和虚拟助手提供即时的客户响应，回应客户咨询，解决常见问题；根据客户的历史数据和偏好，提供个性化的服务方案；支持远程诊断和故障排除，减少现场服务的需求，降低成本。

6.2.1 智能内容运营

智能内容运营是指以 AI 技术为驱动，为包括视频、图片和文字在内的各种类型的内容提供数据化、平台化和智能化的内容生产、管理和分发服务，满足企业在用户运营过程中产生的大规模、批量化的内容生产与运营需求。终端用户主要来自市场部门、营销部门、售后服务部门等。

1. 智能内容运营的成果

（1）海量内容的快速供给

企业需要具备快速生产海量内容的能力，一方面基于 AI 技术自动生成视频、图片、文字等内容，另一方面需要外部厂商提供海量的可直接使用的内容，包括授权的内容素材或全网热点信息，并对内容进行自动筛选。

（2）自动化的内容管理与分发

运用多种 AI 技术将内容管理与分发过程高度自动化；运用图像分析、自然语言处理、知识图谱等认知智能技术对视频、图文内容进行分析理解，并引入标签体系自动对内容打标签，自动对有害内容进行识别和审核；运用推荐算法对标签化的内容进行个性化分发。

（3）全流程的工具链支持

企业需要能覆盖解决方案全流程的工具链支持，包括端能力的构建，让用户在终端获得更佳的内容浏览体验；运营分析工具能对用户进行精确的画像构建和行为分析。

2. 智能内容运营在工业中的应用

（1）产品说明书自动生成

在向客户提供最终的产品和售后服务的过程中，往往需要生成大量的产品说明书，以便客户了解产品的特性和使用方法。传统的产品说明书制作需要耗费大量的时间和人力成本，而且存在人为错误和重复性劳动。通过采用智能内容运营技术，可以实现产品说明书的自动生成，不需要人工干预。如果和数字孪生及 MR 技术结合，则可以生成使客户身临其境的三维产品说明书，这也是工业元宇宙在产品售后服务中的典型应用场景之一。通过 AI 自动生成各种形式的产品说明书，不仅可以节省大量的时间和人力成本，而且可以提高产品说明书的准确性和制作效率。

（2）企业宣传和营销

通过智能内容运营技术，企业可以对用户的消费行为、兴趣偏好等特征进行数据分析和挖掘，从而精准地构建用户画像。传统的营销模式需要企业手动创建和发布大量的营销文案、视频和图片等内容，耗费大量时间和人力成本。而智能内容运营可以自动地生成优质的内容，并基于用户画像和标签进行个性化、多元化、定制化的推送。内容推送可以通过社交媒体、自媒体、官方网站等多种渠道，从而提升内容传播的效果，扩大覆盖面。在用户收到推送内容开始浏览后，智能内容运营可以实时监控和反馈用户的行为和兴趣特征等数据，从而调整营销策略和优化运营模式。

工业企业需要不断寻求新的市场营销方式和技术创新。智能内容运营作为数字化营销的重要组成部分，可以帮助制造业企业实现更高效、更精准、更有价值的市场推广和营销，提高企业的竞争力和市场地位。

3. 内容管理平台

火山引擎的内容管理平台依托字节跳动长期沉淀的领先的内容管理能力、质检能力、理解能力、运营能力、推荐能力、数据能力，提供包括内容引入、内容质检、内容分发、数据大屏的全链路一站式运营管理平台，为企业的内容精细化运营赋能。[1]

（1）内容引入

高精准的机器识别模型通过提供内容标识丰富的特征标签，为企业的内容精细化运营提供抓手，例如展示过去 7 日 API 数据的同步情况，支持所有内容的列表展示和检索，展示内容的基本参数与扩展参数，支持全部应用特征模型的分类展示与检索。

（2）内容质检

背靠有着多年内容安全经验的研发团队，字节跳动将 AI 模型拦截、敏感词识别、人工质检、数据看板有机融合，覆盖图片、文本、长视频、短视频等多垂类内容体裁，通过便捷的人机交互，为用户提供智能、高效、一站式的内容质检服务，助力企业降本增效，为业务的健康可持续发展保驾护航。

（3）内容分发

相比传统的内容运营干预及修改流程，内容管理平台的内容分发模块能够实现运营干预的所见即所得效果。用户侧运营支持使用规则或按照具体的运营逻辑选择固定内容，并在资源位级别管理投放内容的场景，还支持在一级省、市、自治区等进行特定的内容投放，同时提供通用的推荐算法模型，支持一键引用，在保证运营干预逻辑的基础上，提供千人千面的通用推荐能力。

（4）数据大屏

通过数据大屏提供内容场景的各项基础数据指标，提升用户业务人员对数据的整体感知，实现数据驱动运营，加强数据对内容运营的指导作用。

6.2.2 智能知识管理

智能知识管理是指利用机器视觉、机器学习、自然语言处理、知识图谱等技术，从企业的各类结构化、半结构化、非结构化数据中提取知识并构建知识库，实现企业知识资产的整合、管理、呈现和使用，从而赋能各类知识应用。终端用户主要是各个业务部门和售后服务部门等。

知识库是用于存储和组织企业内部各种知识（包括专业知识、技能、经验、流程和最佳实践等）的系统，旨在促进知识共享和团队协作。知识搜索则是针对知识库中已有的内容进行检索和查询（以快速找到需要的信息和答案）的工具。在传统情况下，企业内部的知识往往分散在不同的文档、文件夹和数据库中，难以有效整合和管理。同时，当员工需要查找特定的知识时，他们通常需要花费大量时间和精力在不同的系统中搜索，需要切换不同的应用进行知识的整合。这不仅浪费了宝贵的时间和资源，还可能导致信息丢失和错误。而 AI 技术可以帮助企业有效地解决这些问题。

在建立知识库和知识搜索方面，机器学习可以帮助企业通过自动化方式来识别、过滤和分类大量数据，以便更好地组织和管理知识。常见的应用是利用自然语言处理技术将企业已有的内部文档和文件转换为可搜索的格式，例如使用 OCR 技术将已有的书籍、文档扫描成结构化数据，并识别出知识间的关系，构建知识图谱。对于外部的知识和信息，企业可以使用文本挖掘和数据分析技术来发现潜在的知识与趋势，分析社交媒体、新闻、客户反馈和竞争情报等数据，以了解行业动态、市场趋势和客户需求等方面的知识。这些外部的信息和知识也可以被整合到企业知识库中，以帮助企业更好地理解市场情况和做出商业决策。

建立知识库之后，企业员工可以使用关键词搜索相关信息，并获得与其相关的文件、段落或句子。为了让用户获得最准确的知识，知识库需要具备基于自然语言处理技术的知识搜索能力，以准确理解用户的搜索问题，并基于知识推理等技术返回相应答案。同时，企业可以运用用户画像分析、个性化推荐技术，通过识别和分析用户的历史搜索记录、岗位、偏好等数据，让知识库主动为用户推荐有用的知识，从而鼓励知识共享和交流，将"人找知识"变为"知识找人"。

今天随着大语言模型的应用逐步深入，我们可以使用私有大模型+企业特有的知识和数据，训练属于企业自己的"ChatGPT"。企业通过自然语言交互的方式为用户提供企业私有知识的检索与问题回答服务，并将之和通用大模型有效结合，提高知识库的利用率和搜索效率。企业可以为每一位用户建立基于数字人的元宇宙助手等支持工具，以提供更加个性化的知识检索服务。

随着时间的推移，为了保证知识库中知识的时效性，在知识库的后续运维中，也需要运用多种AI技术继续补充新数据，识别出未知的用户问题或知识，并将其更新在知识库中。在知识库的维护中，为了更好地激活散落在每位用户自有设备中的数据和潜在知识，企业可以为用户建立内部的知识社区，提供更多知识共享和使用的服务，鼓励用户上传在工作中积累下来的个人经验和总结，并通过"知识社交"的方式进行分享和回报获得，促进人与知识的连接，逐渐在企业内部形成社区化的知识中心。

竹间Gemini是具备认知AI的AI知识工程平台，可对海量结构化或非结构化数据进行存储、管理和检索，并通过强大的自然语言理解和知识挖掘能力，自动进行文本解析和知识抽取、自动构建知识图谱，提供认知搜索、智能问答、智能培训、知识推理、文本审核、文本比对、文本查重等多种知识应用。

6.2.3 工业AI质检

随着制造业的发展和技术的进步，质量控制成为一个至关重要的环节。传统的质检通常依靠人工进行目视检查，但这种方式存在效率低、主观性强、过检率和漏检率不稳定等问题。而随着AI技术的不断发展，利用AI进行工业质检成为一种被广泛探索和采用的解决方案。工业AI质检是指基于AI视觉算法和相关硬件解决方案，对工业产品的外观表面进行细粒度的质量检测，实现对产品缺陷的自动识别和分类。其核心原理是通过训练质量检测模型，将尽可能多的缺陷样本输入训练过程中，让算法学习并识别各种不同的缺陷类型，通过与预设标准进行对比，实现对产品质量的评估。典型应用场景包括3C零部件缺陷检测、汽车零部件缺陷检测、钢铁外表面缺陷检测等。终端用户主要是生产部门和质量部门等。

1. 典型行业应用场景

（1）3C 零部件缺陷检测

在电子产品制造过程中，3C 零部件的质量是至关重要的。利用工业 AI 质检技术，可以对电子产品的外观质量进行快速而准确的检测，包括检查产品的表面损伤、划痕、变形、点胶等问题。通过使用高分辨率成像设备和 AI 算法，该技术能够大大提高质检的效率和准确度，同时减少人为失误。

（2）汽车零部件缺陷检测

汽车行业对产品质量的要求尤为严格，因此在汽车零部件的生产过程中，采用工业 AI 质检技术可以帮助快速发现零部件的缺陷，并及早纠正。例如，通过使用高分辨率摄像头和深度学习算法，可以检测出零部件上的裂纹、缺陷和异物等问题。这不仅可以提高汽车制造商的生产效率，还能改善汽车的安全性和可靠性。

（3）钢铁外表面缺陷检测

在钢铁行业中，外表面的缺陷可能导致产品的品质下降，甚至出现安全隐患。通过工业 AI 质检技术，可以对钢铁产品的外观缺陷进行快速、准确的检测。这些缺陷包括表面划痕和隐藏在产品内部的气泡、缺陷等。通过使用高分辨率摄像头和图像处理算法，可以实现大规模的自动化质检，提高生产效率和产品质量。

2. 工业 AI 质检的技术要求

（1）高效进行工业缺陷检测模型的训练、验证和部署

工业质检领域存在大量长尾场景，需要能够针对众多细分场景快速进行模型的训练、验证、修改和部署，同时针对相似场景的质检，还需要将检测模型迁移到相似场景中。这都需要企业持续提高模型标准化能力。

（2）高质量的成像分析

工业质检领域采集的图像经常出现大倍率景深、运动模糊、拍摄失焦等造成的成像效果不佳问题，需要采用相应的成像分析算法，提高图像质量，为检测模型准确识别瑕疵奠定基础。

（3）定制化自动化工程

工业光源、工业相机、机械手、控制器等自动化硬件需要进行定制化的工程设计，解决图像采集、运动控制等问题，并与软件平台结合，形成软硬件结合的端到端工业 AI 质检解决方案。

3. 工业 AI 质检的未来发展趋势

（1）深度学习算法的进一步发展

深度学习算法是工业 AI 质检的核心技术之一。随着硬件设备的不断升级和算法的不断改进，深度学习算法将更加准确和高效，能够处理更加复杂的质检任务。

（2）多传感器融合技术的应用

在工业 AI 质检中，多传感器融合技术有助于提供更多信息和维度，进一步提高质检的准确性和可靠性。例如，结合红外传感器和 X 射线传感器，可以像医疗体检一样，检测出隐藏在材料和产品内部的缺陷与问题。

（3）无人值守质检系统的普及

随着机器人技术的发展，工业 AI 质检将逐渐向无人值守的方向发展。通过结合机器人和工业 AI 质检技术，可以实现 24 小时连续自动质检，提高生产线的效率和稳定性。

（4）数据驱动的质检模型

随着数据的积累和算法的不断优化，一方面，工业 AI 质检将更加需要大规模数据进行模型训练；另一方面，包括亚马逊、联想等科技企业在内的技术团队，正在开发和推出基于"小样本训练"的学习技术。这就意味着只需要几十个样本，普通工人就能在几分钟之内训练出高精度的异常检测模型，并快速将其应用于产线产品质检，大大降低了应用门槛，提升了工厂运行效率。

随着技术和算法的不断发展，工业 AI 质检将在制造业中发挥更加重要的作用。对于制造业企业而言，引入工业 AI 质检技术有助于提升质检水平，保证产品的质量和竞争力，进而推动企业的可持续发展。

6.2.4 智能客服

智能客服是指利用语音识别（ASR）、自然语言处理（NLP）、流程自动化等技术打造对话机器人、客服知识库、智能质检等产品，赋能企业客服部门实现人机协作的答疑咨询、业务办理、投诉处理、营销推荐等，从而提高客服效率、提升客户体验。

1. 智能客服的应用场景

（1）机器人智能应答

客服机器人能够基于自然语言对话理解客户需求，并给予准确反馈；能够理解文字、语音、图片等多种形式的客户咨询，将客户提出的跳跃式、非常规式问题准确转化为标准的意图，并匹配相应的答案或业务流程。这对底层自然语言理解和语音识别等技术的要求较高。智能机器人可以理解客户语义，能够代替人工与客户进行沟通，能够帮助企业提高客户服务质量、降低客服人力成本。具体来看，智能机器人分为文本机器人和语音机器人。其中，文本机器人基于企业知识图谱，结合语义理解、对话管理等技术，理解客户语义并进行对话推理与决策，代替人工以问答形式与客户进行沟通；语音机器人则能够在文本机器人的基础上结合语音识别、语音合成技术，为客户提供语音服务。

（2）数字人服务

数字人在语音、文本等类型智能机器人的基础上为客户提供更加拟人化的服务，通过打造品牌形象 IP 增强品牌能力，已成为企业提高客户满意度、增强竞争力的重要手段。在汽车行业，为品牌构建一个虚拟形象，代替直播销售人员进行直播，不仅能够解决跨语言、跨时差的问题，提高客户满意度，还能提高企业的品牌影响力。

利用数字人提供拟人化服务的关键在于构建一个外形逼真、表情流畅的虚拟形象，使它能根据客户的面部表情、肢体动作、情绪等识别客户意图，并给予正确反馈，实现与客户的实时交互，对技术的要求较高。利用数字人提供客户服务的根本目的是提高客户满意度，并进一步获取销售机会，为营销提供支持。如何根据客户服务数据判断客户需求，并不断优化智能机器人算法模型，从而提供更符合客户偏好的服务，是数字人应用面临的一大挑战。

（3）客服内容智能质检

客服内容智能质检的业务目标是通过识别客户意图和具体交互内容，保证客户服务合规，并且达到足够的客户满意度。然而，传统的客服内容质检是由人工抽取录音片段，听取录音并分析内容后完成质检，方式多为抽检。人工质检方式存在诸多不足：第一，无法实现质检全覆盖；第二，人力成本高、人工效率低；第三，人工质检无法保证质检的准确率与客观性，质检质量不可控。构建综合多种技术和预定义规则的智能质检平台，是客服质检的必然趋势。一方面，企业要通过智能质检准确判断客服人员的服务态度，以及是否使用违禁词、是否符合标准客服交互流程等；另一方面，智能质检服务需要识别客服、坐席人员回答问题是否正确。如何将行业经验和知识融入智能质检平台，制定符合企业业务场景的质检规则，是提高智能质检准确率的关键。

2. ChatGPT 在智能客服中的应用

作为一款具有强大语义理解和内容生成能力的 AI 工具，ChatGPT 在智能客服方面具有广阔的应用前景。现有的智能客服在识别客户问题和给出简单易懂的答案方面，还有着很多改善的空间。例如，作者每次和各个公司的服务热线进行通话时，一般的选择都是跳过各种智能语音助手，排队等到人工客服接线才会说出问题。当旅客想要携带一块 25 000mAh 的充电宝出行，向航空公司的客服电话咨询能否将充电宝带上飞机时，电话或者在线客服往往会通过语音或者文字回答："若充电宝的额定容量大于或等于 100Wh 且小于 160Wh，须经航空公司批准方可携带，每位旅客最多可携带 2 个。"遗憾的是，即使对于作者这样一个拥有理工科背景的老工程师来说，这段话尚且解决不了我的疑问，其他的普通消费者就更难理解了。如此简单的问题都无法给出让人满意的答案，对于一些更复杂的问题，现有的智能客服就更加力所不及。面对更加细分的用户群体、更加个性化的服务需求，通过 ChatGPT 提升用户体验，是智能客服领域中令人憧憬的未来。

（1）自然语言交互

ChatGPT 可以向用户提供更加自然的语言交互体验，理解用户的问题并根据知识库和算法模型提供广泛的答案。并且，ChatGPT 可以在和用户沟通的全渠道上提供智能客服服务，包括网站聊天窗口、手机应用、社交媒体平台等。

（2）用户评论的快速分类和分析

ChatGPT 可以针对用户在各个渠道中发表的产品评论，进行实时的文本摘要和分类。客服可以更加快速、准确地提取评论文本或者语音的关键内容，从而提高评论分类和回应评论的效率。

（3）情感分析和情感处理

ChatGPT 可以分析用户的语言和情感，识别用户的情绪状态和意图，并采取相应的措施来调整回答的方式。例如，当用户表达不满或不快时，ChatGPT 可以提供更加关心和体贴的回应，以改善客户体验。

（4）复杂的个性化服务

ChatGPT 可以根据用户的历史数据和行为模式，提供个性化的产品推荐和定制化服务。ChatGPT 基于多模态的内容生成能力，可以方便地将已整理的知识内容转化为知识文章、图片，甚至音视频，快速生成针对特定用户的个性化知识空间。

ChatGPT 的详细应用介绍参见第 9 章。

6.2.5 智能 IT 运维

早在 2016 年之前，信息技术研究和顾问公司 Gartner 就在其词库中添加了 AIOps 这一词条，彼时 AIOps 是 Algorithmic IT Operations 的缩写，按照字面理解，AIOps 是一种基于算法的运维方式。清华大学裴丹教授对 AIOps 的定义是：AIOps 将 AI 应用于运维领域，基于已有的运维数据（日志、监控信息、应用信息等），通过机器学习的方式来进一步解决自动化运维没办法解决的问题。AIOps 不依赖人为指定规则，主张由机器学习算法自动从海量运维数据中不断地学习，不断地提炼并总结规则，实现监控、告警以及根因分析等 IT 运维流程的自动化和智能化，从而提高运维效率和业务稳定性。在制造业对应用的稳定性要求越来越高的今天，IT 运维团队正在各种业务智能化应用的背后扮演着无名英雄的角色。

1. AIOps 的作用

数字化转型的 IT 挑战在于既要控制 IT 成本，又要提供能够支持更高复杂度的运维管理能力。传统 ITOM 产品在处理海量、多种类和高速数据时常常会遇到极大的压力。更重要的是，这些监控工具无法提供横向业务追踪和根因定位所需的多系统数据。因此 AIOps 智能运维平台需要提供独立、开放的历史/实时数据采集和算法分析平台，整合 IT 数据和业务指标数据；提供告警消噪（包括告警抑制、告警收敛等）功能，消除误报或冗余事件；支持跨系统追踪和关联分析，有效进行故障的根因分析；设定动态基线捕获超出静态阈值的异常指标，实现单/多指标异常检测；根据机器学习结果，预测未来事件，防止潜在的故障；直接或通过集成启动解决问题的流程。

（1）运维过程自动化

传统的 IT 运维通常由人工操作完成，需要投入大量的时间和精力。而 AIOps 可以通过分析海量的运维数据，识别出异常情况并自动触发相应的处理流程，从而减少人工介入的需求。例如，通过建立机器学习模型，可以监控 IT 设备的运行状态，并在设备出现异常时自动发出告警或触发维修流程。这不仅可以提高运维效率，还可以减少因人为错误而导致的故障。

（2）根因分析

当传统的运维过程出现故障时，通常需要耗费大量的时间和精力来查找问题的根源。而 AIOps 技术可以通过对海量数据的分析和挖掘，找出问题的根本原因，从而快速解决问题。例如，通过机器学习算法，可以对 IT 设备的工作状态进行实时监测，并根据历史数据分析出设备故障的潜在原因，提前预警并采取相应的措施，从而减少停工时间和生产损失。

（3）容量规划和资源优化

制造业中，不合理的 IT 容量规划或资源调度可能导致系统资源浪费，而 AIOps 可以通过对生产数据和市场需求的分析，提供更准确的容量规划和资源分配建议。例如，通过对历史运维记录的分析，可以预测未来的计算资源需求，并提供相应的 IT 设备配置建议，从而提高生产效率和资源利用率。

（4）实时监控和告警功能

通过分析 IT 设备上的智能体数据和运维日志，可以实时监控设备的运行状态，并在出现异常情况时及时发出告警。这可以帮助企业快速响应问题并采取相应的措施，从而减少生产故障的发生率，缩短停工时间。例如，在生产线上，通过对传感器数据的实时监控，可以及时发现设备的异常行为，并在故障发生之前采取预防性维修措施，从而减少故障的发生率和生产线的停工时间。

2. AIOps 所需能力和团队

AIOps 基于自动化运维将 AI 和 IT 运维结合起来，需要如下 3 方面的知识：
- 行业、业务领域知识，积累与业务特点相关的知识经验，熟悉生产实践难题。
- 运维领域知识，如指标监控、异常检测、故障发现、故障止损、成本优化、容量规划和性能调优等。
- 算法、机器学习知识，把实际问题转化为算法问题，常用算法包括聚类、决策树、卷积神经网络等。

AIOps 的团队根据职能可分为 3 类，分别为 SRE（Site Reliability Engineer，站点可靠性工程师）团队、开发工程师（稳定性保障方向）团队和算法工程师团队，他们在 AIOps 相关工作中分别扮演不同的角色，三者缺一不可。SRE 从业务的技术运营中提炼出智能化的需求点，需要在开发实施前考虑好需求方案，并在产品上线后对产品数据进行持续运营。开发工程师负责平台相关功能和模块的开发，以降低用户的使用门槛，提升用户的使用效率；根据企业 AIOps 能力的不同，分配运维自动化平台开发和运维数据平台开发的权重，并在工程落地上考虑好健壮性、鲁棒性、扩展性等，合理拆分任务，保障成果落地。算法工程师则针对来自 SRE 的需求进行理解和梳理，对业界方案、相关论文、算法进行调研和尝试，完成最终算法落地方案的输出工作，并不断迭代优化。

3. AIOps 解决方案厂商：博睿数据

北京博睿宏远数据科技股份有限公司（简称博睿数据）是中国领先的 APM 应用性能监控及可观测平台，专注于构建以用户为中心的简捷、高效、智能的新型 IT 运维，提升企业运维效率，驱动业务创新增长，助力企业提升核心竞争力，抢占数字经济先机。

博睿数据的核心产品 Bonree ONE，是一款真正实现智能运维的一体化智能可观测性平台。借助博睿数据领先的大数据采集和智能分析能力，该平台真正实现了全栈、全链路、全场景的智能可观测，以及故障根因定位和决策支持，能够显著提升 IT 运维的能力和效率，减少平均修复时间，提升业务连续性，保障敏捷开发，支持智能运营，为企业数字化业务保驾护航。

在应用过程中，微服务生产环境在生产磨合阶段需要经常进行业务参数调优，但是广汽丰田由于缺乏专业的性能监测平台，仅凭团队经验人为调参，导致应用性能低下、优化周期长、变更风险高等问题；由于缺乏完善的故障诊断流程，运维人员之间缺乏有效的协同机制；微服务生产环境下的业务调用链需要多部门协同，导致复杂故障的排障周期长，MTTR（Mean Time To Repair，平均修复时间）增加。

博睿数据帮助广汽丰田自动发现微服务生产环境下系统的调用关系，全面展示 IT 架构各环节的健康状况，定位集群中的故障主机，逐层剥离分析问题，提升排障效率。基于此，博睿数据将广汽丰田原本不可见的业务系统间的复杂调用逻辑可视化展示，实现了应用性能监控从无到有的转变。Bonree Server 通过调用链获取 vin 编码在整条业务线中的调用情况，将业务数据、PaaS 环境数据和系统环境数据互相关联，进行代码级别的问题定位，进而找到问题的根源。通过优化业务逻辑，完善广汽丰田的运维监控体系，以及对业务访问缓慢的链路进行资源调配，慢请求的占比从 10% 下降至 5% 以下，错误率从 5.7% 下降至 0.1% 以下，故障诊断周期从 4 小时缩短至 15 分钟，MTTR 从 1 小时缩短至 5 分钟。[2]

6.2.6 智能决策

智能决策通过利用机器学习、深度学习、强化学习、运筹优化等多种智能技术实现增强和自动决策，可以基于既定目标，综合约束条件、策略、偏好、不确定性等因素，对相关数据进行建模分析，从而自动生成最优决策。典型业务场景包括制造业高级计划与排程、物流运输路线优化、零售业商品定价与补配货等。终端用户包括企业决策层和各个业务部门负责人等。

1. 智能决策的主要作用

（1）优化决策效果

传统决策主要依赖专家基于业务规则和经验进行，而人脑的计算力和业务规则的覆盖度有限，对于复杂问题不能全局考虑，因此需要利用海量数据，结合机器学习和运筹优化等算法全局考虑问题，筛选所有可行方案并评估效果，从而输出效果最优的决策。

（2）提升决策敏捷性

传统决策的周期较长，且依赖既往业务规则，对于不断变化的需求和环境因素难以及时响应。为做出快速评估和有效应对，需要借助智能决策平台的高速计算能力，实时更新决策结果，并通过模拟仿真进行情景分析。

（3）提升决策透明度

传统人工决策的经验无法有效标准化和量化，决策过程不清晰，不能形成数据积累，决策经验难以推广复用，需要通过基于系统的数据和业务规则进行决策，实现决策过程的标准化、可回溯。

2. 高级计划与排程

高级计划与排程（Advanced Planning and Scheduling，APS）主要用于解决生产排程和生产调度问题（也被称为排序问题或资源分配问题）。在离散行业，APS 主要用于解决多工序、多资源的优化调度问题；而在流程行业，APS 则用于解决顺序优化问题。它通过为流程和离散的混合模型同时解决顺序和调度的优化问题，从而为项目管理与项目制造解决关键链和成本时间最小化的问题，具有重要意义。APS集成了生产计划和车间排程，只有确认需求和进度控制两个环节，大大简化了生产计划和车间排程的难度与工作量，属于赋能生产计划和车间排程的软件系统。

APS所包含的内容从其名称上就可以看出，包括计划和排程两个核心功能，同时又是先进或高级的，因此可以说APS＝高级＋计划＋排程。下面将从这两个方面对APS的概念进行详细解析。

(1) APS的高级是相对于传统ERP而言

ERP基于无限物料和无限能力的理论，通过物料短缺分析、能力分析，由人工进行调整和决定，依赖于制造资源计划（Manufacture Resource Planning，MRP Ⅱ）。而APS与ERP缺乏弹性和不顾现状的计划方式不同，它能够针对当前的生产状况（订单、能力数据、工艺路线等），通过计算、仿真等方式得出最合理的排产计划，并允许人机交互，包括选择各种排序规则。其中具体的实现逻辑有不同的种类，主流如TOC（Theory of Constrains，约束理论）和DBR（Drum-Buffer-Rope，鼓-缓冲-绳）模型等。APS强调动态地制定计划，它能够使用户实时了解当前的产能状况，并且在出现问题导致生产状况发生变化时了解其对生产效能的影响，如新插入的订单会导致生产线的效率降低等，进而调整生产计划以满足交货期等要求，最终更好地实现快速响应。

(2) 计划与排程的区别和联系

计划的本质是需求与供应的精确匹配，是从中长期解决能力不足、物料短缺问题，描述了在什么时间节点完成什么样的目标，计划的周期一般较长（年、季度、月、周），同时相对稳定。计划面向需求的交付，强调何时能完工以达成交期承诺，因此主要回答做什么、什么时间做、做多少、在哪里做、需要多少、什么物料、需要多少产能这样的问题，而这些就是生产计划、采购计划、库存计划和产能计划所要解决的问题。

排程则是将生产计划细化到工序级别，考虑更多实际约束和参数，描述了从什么时间开始到什么时间结束要执行什么样的任务、需要由哪台设备来开机执行。排程的时间粒度可以细化到时分秒，同时因涉及现场的执行情况，还需要动态滚动。排程面向产出，强调何时开工以确保产出，因此主要回答怎样去做最优、以何种优化顺序、如何保持同步，以及如何解决优先级、约束和冲突的问题。

尽管计划与排程的概念不同，但二者也不是完全割裂开来的。计划从更长的周期提前识别问题，保证物料和产能充足，避免在执行时出现问题，因此计划是排程的目标和保障，而排程是如何按照工艺路线合理地生产，是计划的行动和实现，如图6-2所示。

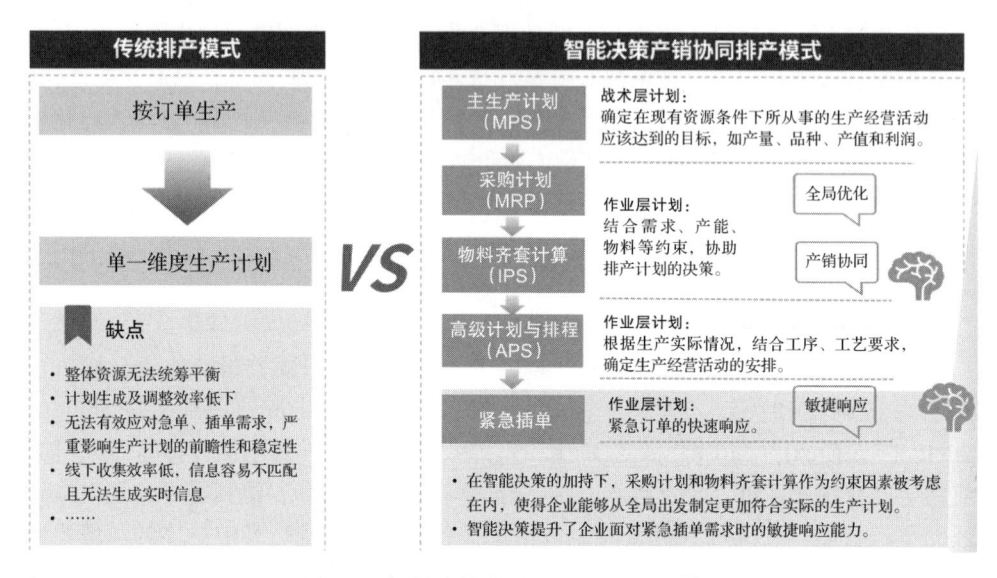

图 6-2 智能决策产销协同排产模式 [3]

一汽大众汽车有限公司是我国第一个按经济规模起步建设的现代化乘用车生产企业，产能布局五地六厂，产品覆盖 3 大品牌共 20 余款产品。公司混合生产线情况复杂，排产难度极大，人工排产耗时低效，无法用定量分析的方式考虑能耗成本。通过智能决策系统生成单车成本最低的生产计划，能在有效降低成本的同时提升产能，提升物料筹措环节的准确率，减少浪费，如图 6-3 所示。详细收益如下：

- 提升管理水平：提升车型 BOP 需求的精准度，进一步提升生产管理的精细程度。
- 提升筹措准确率：提升物料筹措环节的准确率，更好地指导供应商生产。
- 降低成本：提升筹措准确率可以提升供应满足率，从而降低库存，进一步减少物料筹措过程中的浪费，减少成本。
- 平均节约生产成本 1000 万 / 年 / 厂，JPH 提升 1%，贡献产能 1 万台。
- 平衡周期从 5 天减少至 2 天，设备停产率减少 2%，贡献产能 5000 台。

6.2.7 机器学习平台

机器学习平台是指面向开发者提供的机器学习和深度学习模型开发平台，包含数据标注、数据准备、特征工程、模型训练、模型部署等 AI 开发全流程服务。它为制造业客户提供了一个全面而强大的工具套件，可以简化和加速应用 AI 的过程。终端用户通常是制造业的 IT 部门、大数据和人工智能部门、科技创新部门等。

第 6 章　无所不及的智能：工业 AI

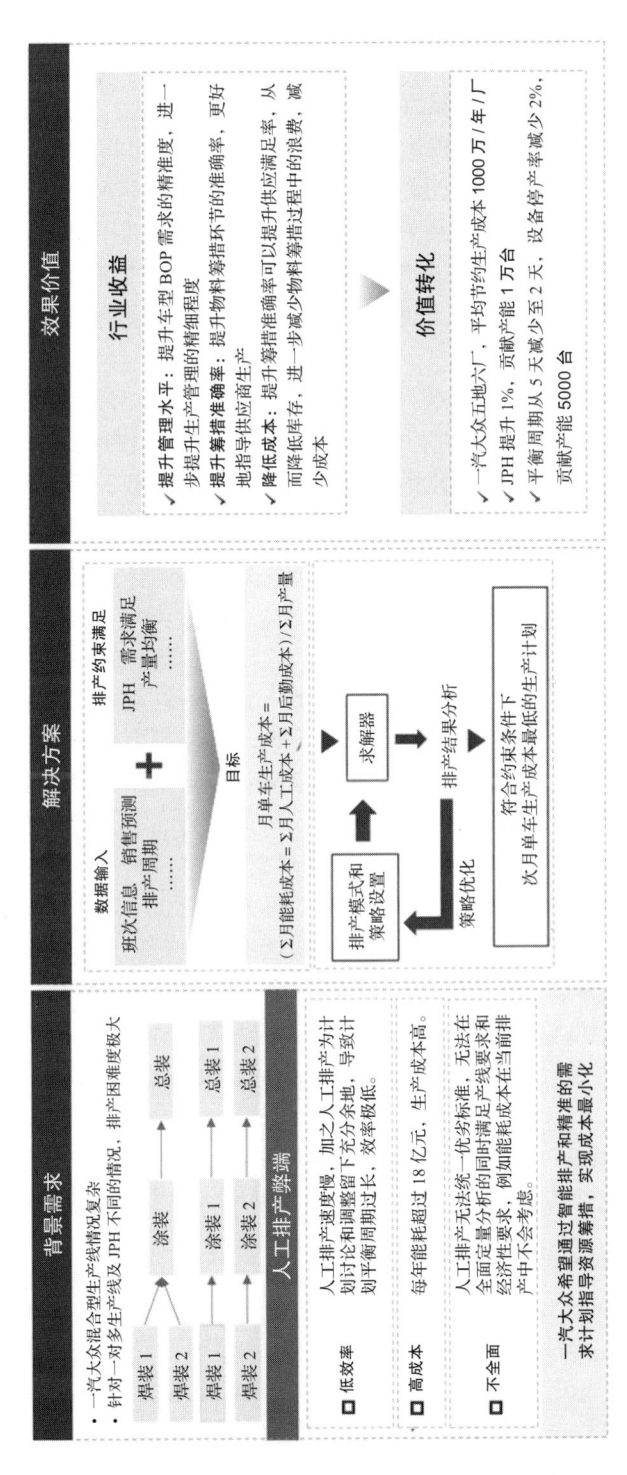

图 6-3　一汽大众：智能排产实现单车成本最小化[3]

1. 机器学习平台的技术能力

（1）端到端的模型开发能力

企业需要机器学习平台提供包括数据标注、数据准备、特征工程、模型训练、模型部署等功能在内的端到端服务，以便加速模型开发流程，便于组织内协作。

机器学习平台通过提供高效的数据标注工具，帮助用户快速、准确地标记和整理大量生产数据。这些数据包括传感器数据、质量控制数据、供应链数据等。通过数据标注和准备，可以为机器学习算法提供高质量的训练数据，提高模型的准确性和智能化程度。

机器学习平台提供了一系列特征提取和选择工具，帮助用户根据不同生产环境和需求，选择合适的特征进行建模。这将有助于提高模型的性能和可解释性。

机器学习平台提供了丰富的机器学习算法库和模型训练工具，帮助用户根据自身需求选择合适的机器学习算法，并通过大规模数据集的训练来构建高性能的预测模型。同时，平台还提供了自动化调参和模型优化功能，帮助用户快速找到最佳模型配置，提高模型的准确率和效率。

（2）多样化的建模方式

机器学习平台可以满足不同技术水平人员的开发需求。它为具备一定专业能力的数据分析师、IT人员提供可视化、拖拽式的建模方式，并在平台中内置多种成熟的算法；为专业的算法工程师等提供Notebook交互式建模方式，并内置多种算法框架，以及云端开发环境；为业务人员提供AutoML建模方式，普通用户可以先选择数据和场景，然后等待平台自动建模。

（3）灵活的模型部署及服务调用方式

机器学习平台支持在多生产环境中快速部署，简化模型推理工作，便于用户快速验证模型效果。

（4）统一模型管理

对推理模型进行统一管理，以提高模型资产的管理效率，便于相关人员进行调用。

（5）支持对CPU/GPU资源的混合调度

在训练任务中实现弹性扩缩容，可以降低训练成本，实现较高的资源性价比。

2. Amazon SageMaker 简介

Amazon SageMaker是一项完全托管的服务，可以帮助数据科学家和开发人员快速地构建、训练和部署机器学习（ML）模型。它采用专为机器学习（ML）开发设计的集成开发环境Amazon SageMaker Studio，同时作为构建其他AWS SageMaker工具集合的基础。

用户可以从头构建、训练 ML 模型，或者购买适合项目需求的预构建算法。类似的工具还可以用于调试模型，或在模型预测之上添加手动审查过程。作为一个完全托管的机器学习平台，Amazon SageMaker 把软件技能抽象化，使数据工程师通过一组直观并且易于使用的工具，就能构建、训练他们想要的机器学习模型。虽然数据工程师利用了该平台处理数据和制作 ML 模型的核心优势，但要把这些模型开发成可立即使用的 Web 服务或 API，其中的繁重工作还是需要 Amazon SageMaker 来处理。

Amazon SageMaker 把用于机器学习开发的所有组件打包在一个 shell 中，让数据科学家能够用更少的工作量和更低的成本去交付端到端的 ML 项目。

（1）模型构建

Amazon SageMaker 提供了一个完全集成的机器学习开发环境，能有效提高用户的生产力。用户可以在一键式 Jupyter notebooks 的帮助下，以闪电般的速度进行构建和协作。Amazon SageMaker 还为这些 notebooks 提供了一键式共享工具，整个编程的结构都会被自动捕获，让用户可以毫无障碍地与其他人协同工作。

除此之外，Amazon SageMaker Autopilot 是云计算行业第一个自动化机器学习的功能集。通过它，用户可以完全控制、可视化自己的机器学习模型。传统的自动化机器学习，是不允许用户查看用于创建该模型的数据或逻辑的。但是，Amazon SageMaker Autopilot 能够与 SageMaker Studio 集成，让用户完全了解创作中使用到的原始数据和信息。

Amazon SageMaker 的亮点之一，是它的 Ground Truth 功能，可以帮助用户无障碍地建立、管理精确的训练数据集。通过 Amazon Mechanical Trunk，Ground Truth 还可以为用户提供完整的标签访问权限、预先创建的工作流，以及常见的任务接口。Amazon SageMaker 支持多种深度学习框架，包括 PyTorch、TensorFlow、Apache MXNet、Chainer、Gluon、Keras、Scikit-learn 和 Deep-Graph 库。

（2）模型训练

使用 Amazon SageMaker Experiment，用户可以轻松地组织、跟踪及评估机器学习模型的每次迭代。训练机器学习模型会包含各种迭代，用来测量、隔离那些因为更改版本、更改模型参数和数据集所带来的影响。Amazon SageMaker Experiment 通过自动抓取配置、参数和结果，并把它们存储为"实验"，来帮助用户管理这些迭代。

Amazon SageMaker 带有 Debugger 能，能够分析、调试和修复机器学习模型中的所有问题。调试器通过捕获整个过程中的实时指标，让训练过程完全透明。如果在训练过程中检测到任何常见问题，Amazon SageMaker Debugger 还会提供警告和补救建议。

除此之外，AWS TensorFlow optimization 拥有 256 个 GPU，最多可以提高 90% 的扩展性。这样，在很短的时间内，用户就可以体验到精确、复杂的训练模型。而且，Amazon SageMaker 附带的 Managed Spot Training，还可以降低 90% 的培训成本。

（3）模型部署

Amazon SageMaker 提供的一键式部署工具，可以让用户轻松生成批量或实时数据的预测，从而把模型部署到跨各区域的 Amazon 机器学习实例上，进一步改进冗余部分。而用户只需要指定所需的最大、最小值以及实例的类型，剩余的部分就留给 Amazon SageMaker 来完成。

影响整体操作准确性的主要因素，可能是用于生成预测的数据和用于训练模型的数据之间的差异。Amazon SageMaker 模型监视器会自动检测所有部署模型中的概念漂移，提供警报信息，以确定问题的主要来源。

Amazon SageMaker 还内置了 Augmented AI 设备，在它的帮助下，如果模型无法做出高度可信的精确预测，用户可以很轻松地进行人工介入。而且，Amazon Elastic Inference 还能让机器学习的推理成本降低 75%。最后，AWS 还允许用户完成 Amazon SageMaker 与 Kubernetes 的集成。通过这种集成，用户可以轻松实现应用程序部署、扩展和管理的自动化。

3. 淄博热力上云用"智"之路

淄博热力有限公司（以下简称淄博热力）是淄博市热力集团有限责任公司下属的全资子公司，拥有 30 余年的供热历史，总资产达 11.2 亿元，供热面积达 1900 余万平方米。公司通过推动信息技术与供热行业融合创新发展，借助自主研发、自主运维的智慧能源管控平台，真正实现"按需供热"，供热技术达到国内行业领先水平，被中国城镇供热协会评为"2017~2018 年度中国供热行业能效领跑者"。

在与亚马逊云科技合作之前，淄博热力需要应对的业务挑战主要来自两个方面。其一是如何实现精准供热，即在确保供热温度达标、用户舒适满意的同时尽可能降低热消耗，实现节能减排；其二是提升业务管控效率和用户满意度。国内城镇的冬季集中式供暖基本都采用水暖方式，供热公司生产的热力通过热力管线输送至为各小区服务的热力站，再通过小区内部的热力管网为用户供热，保证用户室内的温度符合供暖标准及人体舒适温度。为了优化过去完全依靠人工、相对粗放的供热管理模式，淄博热力对热力系统基础设施进行了全面的升级改造，建立了能源管控平台，包括自动化控制系统、数据远传系统、用户室温采集系统、视频监控系统、集中水处理系统、能耗管理系统等，极大地提升了运营效率和用户满意度，也为实现精准供热打下了基础。

淄博热力选择利用亚马逊云科技丰富的 AL/ML 技术和服务，快速构建、训练和部署机器学习模型，实现精准供热。模型可以根据气象数据、工控数据、建筑物维护结构等信息计算出最佳的供热模式，并给出具体的操作指令。借助机器学习的能力创新，淄博热力建成了基于机器学习和大数据分析的智能供热平台，在满足用户供暖需求的同时实现节能减排，建立了绿色能源生态系统，顺利实现从传统供热向产业智能化方向的转型。[4]

AI 技术在工业企业不同业务板块中的应用场景和趋势表明，企业需要积极拥抱这些技术，以实现业务流程的优化和创新。企业不仅需要投资 AI 技术本身，还需要对员工进行培训，确保他们能够适应新的工作方式。同时，企业还需要关注 AI 带来的伦理、隐私和安全问题，确保技术的健康发展。随着 AI 技术的不断进步，我们有理由相信，它将为传统企业带来革命性的变化，推动整个行业的数字化转型。

参考文献

[1] 火山引擎. 内容管理平台 [Z/OL].（2022-08-25）[2023-08-13]. https://www.volcengine.com/docs/6440/69500.

[2] 刘火云. 博睿数据：2024 汽车行业精选案例集 [Z/OL].（2024-08-16）[2024-09-09]. https://www.baogaopai.com/article-70117-1.html.

[3] 爱分析，杉数科技. 2002 工业"智能决策"白皮书 [R/OL].（2022-02-25）[2023-08-13]. https://ifenxi.com/research/content/6033.

[4] AWS. 淄博热力采用亚马逊云科技数据分析和机器学习服务 每年减少数十万吨碳排放 [Z/OL].（2021-07-19）[2023-08-13]. https://www.21ic.com/article/894211.html.

第 7 章 | Chapter7

无所不在的连接：工业物联网

物联网（Internet of Things，IoT）是指通过将各种信息传感设备，如射频识别（RFID）、红外感应器、全球定位系统（GPS）和网络传感器等，与互联网结合起来，形成一个智能化的、自主运行的并可进行数据交换和通信的网络。物联网的核心在于"物物相连"，即物品通过嵌入式系统与外部环境互联，实现智能化识别、定位、追踪、监控和管理。物联网的技术架构包括感知层、传输层、平台层和应用层，各层功能明确且协同工作。物联网技术架构的特点有海量连接、超高并发、全链路端到端双向通信、多 QoS 支持、超低延迟的有状态流处理与分析。物联网的数据处理涵盖自动感知、高并发、稳定持续、交易事务型及时序流式数据。物联网的应用广泛且发展多样，如车联网提升驾驶安全与效率，公用设施物联网优化城市管理，智能家居物联网提供智能生活体验，智慧医疗保障特定人群的生活质量和医疗品质，智慧农业提升种植效率与作物产量。物联网技术正在深刻改变我们的生活和工作，应用前景广阔，未来有望实现万物互联。

工业物联网（IIoT）是物联网在工业领域的延伸，它连接的不仅是传统有形的"物"，还将工业设备、机器、传感器、人员、控制系统和管理应用等通过互联网和通信网络互联，实现数据采集、交换、分析和智能控制。工业物联网使企业能实时监控生产、优化资源配置、提升效率、降低成本、提高产品质量，并实现智能化运营管理。

7.1 工业物联网的关键要素

7.1.1 工业物联网的关键特性与面临的挑战

工业物联网需要具备高可靠性，以确保生产过程不受干扰。在工业生产中，设备的连续稳定运行至关重要。例如，在化工生产中，传感器实时监测反应釜的温度、压力等参数，一旦系统出现故障导致数据传输中断或错误，可能引发严重的生产事故。因此，工业物联网的设备和网络通常采用冗余设计，如双机热备、多路径传输等，确保在部分设备或链路故障时仍能正常工作。

工业物联网需要满足高实时性要求，以确保精准的实时控制。许多工业场景对数据处理和响应的实时性要求极高。例如在汽车制造的自动化生产线中，机器人需要根据实时获取的零部件位置和状态信息进行精确操作。如果数据传输和处理存在延迟，可能导致生产节拍紊乱，影响产品质量甚至造成设备损坏。工业物联网通常采用低延迟的通信协议，如时间敏感网络（TSN）协议，确保数据能够及时传输和处理，实现精准的实时控制。

工业物联网需要具备复杂的异构性和互操作性。工业环境中存在着各种各样的设备和系统，它们来自不同的制造商，采用不同的通信协议和数据格式。例如，一家工厂可能同时使用了西门子 PLC 和 ABB 的工业机器人、汇川的变频器和通用电气的传感器。实现这些设备之间的互联互通和协同工作，需要工业物联网具备强大的异构性和互操作性。工业物联网平台通常需要支持多种标准协议和接口，通过中间件、适配器等技术实现设备间的无缝集成。

工业物联网需要具备大规模连接和集中管理的能力。工业物联网往往涉及大量的设备连接，一个大型工厂可能有成千上万个传感器、控制器和执行器等设备需要接入网络。同时，企业需要对这些设备进行集中管理和监控，包括设备的注册、配置、状态监测、故障诊断和远程维护等。例如，某高科技电子制造集团在其众多工厂中部署了大规模的工业物联网系统，实现了对海量生产设备的统一管理，提高了设备管理效率和生产效率。

工业物联网是工业数字化转型的数据基础平台。工业物联网实时采集海量的生产数据，通过数据分析和挖掘技术，为企业提供有价值的信息，支持智能化决策。例如，通过对生产设备的运行数据进行分析，可以预测设备故障，提前安排维护，缩短设备停机时间；通过对产品质量数据进行分析，可以优化生产工艺参数，提高产品质量的一致性。工业企业可以利用机器学习、人工智能等技术，从数据中挖掘潜在的规律和模式，实现生产过程的优化和创新。

在此需澄清一个常见误区。诸多企业在着手实施工业物联网之前，往往会陷入困惑：工业物联网采集了数量惊人的数据，可这些数据究竟有何用途？实际上，工业物联网通常难以仅凭自身发挥价值，唯有与各类数据分析应用乃至人工智能技术相结合并加以运用，才能助力企业决策者在海量数据中探寻隐藏价值。倘若企业缺乏分析手段，甚至对要分析的对象都茫然不知，便仓促上线工业物联网，那么其发挥作用的难度极大，甚至可能事倍功半。

工业物联网要尤其注重安全性和隐私保护。工业企业涉及大量的商业机密、生产工艺和关键基础设施信息，安全和隐私问题尤为突出。工业物联网面临着网络攻击、数据泄露等风险，一旦遭受攻击，可能导致生产中断、知识产权被盗等严重后果。例如，某大型半导体制造企业的工业控制系统曾遭受黑客攻击，并被植入了勒索病毒，威胁到生产环境的稳定运行。因此，工业物联网需要建立严格的安全机制，采用加密通信、身份认证、访问控制、入侵检测与防范等技术，全方位保障系统安全。

7.1.2 智能工厂和工业物联网的融合与发展

智能工厂作为工业物联网在制造领域的典型应用，通过连接生产线上的设备、机器人、传感器等，实现生产过程的全自动化和智能化。例如，汽车工厂利用工业物联网技术实现高度自动化的生产流程。在车身焊接车间，机器人根据传感器实时获取的部件位置和形状信息，自动调整焊接参数和路径，确保焊接的高精度和一致性。同时，通过对生产数据的实时分析，工厂可以优化生产计划，根据订单需求灵活调整生产线任务，实现个性化定制生产，提高生产效率和市场响应速度。随着工业物联网的发展，人机协作变得更加紧密和智能。工人不再是简单的设备操作者，而是与智能设备协同工作的伙伴。例如，在汽车总装车间，工人可以佩戴智能手环或混合现实头盔等设备，这些设备与工厂的物联网系统相连，实时提供操作指导、质量检测提示等信息，帮助工人提高工作效率和质量。同时，工人也可以通过手势、语音等自然交互方式与设备进行交互，更加便捷地控制设备和获取信息。

工业物联网产生的海量数据为企业提供了丰富的信息资源。通过大数据分析技术，企业可以对生产过程、设备状态、市场需求等进行深入分析，挖掘潜在的规律和趋势，从而做出更加精准的决策。例如，钢铁企业可以通过对生产过程中的温度、压力、流量等数据进行实时分析，结合历史数据和市场需求预测，优化钢铁生产的配料比例和工艺流程，提高产品质量，降低生产成本。通过利用工业物联网实时采集的数据，工业企业的供应链管理实现了端到端的可视化和实时监控。通过在供应链的各个环节部署传感器和物联网设备，企业可以实时获取原材料采购、生产进度、物流运输、产品销售等信息，实现供应链的全程可视。例如，在食品饮料制造过程中，企业可以利用工业物联网技术对供应链进行管理，包括在原材料供应仓库中安装传感器，实时监测原材料的库存水平和质量状况；在物流冷链运输车辆上安装 GPS 定位和温度、湿度传感器，监控产品在运输过程中的位置和环境条件；将销售终端与人工智能结合，实时收集产品的摆放和销售数据。通过整合和分析这些数据，企业可以实现对供应链的精准控制，及时调整生产和配送计划，降低库存成本，提高客户满意度。

创新数据可视化与交互技术，有利于提升工业物联网数据的展示效果和用户体验。企业可采用先进的可视化工具和技术，如三维可视化、动态可视化、交互式可视化等，将复杂的工业物联网数据以直观、生动的形式呈现给用户。例如，通过三维可视化技术展示工厂生产线的实时运行状态，用户可以直观地观察设备的位置、运行参数和产品流动情况；利用交互式可视化技术，用户可以与数据进行交互，如缩放、旋转、筛选等操作，深入探索数据背后的信息。同时，企业还应注重可视化界面的设计，使界面简洁、美观、易用，提高用户对数据的理解和接受程度。通过创新数据可视化与交互技术，可以帮助企业管理人员和决策者更好地理解工业物联网数据，快速发现问题并做出决策。

企业除了在内部管理过程中大量应用工业物联网之外，还可以通过工业物联网平台共享生产计划、设计数据、工艺参数等信息，实现协同设计、协同生产和协同配送，促进供应链上下游企业之间的协同制造和合作创新。例如，在航空航天领域，飞机制造商与众多零部件供应商通过工业物联网平台紧密合作。飞机制造商将飞机的总体设计要求和装配计划发布在平台上，零部件供应商根据这些信息进行零部件的设计和生产，并实时反馈生产进度和质量数据。协同制造缩短了飞机的研发和生产周期，提高了产品质量。同时，工业物联网数据还为供应链金融提供了支持，基于企业在工业物联网平台上提交的生产、物流、交易数据和信用状况，金融机构可以为企业提供更加精准和灵活的金融服务，如应收账款融资、库存质押融资等，解决中小型企业融资难的问题，促进供应链的稳定发展。

基于工业物联网平台上数据的价值，催生了各种新型商业模式和服务模式。在工业物联网环境下，设备制造商不再仅仅销售设备，而是将设备的使用作为一种服务提供给客户，即"设备即服务"模式。例如，工业设备制造商将其生产的数控机床通过物联网连接到自己的云平台上，客户无须购买设备，只需根据使用时间或加工工件的数量向制造商支付服务费用。制造商负责设备的维护、升级和管理，确保设备正常运行。这种模式降低了客户的设备投资风险和维护成本，同时也为制造商带来了持续的收入来源，促进了设备制造商从产品销售模式向服务销售模式的转型。

工业物联网的发展加速了工业边缘计算的发展。工业边缘计算是指在靠近数据源或用户的网络边缘侧,采用集网络、计算、存储、应用核心能力为一体的开放平台,提供最近端服务。在工业物联网中,边缘计算发挥着重要作用。由于工业现场对实时性和可靠性的要求极高,将部分数据处理和分析任务放在边缘设备上进行,可以减少数据传输延迟,提高系统响应速度。例如,在智能工厂的自动化生产线上,机器人的实时控制和故障诊断等任务可以在工业边缘计算节点上完成,避免数据传输到云端再返回的延迟,确保机器人的快速响应和稳定运行。同时,工业边缘计算也提高了系统的可靠性,即使网络连接出现故障,边缘设备仍能继续工作,保障生产的连续性。工业边缘计算与工业云计算相互协同,实现优势互补。工业边缘计算负责实时性强、对本地资源要求高的任务,而工业云计算则提供大规模数据存储、复杂分析和全局优化等功能。例如,在工业设备的预测性维护中,边缘设备实时采集设备的运行数据,进行初步的数据分析和特征提取,如判断设备是否存在异常振动、温度升高等情况,然后将处理后的数据上传到云端。云端利用更强大的计算资源和机器学习算法进行进一步的分析和模型训练,如预测设备的剩余使用寿命、故障类型和发生时间等。边缘计算与云计算的协同工作,既保证了系统的实时性和可靠性,又能充分利用云计算的优势,实现更精准的设备管理和维护。

7.1.3 工业物联网的安全风险与组织变革

工业物联网当前面临的安全风险集中在数据安全和隐私保护上。工业物联网系统正遭受网络攻击的威胁,包括黑客攻击、恶意软件感染、拒绝服务攻击等。黑客可能入侵工业控制系统,篡改生产数据、控制设备运行,引发生产事故、设备损坏甚至人员伤亡。如2010年"震网"病毒攻击伊朗核设施,造成严重破坏。随着设备广泛连接,攻击面扩大,攻击者更容易利用系统漏洞。工业物联网涉及敏感数据,包括生产工艺、产品设计、客户信息、设备运行数据等,一旦泄露,将导致经济损失和声誉损害。数据泄露可能在设备端、传输过程或存储环节发生,如安全漏洞、通信协议未加密或安全防护不足。

面对严峻的安全威胁,工业物联网安全防护体系需不断强化。企业应采用多层次安全技术,全面保护设备、网络、数据和应用安全。设备层面,采用硬件加密、安全启动、访问控制等技术;网络层面,部署防火墙、入侵检测系统、VPN等;数据层面,进行数据加密、备份、脱敏处理;应用层面,加强安全漏洞检测和修复,严格控制用户认证授权。例如,为设备配备数字证书,部署基于AI的入侵检测系统。同时,建立安全管理制度,制定安全策略,规范操作行为,加强安全培训,建立应急响应机制,定期进行安全评估和审计。

在工业物联网环境中,企业会收集员工的行为数据,如位置、动作、时间等,若处理不当可能侵犯员工隐私。企业应制定隐私政策，公开数据收集、使用和保护方式，遵循最小化原则，并获得信息主体的明确同意。对于员工隐私，企业应明确监控范围和数据使用权限，仅用于工作相关目的，还应建立数据管理流程，对隐私数据进行分类管理和加密处理，采用匿名化技术保护个人隐私，加强数据访问权限控制。

各国政府和国际组织正加快制定工业物联网安全标准和法规，规范安全建设和管理，如欧盟的 NIS 2 指令、美国 NIST 发布的网络安全框架 2.0、中国的《物联网基础安全标准体系建设指南》等，促进产业健康发展，保障基础设施和企业安全稳定运行。

工业物联网的应用也将推动企业调整传统组织架构。灵活、扁平化的组织架构更能适应快速数据流动和实时决策。企业可能需要成立物联网项目团队，协调部门合作，重新规划岗位和培训体系，以应对人力资源管理新挑战。

工业物联网的发展还要求企业推动企业文化变革。传统企业需树立创新、数据驱动、协同合作的企业文化，培养员工的数据意识和数字化素养。通过培训、宣传等方式传递物联网理念，鼓励创新与协作，奖励有价值的创意和建议，营造开放、包容的文化环境，容忍失败。高层管理者应积极推动工业物联网项目实施，引领企业文化变革。企业文化变革是长期的过程，需企业高层推动和全员参与。

7.2 工业物联网及其平台建设

工业物联网是将传感器、设备、网络和云计算等融合应用于工业生产过程的一个重要领域。通过实现设备之间的互联互通，完成各类实时数据的采集和分析，为企业提供全面的数字化和智能化的决策支持。

7.2.1 工业物联网的发展阶段

工业物联网的发展过程可以划分为 5 个阶段：手工数据采集的传统工厂、核心设备实现物联、内部各信息系统融合打通、产业链上下游数据链打通以及企业间资源的整合与共享。

1. 手工数据采集的传统工厂

在数字化尚未开始的传统管理模式下，工厂主要依靠人工操作进行生产管理，设备状态和生产数据通常由工人手工记录和汇报。这种方式存在数据不准确、效率低下、难以及时获取信息等问题，对生产管理和决策带来了一定的局限性。

2. 核心设备实现物联

在这个阶段,工厂开始考虑如何通过物联网的数据自动采集和分析能力,更好地管理车间和生产线上的核心设备。尤其是流程制造业,核心设备一旦停机,可能就会导致整条生产线停机等待,生产效率损失极大。通常此时会由设备部门/IT部门主导,开始引入物联网平台,通过振动/温度等传感器、数据采集网关和无线路由器等设备,将关键设备连接到物联网平台上。通过实时监测设备运行状态,并进行数据分析和处理,可以实现对设备的远程监控和调控。这一阶段的实施,可以提高设备的运行效率和生产线的稳定性,减少设备故障的发生率和停机时间。

这一阶段的难点是工厂作为设备最终用户,通常情况下不容易获得设备的标准工况模型,进而实现预测性维护。根据作者的个人经验,尤其是大型复杂设备的预测性维护,需要设备制造厂商贡献更多的经验和知识,才会比较容易得到相对理想的结果。

3. 内部各信息系统融合打通

在针对核心设备的互联互通和数据分析取得了一定的成绩之后,工厂业务用户开始对如何利用数据建立起了认知。通常大家会产生一个疑问,如果把更多的内部运营数据融合起来,是不是可以发挥除了设备运维之外的更大价值呢?

这时用户所面临的困难变成了:在已经存在的不同信息系统之间,由于建设时间、供应商、技术路线等选择的不同,往往存在着数据孤岛的问题,导致数据流通不畅、信息共享困难。在这个阶段,企业开始进行内部信息系统的融合打通,对面向内部运营管理的不同系统的数据进行整合,实现企业运营数据的流通和共享。通常企业此时会面临一个问题:需要立刻建立一套统一的数据平台和数据治理体系吗?

作者个人的意见是,如果需要整合的信息系统比较多(至少超过3个),而且在未来还可能有新的数字化应用要接入,那么着手建立统一的数据平台是值得的。如果此时企业还在直接分析和利用物联网平台所采集的数据,最多加上1~2个关键应用的数据融合,则并不一定需要立刻就开始建立统一的数据平台。但是,数据的统一标准是需要从一开始就进行设计和考虑的,否则在数据融合的过程中,很容易发生"鸡同鸭讲"的错位。在数据治理工作的支撑下,企业通过实现全面的数据分析和决策支持,可以有效地提高生产效率和管理水平。

4. 产业链上下游数据链打通

工业物联网的发展需要整个产业链的共同推进,涉及供应商、制造商、物流企业以及终端客户等多个环节。在这个阶段,需要将上下游企业的信息系统进行对接,实现数据的共享和交换。这样才能实现供应链的整体优化和协同,提高整个产业链的运作效率，降低成本。此阶段的典型应用例如前文提到的供应链协同解决方案，在汽车零部件供应商和 OEM 整车厂之间实现准确、及时的 JIS（准时化顺序供应）。

5. 企业间资源的整合与共享

以工业物联网为底座，实现企业间资源的整合与共享是一个复杂而又关键的任务。它的目标是通过建立可靠、安全的物联网基础设施，制定统一的数据标准和协议，运用云计算、AI 和大数据技术进行数据分析与优化，建立开放的平台和生态系统，在技术层面实现企业间的数据互通，在产业模式和资源方面进行高效融合，最终建立起产业互联网的高效运营模式，推动企业高效运营和持续创新，迎接数字化时代的挑战。

第一，实现企业间资源的整合与共享需要建立一个可靠、安全的工业物联网基础设施。这包括传感器、智能终端设备，以及对网络和云计算等技术的应用。通过将各种传感器和设备连接到工业物联网，可以实时获取生产过程中的各种数据，并将其发送到云平台进行分析和处理。同时，通过云计算将不同企业之间的应用连接起来，实现跨企业的资源共享和协同工作。

第二，建立统一的数据标准和协议是实现资源整合与共享的关键。不同企业之间存在着各种不同的数据格式和接口，导致数据的共享和整合困难重重。因此，建立统一的数据标准和协议，使得不同企业间的数据能够无缝对接，成为实现资源整合与共享的重要前提。同时，安全和隐私保护也是需要考虑的关键因素，确保企业间共享的数据不会被非法获取和滥用。

第三，利用 AI 和大数据分析技术，优化企业间的资源整合与共享并实现智能化。通过运用 AI 算法和大数据分析技术，可以对海量数据进行快速处理和分析，发现隐藏在数据中的有价值信息，并为企业决策提供科学依据。

第四，建立开放的平台和生态系统，推动企业资源整合与共享的深入发展。企业间资源的整合与共享需要构建一个开放的平台，吸引更多的企业和合作伙伴加入共享网络中。通过开放平台，企业可以将自己的资源和能力对外开放，吸引其他企业来共同合作和创新。同时，建立可持续的生态系统，促进企业间的资源共享和协同创新，实现资源利用的最大化。

第五，政府的支持和推动也是实现企业间资源整合与共享的重要条件。政府可以通过制定相关政策和标准，推动工业物联网技术的应用和普及，向企业提供必要的技术支持和投资，激发企业参与资源整合与共享的积极性。政府还可以促进企业间的合作与交流，提供合作平台和沟通渠道，为企业间的资源整合与共享创造良好的环境和条件。

总的来说，工业物联网的每个发展阶段都有其特定的技术和实施策略。企业在不同的阶段需要根据自身的实际情况进行相应的规划和实施，逐步提升工业生产的智能化水平。

7.2.2 工业物联网应用的三大挑战

在实践中，工业物联网在不同的实现环节均面临着大量的落地挑战，包括数据难以收集、海量数据难以应用以及在行业场景中难以应用 AI。

1. 从工业设备中获取和整合数据

工业物联网应用中，数据的收集是至关重要的一环。然而在复杂的工业现场环境中，数据的获取面临着如下困难：

- 在对接现场的工业设备时，要应对各种复杂的工业协议，已知的工业协议种类超过了 5000 种，部分举例如图 7-1 所示。

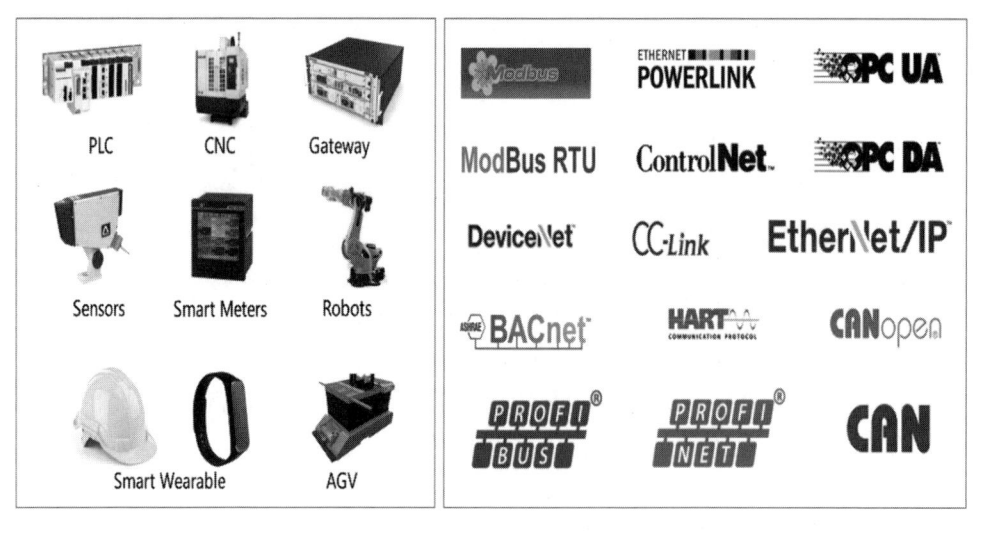

图 7-1 工业物联网常见的设备连接和协议种类

- 通常需要具备从毫秒到秒级的低延时海量（万级数据点接入）数据高速采集能力。
- 对于专有工业协议的数据采集需额外付费，对于完全封闭的工业控制系统，只能依赖设备日志完成异步的数据读取，无法实现实时的数据采集。
- 在软件应用的数据集成需求中，需对接包括但不限于 MES、ERP、PLM、EMS、WMS、数据文件、视频流和时序数据库（TSDB）等多种工业系统应用，需要有完善的多源数据集成能力。

- 在工业现场的严苛环境中，单服务器的边缘计算设备需要具备长期、实时、可靠的业务运行能力，考虑到无人值守的情况，数据采集终端甚至要具备自动化运维的能力。
- 在对特定关键设备进行数据采集时，传感器和数据采集网关的部署可能不方便，导致数据的获取具有一定的难度。

2. 有效地存储和处理海量 OT 时序数据与 IT 系统数据

- 各 IT 系统存在数据孤岛现象，缺乏有机协同，数据流转严重依赖人工操作，转换时间长，流程复杂。业务流程中存在大量的关键数据断点。
- 计划、生产、物流等各环节存在数据缺失或数据标准不统一的问题。
- 从技术层面来说，IT/OT 技术复杂多样，企业内部缺乏足够的技术资源来支撑和运维。技术团队背负了比较多的技术负债，已有的技术积累往往与业务转型目标所需的技术方向不完全一致。

3. 融合工业机理与 AI

- 由于所需工业数据的采集不够全面和准确，数据样本积累有限，在大样本训练的常见 AI 模型训练方式下，不足以快速产生所需的 AI 模型。
- 在工业现场，边缘计算处理能力受到场地等多种因素限制，需要小集群高效计算而非 IT 环境下常见的大集群分布式计算。
- "数据派"的 AI 模型训练方式，不易达到所需的实时推理准确率，还需要和行业机理模型结合。
- 模型需要根据产品和工艺的变化，快速适应新业务需求，因此需要提供标准易用的 AI 训练平台，帮助业务用户自主完成模型的重训练和推送部署等一系列动作。

7.2.3 工业物联网平台的建设

工业物联网的建设是推动制造业转型升级的关键，它通过连接大量的工业设备、系统和人员，实现数据的实时采集、传输、分析和应用，从而提高生产效率、降低运营成本、优化资源配置、创新商业模式。然而，在这一过程中，企业面临着上一小节所提到的 3 个挑战，使得建设一套高效易用的工业物联网应用成为一个"困难重重"的任务。为了有效应对这些挑战，需要一个强大的工业物联网平台底座，帮助应用开发者通过科学合理的建设方法论，保证工业物联网应用的实现。

1. 工业物联网平台底座的特点

工业物联网的平台底座应该具备以下几个特点。

（1）多协议接入和消息转发

支持访问百种左右主流的工业协议，包括 Modbus、OPC-UA、BACnet 等。所采集的数据可以被转化为 MQTT 或 WebSocket 上云，解决边缘碎片化设备协议的接入问题。除常见的工业协议之外，还需要支持 MES/WMS/ERP 等企业管理系统、企业服务总线（ESB）、各类常见关系型数据库、文件和视频流等数据源。提供基于 SQL 的内置规则引擎，支持一站式数据提取、筛选、转换与处理。

（2）高性能 + 低延时

支持毫秒级高速采集，连接并发 100 个以上的工业设备，具备处理 10 000 个以上数据点的能力。提供单节点百万级、集群千万级以上的连接支持。支持毫秒级软实时消息路由、千万级高性能消息吞吐，以及百万 TPS 级高性能、高可靠转发。

（3）可视化界面 + 云边协同

提供丰富的集成管理 API 和可视化配置界面，支持原生和各类边缘容器框架的部署和运维，可视化运维监控并提供监控数据接口集成。支持边缘端多源数据的灵活采集汇聚、AI 算法边缘端实时推理、边缘端智能告警及决策，如图 7-2 所示。

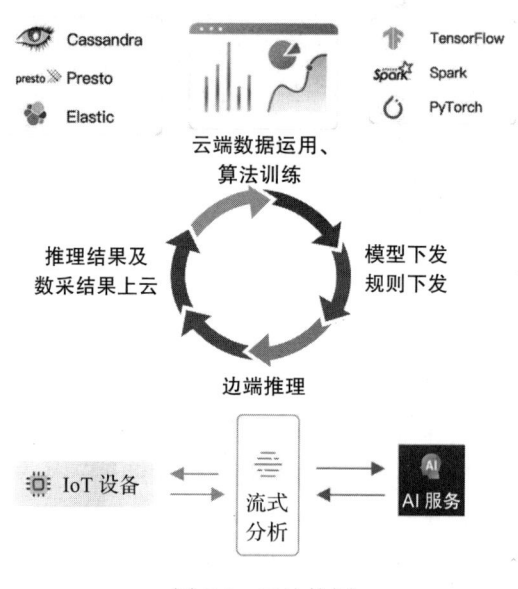

图 7-2　云边协同

（4）算法集成

支持集成工业机理模型、机器学习模型和深度学习模型等，支持 Matlab、C、C++、Python、GO 算法集成，支持便携式插件、HTTP/gRPC 等外部服务。

（5）超轻量级 + 跨平台

具有较低的内存占用，可在低配置的硬件上运行，并支持多种 CPU 架构，如 ARM、MIPS、RISC-V 等。

（6）高可用、易运维

高可用集群架构，支持基于 K8S 的动态水平扩展。支持热升级、热配置，以保证系统能够响应高水平 SLA 的要求。

（7）强安全

TLS/DTLS 加密协议保证数据传输安全，支持 GMSSL 国密安全认证。基于 X.509 证书和 JWT 进行认证。基于 LDAP、SQL 数据库、NoSQL 数据库进行认证鉴权。

2. 工业物联网平台底座的建设方法

基于上述特性的工业物联网平台，应用开发者可以通过以下建设方法，逐步得到一个工业物联网应用：

（1）构建统一的数据采集和通讯层

构建能够适应多种工业设备和协议的通用数据采集架构。可以考虑采用边缘计算技术，部署在距离数据来源最近的位置，实现初步的数据预处理和协议转换。使用支持多协议的 IoT 网关产品也是关键，它可以实现设备的即插即用，并简化数据的集成过程。

（2）设计灵活的数据存储和处理架构

对于海量的 OT 时序数据和 IT 系统数据而言，选择合适的数据库和数据存储技术至关重要。选择时序数据库（例如 InfluxDB 或者 TDEngine），对于存储和查询时间序列数据非常高效，同时利用大数据技术（如 Hadoop 和 Spark）构建数据湖，实现数据的存储、处理和分析。

（3）强化数据管理和质量保障

数据管理策略需要确保数据的准确性、完整性和及时性。这包括数据清洗、验证和富化等过程。利用数据质量管理工具对数据进行持续的监控和校验，确保数据用于分析和决策时的质量。

（4）实现工业机理与 AI 的融合

将 AI、机器学习以及深度学习技术与传统的工业机理相结合，开发智能决策支持系统。通过建立跨学科的团队合作，把工业知识、AI 算法和大数据技术结合起来，为维护、优化和预测提供支持。

（5）持续的迭代与优化

工业物联网项目是持续演进的。基于实时数据分析和机器学习模型的反馈，持续优化数据采集、存储和分析流程。同时，根据产品换型或者工艺变化的需求，定期评估、升级和优化 AI 模型，确保预测结果的准确性和有效性。

（6）确保系统的安全和可持续性

系统安全是工业物联网项目成功的关键。通过采用多层安全策略，包括设备安全、网络安全和应用层安全，保护数据和系统不受攻击。同时，设计符合可持续发展原则的解决方案，考虑能源效率和长期运营的成本效益。

通过以上步骤，我们可以有针对性地解决工业物联网建设中遇到的 3 大挑战，实现从设备到云的无缝连接，加快制造业数字化转型的步伐。通过技术、战略和业务流程在多方面的融合与创新，最终实现智能制造和工业 4.0 的目标。

7.3 合兴包装产业互联网平台

基于"万物互联"的技术赋能，近年来面向各个细分行业的产业互联网平台正在蓬勃发展。产业互联网强调的是不同产业之间的互联互通，以及产业链上下游的协同效应。它通过整合工业物联网、供应链管理、电子商务、金融服务等多个领域的技术和服务，推动产业的整体升级和创新。产业互联网的最终目标是通过数字化手段，实现产业的智能化、网络化和平台化，从而提高整个产业的竞争力。

产业互联网是工业物联网应用的扩展和深化，它将工业物联网的智能化、自动化能力延伸到整个产业链，推动产业的全面数字化转型。两者相辅相成，共同推动制造业和工业领域的发展。随着技术的不断进步和应用的逐渐深入，工业物联网和产业互联网将更加紧密地融合，为实现智能制造、绿色制造和可持续发展提供强大动力。下文将以包装产业互联网平台为例，介绍工业物联网技术的深入应用。

7.3.1 我国包装产业的现状

从包装行业的产业链来看，上游产业主要包括包装材料和包装设备，目前材料和设备也是限制我国包装产业向高端发展的主要因素；中游产业为包装生产，由于成本压力，目前行业分布已经由散乱向规模化和集中化发展；下游产业主要是包装的应用和设计，其中，包装的应用范围十分广泛，在多个领域拥有不同的标准和体系，包装设计近年来由于消费需求的加速变化而发展得尤为迅速，已经成为企业提升品牌竞争力的主要方式之一。

包装行业属于轻工行业，并且其本身是一个典型的高毛利、快周转、低库存，但严重非标的行业。随着行业的壮大，企业在发展中的"痛点"逐渐凸显，如行业产能过剩、客户账期长、市场不规范、利润薄、信息化技术弱等。处于产业链中游的包装行业，由于行业集中度低，需要持续购置新的设备和材料来满足下游不断增长的需求。长期受到上下游挤压，面对日益上涨的原材料成本、人工成本等，包装企业的经营日益艰难。

随着全球化和本土化的进程，企业的供应链在不断延伸。面对客户订单多样化、品种增加、批量缩小、交货期变短等变化，企业要想在竞争中获胜，必须在公司内部和合作伙伴之间建立一整套敏捷、快速响应的供应链。对于包装企业来说，要实现数字化转型，供应链平台一定要处于"全面覆盖的状态"，这样才能够协调并整合供应链中所有的活动，同时必须触及生产、优化生产，在底层关系上彻底打通信息流、资金流和商品流，让生产厂商加速接触下游市场，营造更好、更透明的行业发展环境。

7.3.2 合兴包装产业互联网平台

厦门合兴包装印刷股份有限公司于1993年5月创建于厦门，是亚洲大型综合包装公司，于2008年5月在深交所上市，股票简称"合兴包装"，股票代码为002228。2016年6月30日，厦门合兴完成了对国际纸业(International Paper)在中国和东南亚的19家工厂以及上海设计中心的收购，成立了合众创亚公司。截至2021年12月31日，合兴包装在中国大陆拥有142家子公司，共有员工11 000余人，2021年度集团主营业务收入达175亿元。

作为国内知名的大型综合包装印刷企业，合兴包装及控股子公司长期从事中高档瓦楞纸箱及各类包装制品的研发与设计、生产、销售及仓储、配送等，主要产品有中高档瓦楞纸箱、彩盒、缓冲包装材料（EPE、蜂窝产品、纸浆模塑)、书刊等，能够为客户提供一站式的包装服务。依靠卓越的质量水平及先进的工业设计理念，合兴包装的产品不仅能保护商品，便于仓储和装卸运输，还能起到美化和宣传商品的作用，属于绿色环保产品。公司已有20年以上为众多国内外知名客户提供CPS、VMI等服务的经验，并赢得了广大客户的信赖。

合兴包装打造了完整的包装产业生态圈，其以包装产业智能互联网平台（"联合包装网"）为核心，线上、线下双轨互动，以新一代融合性互联网信息技术为基础，通过资源整合及集成服务为包装产业链上的供、需端等各关联方主体赋能，使各商业主体之间的信息流、产品流与资金流交互融合，形成网络化、生态化的多边平台，是基于产业链价值创造的高效合作生态组织。生态圈在产业链上的各关联方主体成员之间实现了资源整合优化、业务互通互联、制造智能协同、价值共创共享，创造出单个组织无法实现的增值增效，从而达成"包装互联，生态共赢"的愿景。在此平台上，合兴包装提供了如下的解决方案和服务。

整体包装解决方案（Complete Packaging Solution）也叫包装一体化方案，是指为客户提供从包装设计、包装制造、包装第三方采购、产品包装、运输、仓储、发运直到产品安全到达目的地的一整套系统服务。合兴包装为客户提供的整体包装解决方案的服务内容包括在客户产品开发阶段提供包装解决方案；在客户产品样机试制阶段提供包装样品并进行包装测试，以验证产品包装的可靠性及实用性；为客户所有包材的采购简化流程及分解繁杂、重复的工作；跟踪所有包装材料的生产、配套送货；管理包材仓库并按照客户生产计划安排包材的配套上线；为客户提供产品的包装运输装卸服务。

- 供应链管理：减轻客户管理包材供应商的烦琐工作。
- 智能包装服务：为客户梳理包装作业流程，提供包装自动化整体解决方案。
- 供应商管理系统：提供智能化线上物料管控及质量管理。

联合包装网主要通过以下几个方面充分利用工业物联网技术提升效率：

- 数据采集与分析：通过在生产设备上安装传感器，实时收集生产过程中的各种数据，如设备状态、生产效率、能耗等。这些数据被传输到云端进行分析，帮助企业优化生产流程，提高效率，降低成本。
- 智能监控与维护：通过设备互联，对生产设备进行实时监控，预测设备故障，实现预防性维护，缩短停机时间，增加设备的使用寿命，提高生产效率。
- 供应链优化：通过工业物联网技术，实现供应链的透明化管理，追踪原材料和成品的流动，优化库存管理，减少物流成本，提高供应链的整体效率。
- 智能制造：在生产过程中，工业物联网技术帮助企业提升了生产工艺的自动化和智能化水平，如部署自动化包装线、智能仓储等，提高生产自动化水平，减少人工操作，提升生产的安全性。
- 客户服务与反馈：通过物联网技术，企业可以更好地理解客户需求，提供定制化的包装解决方案，同时收集客户反馈，不断改进产品和服务。
- 环境监测：在环保和可持续发展方面，利用工业物联网可以监测生产过程中的环境影响，如能源消耗、废弃物产生等，促进绿色生产。

通过这些应用，合兴包装的产业互联网平台不仅提升了自身的生产和管理效率，也为整个包装产业链的数字化转型提供了支持，推动了产业的智能化和网络化发展。

Chapter8 第 8 章

融合现实与虚拟的产业革命：工业元宇宙

元宇宙是一个舶来词，它的英文是 Metaverse。"Meta"来自希腊语中的"μετά"(meta)，具有"超越"或者"在……之后"等含义，也有"元""超""综合"的意思。在数学、哲学、计算机科学等领域，"Meta"通常用于表示抽象的、概念上的或形式上的东西。英文单词"Universe"是"宇宙"的意思，指整个空间和所有的物质、能量与规律。在虚拟世界中，我们用"Universe"来指代虚拟的环境和平台，用户可以在其中进行各种活动和互动。因此，"Metaverse"这个词的意思是"超越实际物理宇宙环境的虚拟环境"，是由 XR（扩展现实技术）打造出来的一种虚拟世界，可以提供多种沉浸式体验，并为人类社会的发展带来许多新的机遇和挑战。

在美国科幻小说家 Neal Stephenson 发表于 1992 年的科幻小说《雪崩》中，"Metaverse"这个词被正式地创造出来。这本小说讲述的是一个未来的世界，在这个世界中，由于虚拟现实技术的发展，在线游戏已经成为社会的主要娱乐形式，世界上最流行的在线游戏被称为"Metaverse"，玩家们可以在这个虚拟空间中拥有各种各样的极端体验。今天，"Metaverse"这个词所表述的含义，已经远远超出了《雪崩》中所描述的虚拟世界，但是并没有统一的定义。Meta（原名为 Facebook）的创始人和首席执行官马克·扎克伯格一直以来都在积极推动元宇宙的发展，并且肯定了元宇宙对于未来的重要性。扎克伯格认为，元宇宙将是下一个计算平台，可以支持更广泛的应用程序。它可以提供更丰富的虚拟体验，并进一步推动虚拟现实和增强现实技术的普及与发展[1]。在现有的社交网络中，人们之间的连接和互动受到很大程度的限制，而元宇宙将会提供更为丰富和灵活的互动方式。人们可以更加自由地表达自己的个性和创造力，打造自己的数字身份和数字资产。虽然今天对于元宇宙还没有统一的定义，但是至少大家普遍认可元宇宙有一个基础特点，那就是数字化的虚拟世界。

第一个正式将元宇宙作为商业概念提出的公司是 Roblox，它通常被认为是一家互联网游戏开发公司，但其业务更广泛，包括虚拟体验、社交网络和数字媒体。Roblox 于 2021 年初提交了首次公开募股（IPO）申请，并于同年 3 月正式上市，成为当时最大的科技公司 IPO 之一。在招股书中，Roblox 明确提出了作为主营业务形态的元宇宙概念，把元宇宙描述为一种可以连接人、设备和应用程序的虚拟空间，是数字社交、文化和经济生态系统的未来。Roblox 认为，元宇宙将是一个超越现实世界的虚拟世界，人们可以在其中共同创造、学习、娱乐和交流。元宇宙将成为下一代互联网的核心，它将支持新的虚拟经济、虚拟货币和虚拟资产。虚拟社区是可以扩展的、开放的元宇宙生态系统的核心，这个生态系统将由社区建设者和开发者共同构建，为用户提供各种虚拟体验、交互和社交功能。

Roblox 在招股书中还明确阐述了元宇宙的 8 大特性，包括身份、朋友、沉浸感、低延迟、多元化、随地、经济系统和文明。Roblox CEO 大卫·巴斯祖奇（David Baszucki）表示，真正的元宇宙有 8 个不同的特点：需要有一个虚拟的形象，可以是摇滚明星或时尚模特；可以在元宇宙中和真人进行社交；必须是"具有沉浸感"的，或者让用户觉得处于某个地方并且失去了对现实的感知；可以从任何地方登录元宇宙，不管来自哪个国家或者文化圈；需要低延迟的连接，无论是在进行虚拟教育还是在上班，都可以随时接入任何场景中，如果你在学校研究古罗马历史，就可以在 1 秒内传送到一个和古罗马相关的虚拟世界中，并且与你的同学一起开启古罗马之旅；必须有大量差异化的内容支持用户长期的兴趣；需要一个出色的经济系统确保用户可以在元宇宙里生活；最终需要保证元宇宙世界的安全和稳定，这样用户才会放心地聚到一起改善数字文明。[2]

8.1 理解元宇宙

8.1.1 从科技发展视角理解元宇宙

元宇宙对应的技术构成要素包括如下内容：
- 硬件：被定义为"用于访问、实现交互或开发元宇宙的物理技术和设备"，如面向消费者的硬件（VR 头盔、手机和触觉手套）以及面向企业的硬件（用于操作或创建虚拟环境或者基于增强现实的环境的硬件，如工业相机、投影和跟踪系统以及扫描传感器），但是不包括 IT 基础设施专用的一些硬件（如 GPU 芯片和服务器），以及用于搭建网络的硬件（如光纤电缆或无线芯片组）。

- 网络：包括由主干网供应商、网络、交换中心、路由服务，以及入户运营商所共同保障的永续实时连接、高带宽和去中心化数据传输。
- 算力：支持元宇宙启动和运营的计算能力供应，支持诸如物理计算、渲染、数据协调和同步、AI、投影、动作捕捉和翻译等多样化与高要求的功能。
- 虚拟平台：开发和运营沉浸式的数字（通常是三维模拟的）环境和世界。用户和企业可以在虚拟平台中探索、创造、社交和体验各种活动（如赛车、绘画、听课、听音乐），也可参与经济活动。
- 互联互通的工具和标准：包括可以作为实际或事实上交换操作标准的工具、协议、格式、服务和引擎，它们能使元宇宙的创建、运行和持续改进成为可能，支持渲染、物理活动和 AI 等，支持不同的资产格式及其在体验过程中的导入导出、前向兼容性管理和更新、工具使用和创作活动，以及信息管理。
- 支付：对数字支付流程、平台和操作的支持。例如，法币与数字货币的兑换（fiat on-ramps）、包括比特币和以太坊在内的加密货币交易金融服务，以及其他区块链技术。
- 内容、服务和资产：对各种数字资产进行设计 / 创造、销售、二次流通、存储、安全保护和财务管理。这些数字资产会与用户的数据和身份绑定在一起，以虚拟物品和货币为代表。这包括所有并非由平台运营者整合的，构建在元宇宙中的商业实践和服务，涵盖那些可以独立于虚拟平台存在且服务于元宇宙的内容。
- 用户行为：消费者行为和商业行为，涉及消费和投资、时间和注意力、决策和能力的可观察变化。这些变化可能看起来与元宇宙的概念直接相关，或者通过其他形式反映元宇宙的原则和理念。在元宇宙的发展过程中，如同其他创新产品的发展趋势一样，最初这些行为看起来很可能只是一种未来的趋势，甚至会被人说成"泡沫"，但它们会在长期发展的过程中展现出持久的社会意义。

8.1.2 从互联网视角理解元宇宙

有种说法是"元宇宙是下一代互联网"。在桌面 PC 时代的互联网（Web 1.0）中，综合性门户网站、社区和自媒体、电子商务是几个重要的应用场景，用户通过 Web 浏览器进入这些应用场景。围绕主要应用场景，也出现了不同于传统社会的商业生态系统。综合门户还可以说是对传统媒体的模仿，内容提供者以专业机构为主。而在社区和自媒体角度下，内容提供商则以个人为主，这也促进了草根经济的兴起。而电子商务的出现，彻底地打击了传统商业市场结构，人们的消费习惯发生了根本性变化，同时也出现了"电商平台 + 线上商家"的新生态圈。相对应地，互联网的技术架构从简单的 B/S（浏览器/服务器）逐步发展到现在的云计算，技术复杂度大大增加。

如果说，Web 1.0 打破了时间和连接的束缚，那么，移动互联网（Web 2.0）则打破了地点的束缚。移动互联网在 Web 1.0 的基础上做了大幅升级，尤其是在社交、交通、移动支付等方面出现了很多新应用场景。借助手机和平板终端，加上摄像头、音频、视频、GPS 等，移动应用（App）能够极大地丰富人机交互的方式和内容，每个人都可以随时随地与他人进行富媒体式的交流，这对原来的商业生态产生了巨大的冲击。例如，微信给通信运营商的短信和语音业务带来沉重打击，移动支付对银行信用卡和现金使用的冲击肉眼可见，在线交通造就了出行平台与车辆所有者的新型合作关系，围绕着短视频，微信又促成了新的私域流量商圈。相应地移动互联网的技术架构也出现了重大变化，苹果和安卓两大技术体系打破了原来 PC 时代的 WinTel 体系架构，成为 Web 2.0 的新标准。

对于元宇宙，人们普遍认为它会对当前的互联网应用场景进行一次全面的升级。借助 XR（AR/VR/MR）、触感手套、脑机接口等接入技术，沉浸式的元宇宙将会帮助人类突破感官的束缚，形成新的体验。从商业模式的角度来看，元宇宙的商业变现模式整体而言并不是很成熟，目前已经出现了一些新商业模式的苗头，但还处于散点式的探索状态。正如移动互联网并没有全面替代 PC 互联网，而是两者互为补充、互相协作，元宇宙也不会全面取代 PC 互联网和移动互联网，而是为用户带来新的互联网界面和体验。

8.2　工业元宇宙概貌

元宇宙产业已广泛渗透到游戏、展览、教育、工业、政府公共服务等多个领域，例如在展览行业实现线上展示，在教育行业增强学习体验，在设计规划行业节约成本，在医疗领域用于手术模拟，在工业制造领域优化体系，促进高质量发展。面向消费需求的元宇宙以个人消费者为中心，提供虚拟体验和商业模式，玩家在虚拟世界中互动、游戏、娱乐、社交和购物，虽然发展迅速但市场吸引力有限。相较之下，面向工业的元宇宙市场吸引力大，但发展周期长，其需要满足企业的核心业务需求，超越虚拟协同办公或虚拟人的范畴，从产业核心业务场景需求出发，解决"提质增效"问题。

本节将探讨工业元宇宙的发展。工业元宇宙是元宇宙技术在工业领域的深度应用，将研发设计、生产制造、营销销售、售后服务等环节在虚拟空间中全面映射和部署，实现工业流程优化、效率提升、成本降低和创新能力增强，形成全新的制造和服务体系，推动工业数字化和智能化发展。工业元宇宙不仅仅是利用三维可视化或扩展现实（XR）技术构建的虚拟工厂，而是数字孪生、XR、AI、大数据、物联网等技术的集成应用，能为工业企业提供真实、高效、智能的数字化工作环境。

许多人尚未充分认识到工业元宇宙作为综合性技术集成的重要性。随着元宇宙热潮的消退，AI 成为新焦点，甚至有观点认为 AI 将取代元宇宙。然而，作者认为正是 AI 的发展，使得元宇宙，尤其是工业元宇宙，能够触及客户的核心业务诉求，解决以往难以描述、理解、协同和解决的问题。想象一下，如果《钢铁侠》的世界成真，工业设备设计师可以在混合现实中借助 AI 助理迅速设计产品，并完成产品定型，届时创新将变得轻而易举。

8.2.1 工业元宇宙的特点

工业元宇宙具有如下特点。

第一，工业元宇宙能够与现实世界进行精准映射和交互。它以毫米级精度数字化建模现实世界，包括工厂布局、设备结构、生产流程等。例如，在汽车制造中，通过三维模型导入、激光扫描、传感器数据采集等技术，可以创建与实际生产线几乎一致的数字孪生模型。这个模型不仅外观与实际的相似，还能实时反映设备状态、生产进度、质量参数等，实现虚拟与现实的同步。在工业元宇宙中，虚拟与现实可以双向、实时地进行数据交互和操作反馈。操作人员能在虚拟环境中远程监控、调试和操作设备，指令实时影响现实设备；反之，设备的运行数据和状态变化也会实时反馈到虚拟空间中，为操作人员提供依据。例如，工程师可以在虚拟车间模拟调整数控机床的参数，通过验证后在工业物联网中下达参数，现实中的机床会立即响应，同时将运行数据传输回虚拟空间，以供进一步的分析和优化。

第二，工业元宇宙打破了企业内外部的信息壁垒，实现研发、设计、生产、销售、售后等部门间的高效协同，推动跨企业协同创新。不同部门的人员可在虚拟空间中共同设计开发，实时交流协作，避免信息传递不畅。例如，研发部门与生产部门可在虚拟工厂中探讨产品设计方案的可制造性，提前优化设计方案；销售部门与售后服务部门可根据客户反馈推动产品改进。工业元宇宙还能促进产业链上下游企业间的紧密协同。通过统一的虚拟协作平台，企业可实现与供应商、合作伙伴、客户等的信息共享、资源协同和业务流程对接。例如，在智能制造领域，设备制造商与系统集成商、软件开发商、用户企业等共同开发推广工业元宇宙解决方案，推动技术进步和应用创新。

第三，工业元宇宙提供了沉浸式培训和客户体验。新员工可在虚拟环境中模拟操作和完成技能培训，熟悉操作流程、工艺要求和安全规范，无须在实际生产线上进行高风险操作。例如，化工企业新员工可在虚拟工厂中模拟化学反应，这可强化培训效果和安全性。维修人员可在虚拟环境中练习维修步骤，提高技能和效率。企业可创建虚拟产品展示和体验中心，让客户直观感受产品的功能、性能和特点。例如，家居用品制造商可在工业元宇宙中构建虚拟家居场景，让客户体验个性化定制；建筑设计公司可通过虚拟现实技术展示建筑设计方案，提高客户满意度和项目成交率。

第四，工业元宇宙助力工业可持续发展和绿色制造。通过精准模拟和优化生产过程，实现资源高效配置和利用。例如，在能源管理方面，通过实时监测分析工厂的能源消耗，动态调整策略，优化资源分配，减少浪费。在原材料管理方面，通过虚拟库存管理和供应链协同，精确预测需求，减少库存积压，提高资金周转率。同时，对生产废料和副产品进行虚拟建模与分析，探索再利用途径，有助于实现资源的循环利用，降低对自然资源的依赖。在产品设计阶段，通过评估产品全生命周期对环境的影响，优化设计方案，选择环保材料和工艺，降低环境足迹。在生产过程中，通过实时监测和控制能源消耗、污染物排放等，确保生产活动符合环保法规，减少对环境的影响。工业元宇宙还可为企业提供绿色制造决策支持，帮助制定可持续发展战略和目标，兼顾环境保护和社会责任。

8.2.2 工业元宇宙的发展方向和趋势

工业元宇宙正推动制造业深度融合，尤其是设计研发环节与生产制造环节的紧密结合。设计师利用虚拟环境进行产品概念设计、详细设计和仿真验证，与生产制造部门实时协同，确保设计方案的可制造性和经济性。例如，在机械制造领域，设计师与工艺工程师通过工业元宇宙平台共同进行产品的虚拟加工和装配仿真，提前发现并优化设计中的加工难点和装配干涉问题。生产制造过程中的数据和经验反馈实时促进设计研发，缩短产品开发周期，提升产品质量，降低成本。这种跨部门协同打破了地域限制，支持远程协作和跨国制造，为企业的全球化提供虚拟协作空间，从而实现产品设计和开发的全球协同，以及对海外工厂的远程监控和管理，优化全球资源配置，提升企业的全球竞争力。

工业元宇宙也加深了生产制造企业与供应链上下游企业的协同。企业通过虚拟供应链平台与供应商、物流合作伙伴进行全方位信息共享和协同运作。例如，在物流配送环节，企业利用虚拟物流仿真技术优化配送路线和运输计划，提高物流效率。在销售环节，企业在虚拟环境中创建沉浸式的产品展示和销售场景，提升客户购买意愿。在售后环节，企业通过远程诊断和设备维护技术，在虚拟空间中对客户的设备进行实时监测和故障诊断，提供及时、高效的技术支持，提高客户的满意度和忠诚度。

工业元宇宙为职业教育与企业培训带来了创新模式。在职业教育和企业培训中，传统的教学方式存在教学内容抽象、实践机会有限、培训成本高等问题。工业元宇宙能够构建沉浸式的教育与培训环境,让学生和员工在虚拟环境中进行实践操作和技能训练,可提高学习效果。企业可以利用工业元宇宙对新员工进行入职培训,包括让新员工熟悉公司生产流程、设备操作规范和安全注意事项,缩短入职适应期,也可用于在职员工的技能提升培训,提高他们的应急处理能力和解决实际问题的能力。

工业元宇宙可以通过数字化技术重现历史上的工业场景、生产工艺和设备,让人们身临其境地感受工业发展。例如,对已停产或消失的老工业基地进行虚拟重建,打造工业文化主题的虚拟博物馆或体验中心。同时,工业元宇宙还能数字化记录和传承传统手工艺与非物质文化遗产,如将传统陶瓷制作工艺、刺绣工艺等制作成虚拟教程和体验项目,促进非遗文化的传承和保护。

工业元宇宙对新兴技术,尤其是 AI 和 5G 的融合及共同发展提出了技术诉求。AI 技术能优化虚拟环境和交互体验,如利用自然语言处理技术实现用户与虚拟环境的自然交互,运用计算机视觉技术增强虚拟场景的真实感。AI 算法广泛应用于数据处理、分析和决策支持,如通过机器学习模型预测设备故障、优化生产工艺参数、提高产品质量控制水平。5G 技术的高速率、低延迟和大容量特性为工业元宇宙提供通信支持,实现了海量设备的实时连接和数据传输,确保了虚拟模型与现实设备间的高精度同步。5G 网络切片技术能为不同应用场景提供定制化网络服务,保障关键业务的网络性能和可靠性。5G 与工业边缘计算的结合可以提升工业元宇宙的性能,减少数据传输延迟,提高系统响应速度,满足工业生产对实时性和可靠性的要求。

8.2.3　工业元宇宙面临的风险和挑战

工业元宇宙的发展受限于当前的技术水平。XR 技术虽有进展,但 VR 设备的舒适度急需提升,长时间使用可能导致用户不适,这限制了它的工业应用。MR/AR 设备的显示精度和稳定性在复杂环境下表现不佳,影响对虚拟信息的准确感知和交互。此外,XR 设备的成本较高,限制了其在工业领域的普及。

数字孪生模型是工业元宇宙的关键,但其同样面临挑战。精确建模需要大量的三维设计模型或数据,而实际中三维设计模型不足,扫描精度和可靠性问题也会影响模型的准确性。实时更新模型以反映物理世界的变化也较为困难,尤其是大规模、动态的工业场景,需要强大的计算能力和高效的数据处理算法,目前的技术难以完全满足。

工业元宇宙对网络通信技术的要求极高,尤其是要求低延迟、高带宽和高可靠性的网络。5G 技术提供了通信支持,但网络覆盖和信号干扰问题仍然存在,特别是在工业厂区等复杂环境中。对于实时性要求较高的工业控制应用,网络通信技术难以满足低延迟需求，影响安全性和效率。

产学研合作是克服技术瓶颈的关键，形成产业创新联盟，整合资源，有利于加速技术的转化和应用。高校和科研机构提供理论支持和新思路，企业将科研成果转化为产品和服务。高校与企业合作培养人才，科研机构与企业建立试验基地和示范项目，共同推动技术产业化。

工业元宇宙的建设和操作需要跨学科人才，但目前这类人才比较匮乏。高校和职业教育机构的专业设置与课程体系尚待进一步完善，目前难以培养符合需求的复合型人才。现有的教学内容和方法滞后于行业发展，学生缺乏实践机会；企业内部培训体系不健全，员工的知识和技能无法适应发展需求。

为解决人才问题，高校和职业教育机构应优化教育体系，加强相关专业建设，调整课程设置，培养跨学科人才；开设相关专业，注重跨学科知识融合，加强实践教学，与企业合作建立实习基地。

企业应重视在职人员的培训与继续教育，为员工提供学习工业元宇宙技术的机会。企业可与高校、培训机构合作开展内部培训或在线学习项目，提供个性化培训内容；鼓励员工参加行业会议和专业认证，提升专业素养；建立内部人才激励机制，激发员工的学习积极性。

工业元宇宙的商业模式尚不成熟，企业对其缺乏深入了解，接受度低。而且，工业元宇宙的项目投资规模大，实施周期长，回报周期长，企业不得不慎重考虑。目前，工业元宇宙的商业模式仍处于探索阶段，尚未形成成熟的盈利模式，如数字资产交易、虚拟工厂运营托管等业务面临市场规模小、盈利空间有限的问题。商业模式不成熟制约了工业元宇宙的产业化发展。

为形成成熟的商业模式，解决方案提供企业应深入开展市场调研，探索适合市场环境的商业模式，例如分析不同企业需求的特点，挖掘商业机会；针对性地开发产品和服务，提高市场竞争力；关注市场动态，及时调整商业模式；探索多元化的盈利模式和合作方式，提高项目的盈利能力和可持续性；尝试数字资产交易、虚拟工厂运营托管等新盈利途径；加强与产业链上下游企业、科研机构、高校等的合作，实现资源共享、优势互补。

8.3 工业元宇宙的底座——数字孪生

8.3.1 数字孪生及其发展概述

1. NASA 的数字孪生故事

为了更好地理解数字孪生是什么，先来看一段 20 世纪 60~70 年代美国国家航空航天局（简称 NASA）在登月（阿波罗计划）过程中发生的小故事。当阿波罗 13 号宇宙飞船远离地球 33 万千米的时候，3 名宇航员突然被"嘣－哧哧－咣咣咣"的声音吸引了注意，驾驶舱被警告灯照亮，宇航员耳边响起了刺耳的报警声。事后查明，是阿波罗 13 生活舱中的一个氧气罐发生了爆炸，爆炸严重损坏了主推进器，对宇航员来说生命价值非凡的氧气，也被泄漏到了太空之中。如何让 3 名宇航员安全回家，成为数千名 NASA 地面支持人员在之后的 3.5 天里夜以继日工作的唯一目标。当时 3 名宇航员可以通过打开、关闭不同的系统来判断哪些系统还在正常工作，哪些系统已经受损不能工作。任务控制中心综合各方面的信息，快速而准确地诊断出问题所在，并在生活舱中的氧气供应不足前，将宇航员们转移到了登月舱中。宇航员们如何回家，成为一个巨大的挑战。

做到这一切的关键是，NASA 有一套完整的、高水准的地面仿真模拟器可用于培训宇航员和任务控制人员，包括多种故障场景的处理。

这个地面仿真模拟器是由地面上的 NASA 工程师们建立的，被称为"镜像"系统（数字孪生体的前身），用于模拟阿波罗 13 号的状态。高保真度的模拟器及其相关的计算机系统、与阿波罗 13 号飞船持续保持通畅联系的通信系统，以及获取到的通信数据流共同构成了一套完整的阿波罗 13 号数字孪生系统。这个仿真模拟器是整个登月计划中技术最复杂的部分。在模拟培训中，真实的物理对象只有宇航员、座舱和任务控制台，其他所有的一切，都是由计算机系统、机理模型或者数学公式，以及经验丰富的技术人员创造出来的。

任务控制人员和宇航员们综合考虑飞船受损程度、可用电力、剩余氧气、饮用水等因素后，与登月舱制造厂商协同工作，确定了一个着陆计划。然后，NASA 安排后备宇航员在模拟器上进行操作演练，演练结果证明了方案的可行性，这极大地增加了任务控制人员与宇航员们的信心。剩下的工作就是宇航员们完全按照演练形成的操作指令清单执行就可以了。最终，他们做到了，宇航员们也安全回家了。由此 NASA 的数字孪生定义诞生了，2010 年 NASA 在其太空技术路线图中首次引入了数字孪生的表述。技术路线图 Area 11 的 Simulation-Based Systems Engineering 部分是这样定义的："数字孪生是一种对集成了多种物理量、多种空间尺度的运载工具或系统的仿真，该仿真使用当前最为有效的物理模型、最新的传感器数据、飞行历史等来镜像出其对应的处于飞行中的孪生对象的生存状态。"

NASA 提出的数字孪生概念有明确的工程背景，即服务于自身未来的宇航任务。NASA 认为基于阿波罗时代积累起来的航天器设计、制造、飞行管理与支持等方式方法（相似性、统计模式的失效分析和原型验证等），无论在技术还是在成本等方面，均不能满足未来深空探索（更大的空间尺度、更极端的环境和更多未知因素）的需求，需要找到一种全新的工作模式，NASA 称之为数字孪生。

NASA 的数字孪生用途如下。

第一，发射前对飞船未来任务清单的演练。可以用来研究各种任务参数下的结果，确定各种异常的后果，验证减轻故障、失效、损害等策略的效果。此外，还可以确定发射任务达到最大成功概率的任务参数。

第二，镜像飞行孪生的实际飞行过程，并在此基础上，监控并预测飞行孪生的状态。

第三，完成可能的灾难性故障或损害事件的现场取证工作。

第四，用作任务参数修改后结果的研究平台。

NASA 的数字孪生基于其之前的宇航任务实践经验，极其看重仿真的作用。NASA 要完成的宇航任务，涉及天上、地下、材料、结构、机构、推进器、通信、导航等众多专业，是一个极其复杂的系统工程，所以，NASA 更强调上述内容的集成化仿真，从某种意义上来说，是其系统工程方法的落脚点。换个看问题的角度，NASA 的数字孪生等同于其基于仿真的系统工程。

2. 数字孪生概念的出现和发展

2002 年，美国密歇根大学（The University of Michigan）成立了一个 PLM 中心。Michael Grieves 教授面向工业界发表了题为"PLM 的概念性设想"（Conceptual Ideal for PLM）的演讲，首次提出 PLM（产品生命周期管理）概念模型，并在这个模型里提出"与物理产品等价的虚拟数字化表达"，同时给出了对物理空间和虚拟空间的描述。他还用一张图介绍了从物理空间到虚拟空间的数据流连接，以及从虚拟空间到物理空间和虚拟子空间的信息流连接。

Michael Grieves 教授提到，驱动该模型的前提是每个系统都由两个系统组成：一个是一直存在的物理系统，另一个是包含了物理系统所有信息的新虚拟系统。这意味着在现实空间中存在的系统和虚拟空间中的系统之间存在一个镜像（Mirroring of System），或者叫作"系统的孪生"（Twinning of System），反之亦然。因此，物理系统和虚拟系统在 PLM 中不再是静态的谁表达谁，而是两个系统将在整个生命周期中彼此连接，贯穿了 4 个阶段：创造、生产制造、操作（维护和支持）和报废处置。2003 年初，这个概念模型在密歇根大学第一期 PLM 课程中使用，当时被称作"镜像空间模型"（Mirrored Space Model）。尽管 Michael Grieves 教授自称是数字孪生第一人，但行业内对谁先提出数字孪生（Digital Twin）的概念还是存在一些争议的。如前所述，"数字孪生"一词最早出现在 2010 年 NASA 的技术路线图中，但 Michael Grieves 教授在对数字孪生抽象而清晰的表述方面所做出的贡献也是不可抹杀的。

3. 数字孪生体的概念

数字孪生代表的是一个技术集合，而每一个在虚拟世界中被创建、驱动和分析的虚拟对象都是数字孪生体。数字孪生体是一组虚拟信息结构,可以从微观原子级别到宏观几何级别全面地描述潜在或实际的物理制成品。在理想状态下,可以通过数字孪生体获得物理制成品的任何信息。数字孪生体有两种类型:数字孪生原型(Digital Twin Prototype,DTP)和数字孪生实例(Digital Twin Instance,DTI)。DTP包含了描述和生成一个物理产品所必需的信息集,以便使物理版本与虚拟版本重合或成对。这些信息集包括(但不限于)需求信息、完全注释的3D模型、材料清单(附有材料规范)、流程清单、服务清单和报废处置清单。

DTI描述了一个特定的、对应的物理产品,在该物理产品的整个生命周期中都有一个单独的数字孪生体与之保持连接。根据物理产品的使用情况,DTI的数字孪生设备可能包括但不限于以下信息集:

- 带有通用尺寸标注和公差(GD&T)的完全注释3D模型:用于描述该物理实例及其组件的几何结构。
- 材料清单(BOM):列出当前组件和所有过去组件。
- 流程清单:列出创建该物理实例时执行的操作,以及对该实例进行测量和测试的所有结果。
- 运行状态记录:从实际传感器中捕获的全部运行数据,包括过去和当前的状态,以及从中推导的未来预测信息。

4. 数字孪生的关键特点

很多人会提问:"数字孪生"和"模拟仿真"看起来很相似,那么这两个概念完全相等吗?精确地说,这两者并不相同。仿真模拟可以不用接入从物理对象上收集到的实时数据,也就是说,仿真模拟无须应用实时映射的数据来驱动模型,使用模拟数据即可。而对于数字孪生来说,使用实时映射数据来驱动模型是一个必备的特点,甚至是其展现客户价值的起点。

(1)应用于复杂对象和环境

数字孪生技术通常应用在具有复杂条件限制或复杂组成形态的物理实体上,例如宇宙飞船、飞机、汽车和机器人等。这些装备通常运行在复杂的环境中,由大量零部件构成,需要应对多种不确定性因素。

运行在复杂环境中的物理实体,往往面临着多种复杂的条件限制。这些限制可能来自自然环境(如气象、地形等)、设备工况(如温度、压力等)以及设备之间的相互作用。数字孪生技术采用高度精确的数学模型和算法,能够对这些复杂条件进行建模和模拟,从而为设备的设计、优化、运行和维护提供支持。

由大量零部件构成的装备,其内部结构和功能往往具有较高的复杂度。数字孪生技术能够创建一个包含所有零部件信息的完整虚拟模型,实现零部件之间的精确配合。通过对虚拟模型的持续优化，可以提高物理实体的性能，降低能耗，延长使用寿命等。

（2）远程协同

数字孪生技术在远程环境中具有巨大的应用潜力。例如，在太空探索和制造业等领域，数字孪生可以实现对遥远物理对象的测试、维修和调整，实现 AI 与物理世界的协同。如果期望在遥远的太空中对物理对象进行操作，例如操控阿波罗 13 号宇宙飞船，由于距离地球极远，因此无法直接进行人工干预，但数字孪生技术可以通过实时接收和处理宇宙飞船物理实体的数据，实现对宇宙飞船的监控和调整，为太空探索提供有力支持。而在制造业中，当面对类似"黑灯工厂"的物理对象时，数字孪生技术可以实现无人操作环境下的设备监控、故障预测和远程巡检，提高生产效率和设备运行的安全性。

（3）实时镜像同步

数字孪生的关键需求是实时镜像同步。这意味着数字孪生体需要不断地从物理实体中获取反馈数据，并将这些数据用于其系统状态更新，最终为工程决策提供支持。为了保持数字虚拟世界与真实物理世界的镜像同步，需要对数字孪生体与物理实体进行连续性的或周期性的"数据配对"，这也是区分数字孪生体与普通模拟模型的重点。

为实现实时的镜像同步，数字孪生技术需要根据特定应用场景的需求，对物理实体和虚拟模型之间的数据传输进行调整。在一些应用场景中，可能需要实时传输大量数据，以实现高精度的监控和控制；而在另一些场景中，可能只需要周期性地传输关键数据，以减小数据传输带宽和处理的压力。

数字孪生技术通过实时镜像同步，可以保持物理实体和虚拟模型之间的高度一致性。这意味着虚拟模型可以准确地反映物理实体的当前状态，包括设备的运行参数、工况条件、故障信息等。基于这些实时更新的状态信息，决策者可以迅速地对物理实体进行调整，优化物理实体的性能和可靠性。

数字孪生技术不仅可以实现实时的镜像同步，还可以对虚拟模型进行动态优化和演进。这意味着随着物理实体的使用和变化，虚拟模型也将不断进行自我调整，提高预测和分析能力。通过对虚拟模型的持续优化，在虚拟空间中对物理模型的未来状态预测也将变得越来越准确。

8.3.2 高价值数字孪生

1. 数字孪生的真谛不是可视化

数字孪生的理念在 2012 年左右开始进入中国市场并蓬勃发展。但是今天在制造业企业运营管理实践中所实现的数字孪生应用，除了通过设计仿真软件进行产线规划、CAE 仿真和物流路径规划之外，绝大部分面向生产管理的数字孪生应用并没有让人感觉到眼前一亮，反而产生了一个灵魂拷问："数字孪生除了在大屏幕上用三维可视化的形式展现运营监控画面，还能做什么？"

单纯可视化并不是数字孪生的全部能力，相反，这只是人类认识虚拟世界的起点。"可视化数字孪生"可以将各类运营数据转化为可视的图像，帮助人们更直观地理解和感知数据，但仅仅凭借可视化是无法达成数字孪生最初被设计出来的目标的，也就是说可视化不能实现对远程物理对象的"镜像同步映射"，就更加不用说进行高阶的数据分析、模拟和验证了。

因此，数字孪生平台需要强大的多源异构数据处理能力，通过对大量实时/非实时数据进行采集、存储和分析，才能够准确地反映物理对象或系统的真实行为。数据驱动的可计算、可操作的数字孪生具备极高的价值，将成为新一代数字化基础设施。在数据驱动的数字孪生中，设计数据、生产数据、管理数据、空间数据等海量多源异构数据被计算、解析和融合在数字孪生体上，从而建立起实时映射的动态空间系统。这个阶段被称为"可计算数字孪生"，所构成的动态空间系统不仅能够准确、实时地反映物理对象或系统的行为，还可以在虚拟世界中向数字孪生体下达操作指令，在 5G 网络的支持下，实现对物理对象或系统的远程实时指导和控制。在可计算数字孪生的基础之上，通过融合各类 AI 模型或者已有的工艺过程机理模型，可以对当前生产过程进行指导、对未来情况进行预测，赋能企业降本增效，实现智能化交互操作。这个阶段被称为"可操作数字孪生"，如图 8-1 所示。

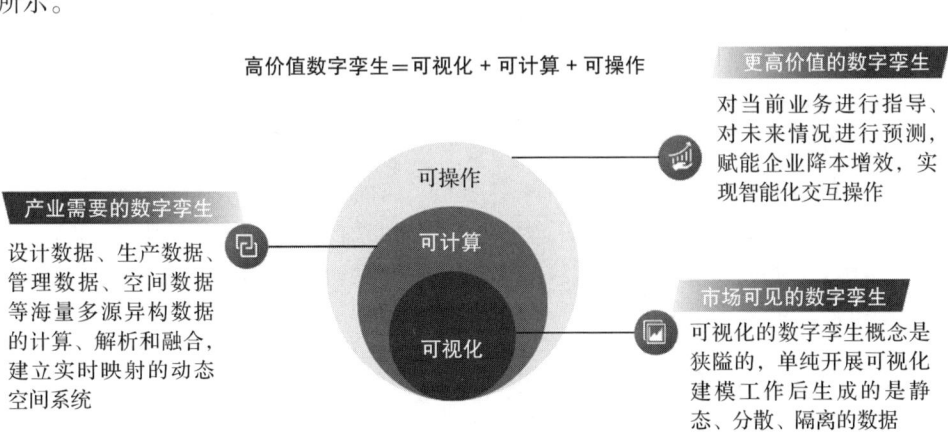

图 8-1 数字孪生可视化、可计算、可操作 3 阶段 [3]

数据驱动的数字孪生还可以促进不同领域之间的融合与协同。通过对不同领域的数据进行整合和交互，实现多领域知识的共享和综合分析，从而更好地解决复杂问题。例如，在智能城市规划中，可以将交通、能源、环境等方面的数据整合起来，通过数字孪生模拟和优化城市的发展与运行，评估不同方案对城市发展的影响，找到最优的智慧城市发展路径。在工业生产中，数字孪生通过对生产流程的模拟和优化，找到生产效率的瓶颈和改进点，从而提高产品质量和生产效率。这种跨领域的融合和协同将为创新与发展带来更大的可能性。

2. 可视化、可计算和可操作 3 阶段实现方式

在可视化阶段，数字孪生的核心在于建模，即将物理对象的属性、结构和行为等信息转化为数字形式。这是数字孪生的起步阶段，通过将物理世界静态数字化来实现对真实物理对象的初步理解和管理。建模过程涉及采集和整理物理对象的几何模型，包括构成物理对象的结构组成、外观尺寸、相互位置等各种几何数据，并将其转化为数字孪生体的静态模型。那么有人可能会问，在监控中心的大屏幕上展现的也不止设备外观信息啊？不还是有各种各样的实时数据在展示吗？但是我们会发现，大屏幕上所展现的物理对象的实时数据，本质上不是融合在数字孪生体中共同存在的，而是一个个静态独立的数据标签，只是在随着数据采集而刷新标签上所表现的内容。

因此，可视化数字孪生所展现的三维模型通常是静态、分散和隔离的，不能真实表现物理对象在三维空间中的实时运动位置和状态，只是简单地用动画或者视频的形式，向用户表明了物理对象当前的主要状态，例如开、关、运动、停止等。此阶段对物理世界的管控主要依赖人工干预，当用户需要实际操作来解决现场出现的各种问题或者报警时，可视化数字孪生是无法起到足够的业务支持作用的，更不用说实现工业元宇宙中虚实融合的实时交互和身临其境的体验了。

然而，可视化阶段只是数字孪生的起点，接下来的可计算阶段才是数字孪生真正发挥作用的核心。在可计算阶段，数字孪生平台需要对海量多源异构数据进行计算、解析和融合，建立起实时映射的动态空间系统。数字孪生平台在系统底层构建了强大的数字孪生体机理行为树，当收到来自物理世界的数据输入后，机理行为树实时判断需要做出的响应和动作模式，驱动数字孪生体运转，进而实现对物理世界的镜像同步映射。

8.3.3 建设人人可用的数字孪生平台

1. 当前数字孪生解决方案面临的挑战

在前述的元宇宙建设方法中，我们提到元宇宙是内容驱动，而非平台驱动的建设路线。作为元宇宙在工业领域的具体落地形式，数字孪生工厂同样需要大量实际的业务场景内容才能充分体现技术的价值。但是当前比较常见的数字孪生解决方案面临着如下实际困难，导致数字孪生在多数用户心中成为一个"不明觉厉""曲高和寡"的技术概念，难以推广和复制。

第一，复杂的工具集使得非专业人员难以学习和使用数字孪生技术。目前，数字孪生开发涉及多个领域的知识和技能，包括数据科学、模型建立、数据采集、低延时网络和算法设计等。这使得非专业人员很难掌握所有相关的技术和工具，限制了数字孪生在实际应用中的推广。为了解决这一问题，需要开发简化和易于使用的工具集，降低数字孪生技术的门槛，使更多的人可以参与到开发过程中。理想情况下，不具备 IT 知识的业务人员就能自主开发出所需的业务内容。

第二，当前数字孪生的开发过程过度关注专业人员和管理层，忽视了一线劳动者的需要。数字孪生的初衷是提供更好的决策支持和业务流程所需的数据、经验和知识，但在目前的实际情况中往往只关注高层管理人员和少数专业人士的需求，忽略了绝大部分一线劳动者的实际操作需求和改进优化意见。为了解决这一问题，我们需要从数字孪生的应用方向出发，让数字孪生体从大屏幕"走"到实际工作现场，真正赋能和支持一线劳动者，响应他们的需求和问题，以提高数字孪生应用的广泛性和普适性。

第三，解决方案孤岛现象在数字孪生开发中无处不在，导致重复工作。目前，许多组织和企业都在开展数字孪生项目，但由于缺乏共享和协作机制，往往各个项目之间会出现信息孤立和重复工作的情况。常见的情况就是设计研发部门所建立的大量高价值数字孪生对象，被封闭在以 PLM 为代表的设计研发系统中，很难被后续的制造运营、供应链管理、销售管理和售后管理环节所利用。但是设计研发后续的 4 个环节恰恰是产品全生命周期中最长的阶段，尤其是售后阶段。例如，汽车制造企业每年需要参加大量的线下展览活动（例如北京/上海车展），以便充分向消费者展示产品的性能和价值。在车展的舞台上，基于数字孪生 +MR 的全景营销相比传统展示手段受到了极大的欢迎，帮助消费者在车辆静止的情况下充分体会到了车辆的智能化、电动化水平和各种复杂机械结构组成的特性。但是因为缺乏三维 CAD 模型的辅助，目前常见的实现手段是通过媒体公司，不依赖设计模型而直接生成一段视频或者动画进行简要说明。这种方式既缺少了对车辆详细信息和数据的展示，又产生了额外的工作量，非常不便。为了解决这一问题，需要建立一个对数字孪生体进行统一管理的开放共享平台，促进各个项目之间的知识交流和协作，避免重复工作，充分发挥数字孪生技术的效率和价值。

第四，当前的可视化数字孪生更多只是静态快照，缺乏实际业务上的"活文件"。数字孪生技术的初衷是在虚拟世界中，映射、模拟和预测物理世界的对象和行为。但目前的可视化数字孪生只是基于静态数据的建模和仿真，缺乏对真实业务场景的动态模拟和调整能力。为了改进这一问题，我们需要结合实时数据采集和处理技术,使得数字孪生能够及时反映真实业务的变化和调整,以提高数字孪生在现场业务操作和决策中的应用价值。

第五,和数字孪生相关的一个话题——工业物联网的价值回报。当前的工业物联网项目往往缺乏直接目的或显著的投资回报率。许多组织和企业在部署工业物联网设备时,往往有着基于物联网所采集的数据,继续推广数字孪生技术的期望。但由于缺乏明确的业务目标和评估指标,以及良好的业务规划和投资回报预期,导致很多项目难以取得实际的效益,变成了典型的"为了数据采集而采集"。为了解决这一问题,需要更加注重在工业物联网实施之前确认清晰的业务目标和分析内容规划,明确投资回报率,并建立相应的评估机制,以确保数字孪生技术在工业物联网平台上的有效应用和商业价值的实现。

2. 未来数字孪生开发平台的趋势

(1) 开发过程游戏化 / 无代码化 / 低代码化

在未来的数字孪生开发中,数字孪生应用的构建者将成为游戏化、无代码或低代码化开发的设计师。传统的数字孪生开发通常需要专业的编程知识和技能,但这种情况正在发生变化。未来的数字孪生开发平台将提供直观易用的界面和低代码 / 无代码工具,使得非专业人士也能够轻松创建和定制自己的数字孪生应用场景。这意味着更多的人可以参与数字孪生的设计和开发过程,推动数字孪生技术的广泛应用。

(2) 为不同的一线员工提供开箱即用的工具

数字孪生开发不只是面向开发人员,还需要考虑实际使用数字孪生的一线角色,如生产操作人员、设备维护人员、质量检测人员等。未来的数字孪生工具将提供开箱即用的功能和工具,以满足不同角色的需求。例如,对于生产操作人员,数字孪生工具可以提供实时监控和预警功能,帮助他们快速识别和解决问题;对于设备维护人员,数字孪生工具可以提供设备维护和故障排查的指导,提高工作效率。

(3) 沉浸式、交互式的空间数据和实时数据可视化

数字孪生的核心是建立现实世界的虚拟模型,未来的数字孪生开发将更加注重可视化技术的应用,使得用户能够直观地了解和分析物理对象在三维空间坐标系中的运动过程。通过融合空间位置数据和实时状态数据,使用沉浸式、交互式的三维可视化终端,用户可以更加深入地理解模型的各个组成部分,进行场景模拟和分析,及时发现并解决问题。

(4) 融合业务流程和人员数据

数字孪生不仅仅是一个单纯的虚拟模型,还需要与实际的业务流程和人员数据相结合。未来的数字孪生工厂将注重把业务流程和人员数据融合到数字孪生体中，实现真正的整合。这样一来，数字孪生体不仅仅是一个静态的模拟对象，还可以根据实际情况进行动态调整和优化，提高生产效率和管理水平。

（5）使用 AI 和机器学习实现场景自动化

未来的数字孪生工厂将更加注重应用 AI 和机器学习技术，实现业务场景自动化。例如，通过将设备预测性维护算法同数字孪生解决方案相结合，分析和学习设备的历史运行状态、报警日志等数据，AI 辅助的数字孪生体可以自动识别并预测潜在的设备故障，以便及时采取措施避免损失。

（6）明晰投资回报率

未来的数字孪生工厂将更加注重明晰投资回报率，通过技术创新和可持续发展，让不同层级的管理和操作人员都能够从数字孪生中快速受益。例如对于管理层来说，数字孪生可以提供更准确的决策依据，继续发挥现有的可视化数字孪生的价值；对于生产操作人员来说，可计算数字孪生可以提供更好的现场工作指导和业务培训，提升个体的操作效率和业务技术能力。

8.3.4 可计算数字孪生的建设步骤

下面以建设数字孪生工厂的"六步法"为例介绍可计算数字孪生的建设步骤。

1. 三维数据采集

三维数据采集是数字孪生工厂建设中非常重要的第一环，它可以帮助我们更好地理解和模拟实际工厂的物理环境和设备。在进行三维数据采集之前，我们需要明确两种常见的建模方式：正向工业模型创建和逆向工业模型建模。

（1）正向工业模型创建

正向工业模型创建是指对已有的三维 BIM（Building Information Modeling）或者三维 CAD（Computer-Aided Design）模型进行导入建模的过程。在这种情况下，我们可以利用现有的建筑 BIM 模型或者产线设备 CAD 模型快速建立起数字孪生工厂的基础模型。

首先，对于厂房建筑的三维 BIM 模型导入建模，可以通过 BIM 软件（如 Revit）将 BIM 模型导出，然后使用数字孪生平台的导入工具将 BIM 模型导入数字孪生平台中，这些模型通常包括建筑的结构、外观、楼层分布、管线等信息。BIM 模型导入后，我们可以根据需要进行进一步的编辑和优化，例如添加细节、调整尺寸和位置。此外，我们还可以根据实际需要将其他元素添加到模型中，如设备、工作区域等，以便更全面地呈现工厂的情况。

其次，对于产线设备的三维 CAD 模型导入建模，可以通过三维 CAD 软件

（如SolidWorks）将设备模型导出，然后使用数字孪生平台的导入工具将CAD模型导入数字孪生平台中。

（2）逆向工业模型建模

逆向工业模型建模是指在没有正向三维源模型的情况下，利用倾斜影像建模或者大空间三维激光扫描仪进行点云建模。

首先，倾斜影像建模是指利用倾斜拍摄的航空影像来重建目标物体的三维模型。这种方法需要借助航空影像处理软件，如Pix4D或Photoscan等，对倾斜影像进行处理和分析，生成高精度的三维模型。该方法适用于建筑物或大型设备的建模，可以提供较快的建模速度和较高的建模精度，在缺乏厂房车间的三维BIM模型时，通常可以采用此种手段完成建筑模型的建立。

其次，大空间三维激光扫描仪是一种通过激光扫描仪器获取目标物体表面的点云数据，并将其转化为三维模型的技术。这种方法适用于形状复杂、细节丰富的物体建模，如设备和工艺管道等。通过扫描仪获取的点云数据可以提供非常准确的物体表面信息，但相比倾斜影像建模，前者的建模过程较为耗时，可能需要在现场进行多次扫描。

在逆向工业模型建模过程中，我们需要将点云数据导入三维建模软件中，并进行数据处理、清理和拟合，以获得最终的三维模型。根据实际需求，我们还可以增加细节、调整尺寸和优化模型等，使模型更贴近实际情况。

2. 三维模型简化

在今天的数字孪生工厂建设中，必须考虑如何在满足一线员工需求的前提下，使用包括手机、平板终端、便携式计算机、XR终端等移动设备在内的系统终端，而非只是使用大屏幕来充分发挥数字孪生的能力。因此出现了一个和过去应用场景不一样的挑战是，这些移动设备的算力是有限的，不像大屏幕可以接入企业IDC或者云端，从而在理论上拥有无限的渲染算力。为了保证在移动设备上运行的流畅性，对三维模型的简化就成为一个不可或缺的步骤。迄今为止，三维模型简化还无法做到全自动化处理，中间仍然包含大量的人工服务工作。

（1）删除细节和不必要的元素

在简化三维模型之前，首先需要评估模型的细节和元素，以确定哪些部分可以被删除或简化。这些细节和元素可能包括小尺寸的构件、微小的纹理、细微的曲线等。通过删除这些细节，可以减少模型的复杂性和多边形的数量，从而提高模型在移动设备上的性能。

（2）减少多边形数量

多边形数量是决定模型复杂性的一个重要指标。较高的多边形数量会增加计算和渲染的负荷,可以通过使用几何建模工具(如 Unity Pixyz)来减少多边形的数量。这些工具可以自动检测和删除不必要的多边形,从而减少模型的复杂性。

(3)优化纹理和材质

高分辨率纹理和复杂的材质也会影响模型在移动设备上的流畅性。可以通过降低纹理分辨率、使用更简单的纹理或共享纹理来减少纹理开销。此外,还可以考虑使用基于顶点颜色或简单的着色器替代复杂的材质。

(4)合并网格和批处理

将模型中相邻的物体或部件合并为单个网格可以减少绘制调用,提高性能。这样的合并可以通过模型编辑工具或自动化脚本来实现。批处理是另一个有效的优化方法,通过将多个物体的渲染调用合并为一个批次,减少绘制调用的数量。

(5)LOD(Level of Detail)技术

LOD 是一种常用的优化方法,即根据观察距离和视觉需求,使用不同级别的细节模型。在移动设备上,当用户接近物体时,需要显示更多细节;而当用户远离物体时,可以使用较低的细节模型。通过使用 LOD 技术,可以根据视点和距离自动切换模型的细节级别,以优化性能。

(6)渲染技术和算法

与模型简化相关的还有渲染技术和算法的优化。例如,使用着色器技术来减少渲染负荷;使用阴影和灯光效果的简化版本,而不是复杂的实时光照计算;使用基于物理的渲染(PBR)材质,而不是复杂的反射和折射算法。

(7)动画和碰撞检测的简化

如果模型包含动画或需要进行碰撞检测,则需要对这些部分进行相应的简化。动画可以通过减少关键帧的数量或简化动画曲线来简化。碰撞检测则可以通过使用简化形状或用近似碰撞代替精确碰撞来简化。

(8)测试和优化

在模型简化完成后,应进行测试和优化以确保模型在移动设备上的流畅性。可以使用微软 HoloLens 2 或其他类似设备进行实时测试,评估模型加载时间、帧率和用户交互的响应速度,再根据测试结果进行必要的调整和优化,直至达到预期的性能要求。

3. 工厂多源异构数据接入

数据融合服务是过去基于消息中间件的 EAI 模型的进一步发展,以微服务为处理单元,以 REST 接口和 OPCUA 协议为标准技术接口,管理和简化应用之间的集成拓扑结构,以广泛接受的开放标准为基础来支持应用之间在消息、事件和服务级别上的动态互联互通,可以有效地减少系统之间两两互连带来的工作量,以及维护和变更的代价。数据融合服务集成简化了IT结构，减少了接口数量，降低了维护成本，增强了系统的灵活性和扩展性。通过接口配置信息关联实时数据源后，可以查看数据源对应的数据库下的各类信息，并对其进行管理。

基于数据融合服务，数字孪生平台所采集的多源异构数据经过统一的治理、存储和分发，可满足工厂数字孪生各场景的应用所需。其数据包含物理特征数据、传感器/IoT采集数据、逻辑运算数据、工艺流程数据、物流运转数据、视频系统数据、生产运营管理数据、人员位置数据等，按照数据类型可划分为设备数据、工位数据、线体数据和车间数据，如图8-2所示。

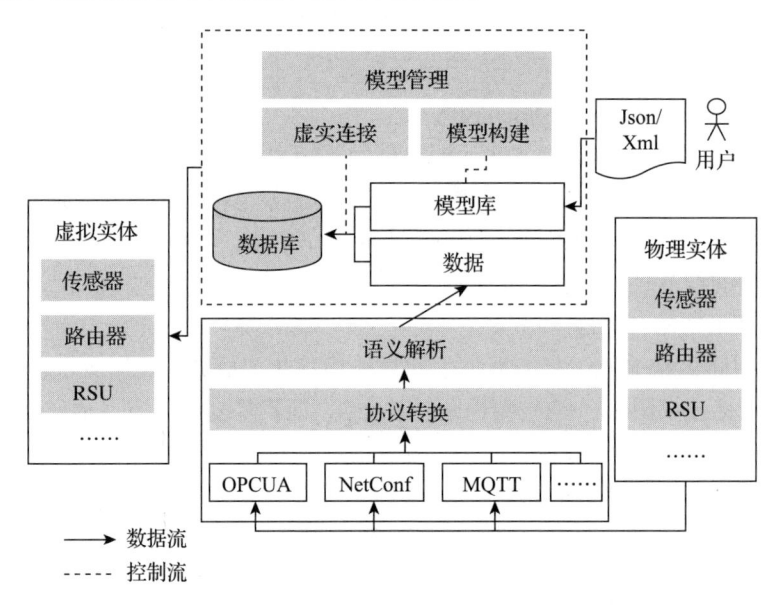

图8-2　工厂多源异构数据接入

设备数字孪生体数据包括设备运行信号、设备性能参数及健康状态指标值、设备报警信息、设备携带的第三方信息（主要指产品信息、质量信息等）、网络特性、设备在工位中的位置信息、设备能耗、设备名称/编号等主要信息。设备数字孪生体数据采集根据各设备的工作原理或者逻辑流程，以及在工艺流程中控制动作的角色制定规则。

工位数据包括工位加工或者运输的零件/产品的信息、上下零部件信息、操作人员信息、工位名称/编号和指示设备。工位数据采集根据整体工位的执行步骤/流程所对应的事件约束和时间约束（期望值和实际值）、前后工位协同生产或者流动、多个加工和搬运设备的协同运作条件信息，参考整体工位存在的运动路径和整个工位的状态、报警、性能、效率等参数（包含工装夹具等的夹紧松开动作、工位的工作原理），从而确定执行逻辑流程的规则。

线体数据包括线体名称/编号、管道线路布置、物流路径、指示设备、网络特性、上下零部件信息、工位加工或者运输的零件/产品的信息。线体数据采集根据整条线体的执行步骤/流程所对应的事件约束和时间约束（期望值和实际值）、前后线体协同生产或者流动、多个加工和搬运设备的协同运作条件信息，参考整体线体存在的运动路径和线体的状态、报警、性能、效率等参数，以及线体的工作原理或者执行逻辑流程、线体物流规则和生产管理规则制定整体线体的规则。

车间数据包括车间加工或者运输的零件/产品的信息、上下零部件信息、操作人员信息、网络特性、车间名称/编号、管道线路布置、指示设备和物流路径。完善的车间数据采集需要记录在生产过程中使用的所有零件的规格、型号和批次信息；参与生产的操作人员的身份识别、工作岗位、工作效率、技能级别与工作时间记录；在生产过程中应遵守的各种时间和事件约束条件的达成情况，包括期望时间与实际时间的记录；车间内部人员和物料的历史运动路径（用于评估并优化线体布局）；用于实时监控生产和环境的各类告警信息数据等。为了收集这些数据，需要在车间的生产线和环境设备上安装必要的传感器，包括视觉传感器、温度传感器、振动传感器，以及 RFID 读取器等。

4. 数据清洗、融合和绑定

数据预处理和清洗是将多源异构数据整理成一致、准确和完整的数据的过程，以便后续的分析和应用。在数据预处理和清洗阶段，需要采取一系列技术和方法来处理数据中的噪声、异常值和缺失值，以确保数据的质量和可靠性。

数据预处理和清洗的第一步是数据去噪。在实际收集的数据中，常常包含一些不符合实际情况的噪声点，这些噪声点可能由传感器故障、信号干扰或其他原因引起，去除这些噪声点可以提高数据的准确性。常见的去噪方法有滤波算法，如均值滤波、中值滤波和高斯滤波等。这些滤波算法可以平滑数据，去除异常值，并提取出数据中的趋势和周期性成分。

数据预处理和清洗的第二步是异常检测与处理。异常值是指数据中与其他值相比，明显偏离正常范围的值，可能由设备故障、人为错误或不可预测的事件引起。异常值的存在会导致对数据进行建模和分析时产生误导性的结果，因此需要对异常值进行检测和处理。常用的异常检测方法包括基于统计学的方法、基于聚类的方法和基于机器学习的方法等。一旦检测出异常值，可以采取合适的方法进行处理，如删除异常值、替换异常值或者使用插值法进行填补。

数据预处理和清洗的第三步是缺失值处理。在实际收集的数据中，可能存在某些值因为传感器故障、通信问题等原因而缺失。缺失值的存在可能导致对数据的分析和建模产生偏差，因此需要对缺失值进行处理。常见的缺失值处理方法包括删除缺失值、插值法、模型补全等。其中，插值法是一种常用的处理方法，可以通过已知数据的特征和关系，推测出缺失值并进行填充。常见的插值法包括线性插值、多项式插值、K近邻插值和时间序列插值等。

数据整合和融合是将多源异构数据整合成一个统一的数据集，以便数字孪生体可以正确处理和分析这些数据。在数据整合和融合阶段，我们需要解决不同数据源、数据格式和数据结构之间的差异，并确保数据在整合过程中保持一致性和可比性。

数据整合和融合的第一步是数据标准化。由于多源异构数据往往有着不同的数据格式和单位，因此需要对数据进行标准化处理，以便数字孪生体可以正确理解和解释这些数据。标准化包括统一数据的命名规则、单位标准、时间戳等。例如，对于来自不同传感器的温度数据，可以将其单位转换成相同的温度单位（如摄氏度或华氏度），以确保数据的一致性。

数据整合和融合的第二步是数据映射和转换。多源异构数据往往以不同的数据结构和属性表示，需要进行数据映射和转换，以使它们适应数字孪生体的数据模型，满足分析需求。数据映射和转换包括调整数据结构、合并数据表、字段映射、数据重采样等。这样，不同数据源的数据才可以在一个统一的数据集中进行管理和分析。

数据整合和融合的第三步是数据质量控制。在整合多源异构数据的过程中，可能会出现数据冲突、数据不一致、数据误差等问题。为了确保数据的质量和一致性，需要进行数据质量控制，包括数据验证、数据清洗和数据一致性检查等。例如，可以使用数据验证方法来检查数据的完整性和准确性，并通过数据清洗方法来处理数据中存在的错误和冲突。

最后将物理设备的业务数据、运行数据和已经完成简化的3D模型进行绑定映射，按规模从小到大地支持不同级别的设备完成数字孪生体的完整定义。这时我们可以说，数字孪生体不再是一个只能在可视化数字孪生世界中静态、机械、割裂存在的数字化对象，而是具备和物理对象完全实时同步的能力，能和其他数字化对象进行匹配和关联，能按照一定规则进行统一运动的"活"起来的完整对象模型。

5. 单元级数字孪生场景构建

在完成了面向设备级别的数字孪生体构建后，如果把最终要建设的数字孪生工厂比喻成一个乐高积木拼好的成品，那么数字孪生体就是拼装这个成品所需要的最小单元块。基于低代码甚至无代码的数字孪生场景构建能力，可以初步形成3种不同业务相关程度的单元级数字孪生场景应用。低代码数字孪生平台对模型库进行了有效封装，业务人员只需要通过类PPT形式的操作，拖拽模型和进行配置就能完成基于数字孪生的 XR 内容快速搭建，降低了技术门槛与人员成本，摆脱了对复合型技术人才的要求与限制，提升了人效与项目响应速度。

（1）业务弱关联的数字孪生场景

典型的此类应用场景包括三维可视化、三维产品说明书、产品全景营销、MR 互动培训和应急演练等。

（2）业务强关联的数字孪生场景

典型的此类应用场景包括研发协同验证、生产/物流/质量/设备/能源监控、计划仿真、模拟调度、员工管理、安防监控等。

（3）机理模型融合的数字孪生场景

典型的此类应用场景包括设计研发仿真、工艺路线规划、产线优化模拟、设备预测性维护、能耗预测模拟等。

6. 应用级数字孪生场景构建

基于单元级的数字孪生场景，对其进行组合和补充相应的定制化开发，可以得到面向工厂的应用级数字孪生场景。

第一，虚拟工厂漫游是数字孪生工厂的核心功能之一。通过将实际工厂的数据和设备信息与数字建模相结合，可以创建一个真实的虚拟工厂环境。在这个虚拟环境中，用户可以沿着规定路线或者自由路线移动，并进行各种浏览和查看操作，如设备状态、生产过程、物流流程等。同时虚拟工厂漫游也针对客户和合作伙伴提供了一种参观工厂的有效方式，打造了 7×24 小时永远在线的参观服务，如图 8-3 所示。

图 8-3　虚拟工厂漫游

第二，传统的车间巡检需要人工进入现场进行检查，存在时间成本高、操作复杂等问题。尤其在一些高度自动化的"黑灯工厂"，或者生产环境相对恶劣艰苦的地方，更加需要一种可以远程进行标准化巡检和记录数据的方式。通过数字孪生工厂，相关人员可以通过智能终端设备远程进行车间巡检，实时获取车间的数据、设备状态、生产进度等信息，并及时对潜在问题进行远程处理，从而提高工作效率和安全性，减少人工成本。

第三，当人员到现场进行设备检查和修复，遇到了不熟悉的故障现象而导致无法独自完成维修动作时，通常需要后端的"老师傅"提供专家技术支持。此时，基于数字孪生和 MR 技术的数字维修助手可以帮助现场工程师，通过虚拟界面发起对后端支持专家的呼叫和协同，以第一人称视角共享现场信息和实时视图，对设备进行高效的协同维修。

第四，制造业人员通常需要接受烦琐的培训，以熟悉设备操作流程和生产安全规则等。而通过数字孪生 + MR 技术生成的交互式沉浸培训，可以为一线设备的操作人员提供体验更直观、内容更丰富、成本更低的培训方式。他们在虚拟环境中模拟真实生产过程，学习操作技巧、应对紧急情况，在不增加实际成本的前提下，快速提高工作技能和应对紧急情况的能力。

这些数字孪生应用需要支持跨平台、跨操作系统的部署，以便通过数字孪生平台分发到三维可视化的监控大屏、手机、平板终端、便携式计算机、MR/AR 智能终端等跨 Windows、iOS、安卓操作系统的终端上协同工作。

8.3.5　决策自治是数字孪生技术的发展方向

广义上说，目前的数字孪生应用已经逐步实现了模拟可视化、分析沉淀数据、预测模拟三个阶段，实现决策自治是数字孪生技术体系的下一个发展阶段。

1. 模拟可视化阶段

模拟可视化是数字孪生的基础环节，通过建立模型和对物理世界的感知体系，建立虚拟世界和物理世界之间的数字化映射关系。在模拟仿真阶段，我们借助计算机技术对实际物理对象和相关系统进行建模，并通过工业物联网和传感器等数据采集装置获取现实世界中的相关数据。然后，将这些数据接入三维模型中进行可视化，以实现对物理系统的模拟。在这一阶段，数据的传递并不一定需要完全实时，数据可在较短的周期内进行局部汇集和周期性传递。

2. 分析沉淀数据阶段

数字孪生体的建立离不开各种多源异构数据的支持。系统通过感知装置获取的现实世界中的各种参数和状态信息，可以驱动数字孪生体的运转和模拟优化。通过分析沉淀数据，可以实现虚拟与现实同步，对物理世界进行全周期的动态监控。根据实际业务需求，逐步建立业务知识图谱，构建各类可复用的功能模块，对获取的数据进行分析、理解，并对已发生或即将发生的问题做出诊断和预警，实现对物理世界的状态跟踪、分析和问题诊断等，从而使数字孪生体能更加真实、准确地反映物理对象的运行状态和性能。

3. 预测模拟阶段

预测模拟是将机器学习和自然语言处理等人工智能技术应用于数字孪生体，以在虚拟世界中预测未来。通过分析历史数据、学习系统行为规律，数字孪生体可以对未来的运转状态进行预测、模拟，探索潜在的、未发觉的及未来可能出现的新运行模式，并将预测结果以人类可以理解和感知的方式呈现于虚拟世界中，帮助企业预先了解和应对未来可能出现的问题。预测模拟可以用于优化生产计划、改进产品设计、优化供应链、预测设备故障概率、优化能源消耗等方面，提高企业的竞争力和运营效率。

4. 决策自治阶段

决策自治是指数字孪生体在虚拟世界中通过应用云计算、隐私保护、工业安全等技术，在保证安全的前提下，自动或者半自动地实现从虚拟世界向物理世界的反控。

到达这一阶段的数字孪生基本可以称为是一个成熟的数字孪生体系，拥有不同的功能及发展方向，但基于同一个数字孪生体管理体系的功能模块，像乐高积木一样构成了一个个面向不同层级的业务应用能力，这些能力在数字空间中进行自主交互并共享智能结果。具有"中枢神经"处理功能的模块通过对各类智能推理结果的进一步归集、梳理与分析，实现对物理世界复杂状态的预判，并自发地提出决策性建议和执行路线，在人类确认或者授权的前提下，根据实际情况不断调整和完善自身体系，并对物理世界发出操作指令，完成从实到虚，再以虚控实的闭环反馈。这种决策自治的能力可以提高生产效率、减少人为误操作，并且可以实时应对环境和需求的变化，增强企业的应变能力和灵活性。

今天数字孪生的能力离决策自治的目标仍然还有相当的距离，随着各种新型数字化技术的共同发展，数字孪生技术将在数据采集、建模、交互式操作、沉浸式可视化、统一数字资产平台等多个方面持续深入提升，一边探索尝试，一边优化和完善，向着决策自治的最终目标进行演进。

8.4 工业元宇宙的入口——扩展现实

8.4.1 扩展现实的相关概念

扩展现实（XR）实际是一个概括性术语，囊括了增强现实（AR）、虚拟现实

（VR）、混合现实（MR）以及介于它们之间的所有内容。VR（Virtual Reality），即虚拟现实，其利用计算技术、显示技术等将现实和虚拟分隔开，重构数字化虚拟世界，佩戴设备的人依靠交互技术沉浸在虚拟世界中。例如电影《头号玩家》，主角通过佩戴 VR 头盔进入虚拟世界。现实世界的等级制度在虚拟世界里全部重新洗牌，就算在现实中是一个挣扎在社会边缘的失败者，在"绿洲"里也依然可以成为超级英雄。

长期来看，VR 技术并不非常适合工业元宇宙的应用。相信有过工厂操作经验的读者都能想象到，通过 VR 在数字化虚拟世界中进行交互式操作，很难保证人员在工业现场的操作安全，也不一定符合场地要求。但短期内，VR 技术可以用于与现实弱交互的工业场景中，如应急演练、安全培训、虚拟场景构建等。

AR（Augmented Reality）/MR（Mixed Reality），即增强现实/混合现实，强调虚拟世界与现实世界的重叠。AR 强调虚拟画面＋裸眼现实（仅呈现人眼可见的现实），通过计算机技术将虚拟的信息应用到真实的环境中，使用户感受到虚拟世界与现实世界的重叠。这些虚拟的对象或信息通常通过智能手机、平板终端或 AR 眼镜等设备的屏幕显示出来。

AR 的发展和应用领域非常广泛，包括工业、教育、医疗、娱乐、旅游等。在教育领域，AR 可以为学生提供更加直观、生动的学习体验，例如通过 AR 技术展示动态的生物模型或历史场景。在医疗领域，AR 可以为医生提供可视化的操作指导，帮助提高手术的准确性和安全性。在娱乐领域，AR 可以将虚拟角色或物体融入现实环境中，为玩家提供身临其境的游戏体验。在旅游领域，AR 可以为游客提供实时的导航和信息展示，增强游览的趣味性和交互性。和 VR 相比，AR 更适用于在物理世界中进行三维可视化的场景，如工业巡检、辅助维修、实操培训等，且典型应用案例众多，渗透率更高。

混合现实是 AR 的进一步升级，它不仅将虚拟对象叠加到真实环境中，还将物理世界的一些元素整合到虚拟世界中。MR 强调虚拟画面和数字现实的结合，包括人眼看不见的现实。更重要的是，它强调与虚拟信息的交互。MR 的显著特点在于，它能够让用户在物理世界和虚拟世界中无缝切换，甚至可以在两个世界中自由地互动和操控对象。例如，通过 MR 眼镜，用户可以看到虚拟的电视屏幕挂在现实的墙上，并且可以用手势或眼球移动来改变电视频道。MR 通常需要更复杂的硬件和软件支持，包括但不限于深度感知摄像头、眼球追踪技术、手势跟踪技术、高性能图形处理器等。这些技术可以捕捉和理解用户的行为与周边环境，以实现真实世界和虚拟世界的无缝融合。相较 AR，MR 更适用于在虚拟世界和现实世界进行混合交互的低时延复杂场景，如设计评审、远程协作、设备实时诊断等。但是由于目前的 MR 设备在体验方面并没有完全达到用户的期望，技术挑战仍然较大。

AR 和 MR 虽然在很多方面有相似之处，但它们的目标和实现方式有所不同。AR 主要是在物理世界中添加虚拟元素，而 MR 则是在虚拟世界和物理世界之间建立更紧密的联系，使用户能够与虚拟元素进行交互。AR 通常更依赖设备的屏幕来显示虚拟信息，而 MR 则需要更复杂的设备，例如微软的头戴式计算机 HoloLens 2，以支持更丰富的交互方式，如图 8-4 所示。另外，MR 也需要更高级的计算技术，以理解和响应用户的行为。

图 8-4　微软头戴式计算机 HoloLens 2（来源：微软官网）

8.4.2　扩展现实的展望

1. XR 设备的推陈出新

在过去的几年里，XR 在商业和消费者领域得到了快速的发展和应用。预计到 2031 年，XR 市场将增长到 2.6 万亿美元。尽管多家机构评估表明，由于元宇宙焦点的转移，XR 技术将进入一个相对冷静的阶段。但在 2023 年 6 月随着苹果 Vision Pro 的发布，被称为"全村的希望"的苹果不负众望，与过去的 VR/AR 平台相比开创了一个新的纪元。从人机交互到硬件规格，再到操作系统、生态以及数据隐私，苹果重新定义了头戴式设备的标准。尽管受限于 3499 美元（约合人民币 24 881 元）的价格，以及尚且不算丰富的 XR 内容供给，短时间内 Vision Pro 很难在消费级市场普及。但在 Oculus Quest 销售增长乏力，旧的范式已经开始看到天花板时，Vision Pro 带来的新标准，意味着行业有了打破瓶颈的可能，并且在企业级市场有望拥有自己的一席之地。Vision Pro 是一款 AR 与 VR 融合的混合现实设备，用户既可以全沉浸式地玩游戏、看电影、办公，体验 VR 的功能；也可以利用头显表面的传感器，将外部世界的人和物投射入虚拟世界，从而实现 AR 功能。

每一代苹果设备都有自己独特的交互创新，比如 Mac 有鼠标，iPod 有 Click Wheel，iPhone 有多点触控，而 Vision Pro 的交互创新，在于开发出一个完全无须接触控制器和额外硬件的交互方式。用户在交互时不需要手柄，只需要眼和手配合，通过眼睛的移动就可以选择想要交互的模块，绝大多数 iOS 和 iPad OS 的应用程序都可以在 Vision Pro 中使用，例如 Safari 浏览器、Keynote 讲演等，如图 8-5 所示。苹果还表示，将专门为 Vision Pro 创建一个新的特殊版本的 App Store，这将是下载新的 AR 和 VR 软件的主要途径。

图 8-5 苹果 Vision Pro 的交互界面

此外，为了不使用户和周围的人隔绝，苹果还开发了一个名为 Eyesight 的功能，这也是 Vision Pro 的另一个基础交互设计。当有人在附近时，Vision Pro 的黑色外壳可以变得透明，让周围的人看到用户的眼睛，并让他们意识到用户正在关注什么事情。

2. XR 与数字孪生

根据 IDC 数据显示，到 2024 年全球数字孪生市场规模有望达到 177.3 亿美元，以数字孪生为代表的各类实体种类繁多。毫无疑问，数字孪生将成为 XR 融合应用的一个重要趋势。随着 XR 的使用越来越普遍，逼真程度的标准无疑要求全球的开发者创造更复杂的环境、体验和互动。企业和消费者希望看到这些数字创建的环境、对象或资产与现实生活中的描绘更接近，包括视觉逼真度、交互、人体工程学等方面。庞大的数字孪生应用将使数字环境更加复杂，同时增强真实感和沉浸感。

3. XR 超现实化身——数字人的发展

在过去的几年里，保持联系状态是一个至关重要的话题。世界卫生组织

（WHO）2022 年的报告显示，主要由社会隔离引起的焦虑和抑郁大幅增长 25%。尽管在线互动有助于我们保持联系，但我们在与他人互动时仍面临着一个挑战，那就是感觉自己不在现场。因此，无论是人类的数字分身还是 NPC，体验角色中的 XR 都必须开始向真实人类角色的视觉方向发展，包括肤色、情绪和反应，需要创造超现实的数字人体验。随着 3D 建模和动画技术的不断发展及成本降低，未来对数字人的需求会越来越旺盛。

4. XR 触觉技术

尽管今天的触觉技术仍在发展中，但并未达到预期水平，在过去几年中，我们见证了 XR 触觉技术的快速进步。触觉技术是有望加速 XR 进步和适配能力增长的技术之一。主要原因是该技术使用户可以体验到触摸感，是让 XR 真正拥有沉浸式体验功能的重要部分。将触觉乃至于未来的嗅觉、味觉等多种感知技术融入 XR，将是一个不断增长的技术趋势，从而为制造、医疗保健、医疗技术、航空航天等行业提供更全面的虚拟交互体验。

5. XR 汽车人机验证

XR 人机验证在国内的汽车验证领域处于起步阶段，不过在航空航天、轨道交通、医疗健康等领域已应用多年，近几年随着汽车新四化和虚拟技术的迅速发展，越来越多的整车制造企业开始进行 XR 设计验证的探索。XR 人机验证可开展整车级的虚拟装配、人机工程、HMI、PQ 和工艺等静态、动态的虚拟现实设计验证，对还未真实制造出来的产品整车进行系统性的工程诊断。人机交互的验证不再需要耗时费力地搭建各种型号的真实车模，而是可以在一种实车模型里通过切换 XR 所展现的虚拟内容，以客户的真实体验为基础进行评测，以客户感受为出发点，以人性化设计为准则，以场景和车辆定位匹配为基准，进行评测系统的设计和开发。

6. XR 生态系统

微软、苹果、Meta、字节跳动和其他科技巨头已经在广泛投资建设全面的 XR 生态。这包括并购和开发软件与硬件组件，创建软件和应用市场以获取高度定制化的闭环 XR 体验，其中沉浸式设备平台（包括硬件组件、开发工具、内容和应用程序）将由一家供应商完成。未来相信会看到更多的科技巨头扩张并建立自己的 XR 生态系统，收购或与不断增长的科技公司合作，从而为其 XR 生态带来新的能力。随着越来越多的 XR 生态系统开始形成，我们可以预见，在不断增长的沉浸式技术市场和全球数百万用户的加持下，XR 生态会有更激烈的竞争。

根据全球各行业对 XR 的应用趋势，未来在全球舞台上将会出现更多令人兴奋的 XR 新体验和精彩的展示。

8.5 汽车行业数字孪生工厂建设实例

8.5.1 建设目标

面向某全球领先卡车制造企业，通过打造数字孪生工厂，构建可升级迭代的数字孪生平台。建设数字孪生工厂应用，有效监控工厂运行状态，提升响应速度。采集关键设备数据，实现系统间信息的互联互通，以数据驱动呈现工厂运营情况，有效提升管理效率。形成企业通用、标准的数字资产，后续以企业的业务需求为主导，在数字孪生平台内构建相关应用。同时，帮助工厂培养一支具备实施数字化可视工厂能力的队伍。

1. 整体模块化

以工位、产线、车间等不同颗粒度对工厂进行离散处理，实现模块化切分，根据需要快速组装模块、刻画生产场景，通过数据贯通实现模型间的信息传递，达到虚拟复现。

- 整体模块化设计，能够方便地实现新车型虚拟导入，提前暴露设计缺陷。
- 通过模块化替换，可以实现既有产线技改的快速验证。
- 沉淀模块化原型，自动生成成熟方案，有效指导新建工厂快速复刻。

2. 实体虚拟化

利用激光扫描设备对工厂进行三维扫描，通过所捕获的点云数据直接根据物体表面的离散点重构出结构复杂的三维模型，将物理实体快速虚拟数字化。

- 获得真实的三维工厂数字化模型。
- 为设备和产线的逆向建模提供数据基础。
- 规划/改造方案设计与验证。
- 产线集成数据检查及更新。

3. 建模数字化

对数据模型的标准性、完整性、特征点的几何精度和纹理的正确性进行校验，提取主要机位安装位置坐标并生成二维平面图，导入标准化 3D 产品模型数据并整合。

- 精细化构建产线、设备等数据模型，保证关键局部的几何精度，标准化产品模型快速复用。
- 为产线、车间的技术改造提供通过性验证。

- 实现设备和产线的逆向建模，为后续新建数字孪生工厂的复制奠定基础。

4. 模拟智能化

考虑运算负荷，实行计算资源的云端部署，将实际业务流程、工艺规则、运动轨迹及生产约束等以边界条件、算法公式的形式嵌入仿真计算引擎，通过计算自动驱动生产过程的模拟仿真，实现模拟的智能化应用。

- 确定并优化节拍和产能，优化产线布局，确定生产线的极限产能，分析仿真故障率对产线的影响及调控应对能力。
- 确定人员需求，评估、确定最优方案，提供三维可视化的动态工厂模型。
- 分析、测试合适的生产策略、排产计划，验证混线策略，分析缓存、设备/人员的利用率等。

8.5.2　主要技术要求和实现方式

1. 三维激光扫描

- 根据扫描要求对扫描仪的参数进行合理设置，保证数据的点间距符合要求。
- 合理地布设标靶及标靶点，保证标靶点在测站中分布合理。
- 要求对测区进行全覆盖扫描，保证无死角。

2. 3D 建模标准

- 统一单位为厘米（cm）。模型导出前转为 Edit Poly（编辑多边形），导出格式为 FBX。
- 三维模型底部中心点的坐标应为（0，0，0）。
- 模型布线合理，不得出现破面、共面、漏面和反面现象；合并断开顶点，移除孤立顶点。
- 不同纹理之间应保持统一的色调、曝光度、对比度、饱和度。
- 相同尺寸、外观、轮廓的模型应采用复用方式建模。
- 相同颜色、材质、色调的模型纹理应复用纹理贴图。
- 保持模型面与面之间的距离，推荐最小间距为当前场景最大尺度的 1/2000。
- 模型使用英文名；不允许出现重名，必须按规范命名。
- 模型比例正确，按实物标准 1:1 建模。
- 模型结构清晰，活动部件可单独抽离。
- 交互的模型要独立拆分出来，模型轴心要与交互中心对应。

3. 3D 模型优化

标准工业模型的面数都是百万级起步，这对于普通的 3D 程序来说是无法承载的，也就是说不能渲染出如此多面数的模型，或者说即使能够渲染也不能维持稳定流畅的帧率。因此在现有的设备中需要对模型进行减面处理。

- 调整相邻顶点的最大间距。通过设置顶点间的间距，可以清楚地看到间距越大，顶点越少，面数越少。
- 调整最大角度。通过调整最大角度，能够在拐角处减少顶点和面数。

4. 构建统一的数字资产管理体系

构建企业标准模型库，为后续数字孪生应用所需的模型提供基础数字资产。从数字孪生工厂可持续、可优化、可管控的角度出发，结合生产线的特性，建议三维模型可按照如下分类规则进行模型库搭建（具体内容细化在详细设计阶段协商确定）：

- 单体设备 3D 模型库。
- 线体整体布局 3D 模型库。
- 车间整体布局 3D 模型库。
- 工厂整体布局 3D 模型库。
- 人员 3D 模型库。
- 物流 3D 模型库。
- 场地环境 3D 模型库。

模型与实物以 1:1 比例进行建模，其他按照行业通用三维建模标准执行。支持三维模型绘制，同时也兼容常规三维软件图形导入或者转换，包括但不局限于表 8-1 中的三维软件。

表 8-1　三维软件及三维图形格式

兼容三维软件	兼容三维图形格式
AutoCAD、NX/UG、ProE、3ds MAX、3DMAX、Solid works、CATIA、Maya、Unity、PD\PS	.ABC、.GlTF、.Fbx、.Bvh、.Obj、.Dae、.Stl、.3ds、.ply、.psk、.X3d、.dxf、.JT

设备三维模型轻量化的程度以单体设备模型的面数为衡量单位，保证单体设备模型轻量化后的面数维持在 2000～5000 的数量级之间。构建模型时要建立一套三维模型管理流程及管理机制，在模型的建立、归类存放、修改、调用等阶段，明确处理路径、文件夹等相关信息，并制定安全访问机制。

5. 数字孪生平台设计期功能

（1）平台编辑器（场景布局规划）

平台编辑器在数字孪生场景内可以对其中的元素进行高亮、聚焦、隔离、中心球形爆炸分解、横轴一字爆炸分解、纵轴一字爆炸分解、爆炸还原等处理；支持调整爆炸扩散速度和爆炸半径距离；使模型都具备通用交互效果。编辑器的功能简单易用，可提供低代码二次开发和配置能力。

（2）监控展示

数字孪生平台除了能展示直接对接的设备、业务等相关数据外，还需要具备对数据进行二次处理的能力，以及对异常数据信息进行动态报警提示的功能，让不同角色的用户都可以快速找到所需的数据信息，实现实时监控，动态分析。最终展示效果应包含二维、三维等元素。

（3）任务发布

与企业日常运营相关的作业任务，未来需要在数字孪生平台内进行发布，例如巡检、维修、勘察、协助等。IT通过数字孪生平台进行全厂生产运营的全流程管理，所有任务的发布和关闭都通过平台实现。通过数字孪生平台，IT可以指定人员，平台也可根据既有规则自动分配，从而实现对业务流程的实时进度监控和管理，以及完成度、完成质量、响应速度等信息的透明化。

（4）操作培训

通过数字孪生平台，替换原有"老员工传帮带"、临时培训上岗等传统培训方式，用三维虚实结合的方式，对员工进行培训和考核。所有的关键信息和操作要求都以数字化培训的方式进行传递，减少现场学习过程不规范、学习结果不透明的问题。数字孪生平台还支持多人实时协同培训功能。

（5）智能点巡检

通过智能可穿戴设备，实现现场点巡检和执行过程的全流程指导、监控和回溯，实时查询异常告警、运行参数、设备参数和客户数据等信息。除了辅助现场人员按照标准要求进行操作，并实时记录信息外，设备还应具备历史记录查询、历史异常操作回溯的功能，帮助员工实时解决同类型问题。

（6）远程指导

实现远程专家决策指导、实时标注、内容查询和展示等功能，帮助现场操作人员在面对重大紧急问题时高效快速处理，并通过远程专家支持快速恢复生产。

8.5.3 数字孪生与工业互联网的结合展望

在单一工厂的数字孪生平台建设完成后，可以继续向汽车行业进行工业数字孪生管理系统的推广，规范汽车领域工业数字孪生相关技术标准，实现工业大数据的共享，建立辐射全国汽车制造商、供应商、服务商、经销商及客户的汽车领域工业数字孪生管理服务体系，大幅提高汽车领域工业设备、产品、资源的数量及质量，获取大量工业模型并应用，为基于工业互联网开发者社区的汽车行业发展新模式提供大量、精准的数字孪生模型支持，有利于推动基于数字孪生模型库体系的集成创新应用，促进汽车及相关行业高质量发展。

推广应用汽车领域工业数字孪生管理系统，可以广泛连接汽车及相关行业的工业资源，形成模块化的制造能力，促进制造资源的供需对接，建立产业资源的网络化动态配置，引导企业、行业制造资源互补，形成制造能力社会化共享的良好格局。工业互联网平台可以有效放大工业数字孪生管理系统的社会效益，有利于汽车领域的创新主体理解、掌握和运用各类行业工艺知识，大幅降低创新门槛和创新成本，让海量用户企业、开发者成为工业知识创造的主体，推动工业知识的加速创新、快速迭代和深度应用。

通过汽车工业互联网平台推广应用数字孪生管理系统，可以有效解决现有平台工业技术、知识、经验沉淀不够，工业原理、工艺流程、建模方法等积累不足，算法库、模型库、知识库等行业机理模型缺失等问题，某种意义上解决企业在上云、上平台过程中存在的"不敢上、不愿上"等挑战，促使更多企业和工业设备上云、上平台，带动设备数据采集、汇聚、分析服务体系的完善，推动各类工业知识、经验、方法的沉淀，鼓励专业工业 App 大规模开发应用，提升技术成熟度，培育基于平台的新模式、新业态，提升商业模式成熟度。

参考文献

[1] 澎湃新闻. 小扎深谈元宇宙：希望十年做到十亿用户，使命还是把人聚一起 [Z/OL].（2021-10-29）[2023-08-13]. https://www.thepaper.cn/newsDetail_forward_15128734.

[2] GameLook. Roblox CEO: Metaverse 有 8 个特点，玩家将是真正的创造者 [Z/OL].（2021-03-01）[2023-08-13]. http://www.gamelook.com.cn/2021/03/415748.

[3] 易凯资本. 数字孪生报告：重塑现实和数字世界 [Z/OL].（2021-11-16）[2023-08-13]. https://weibo.com/1962207131/L1JALFlwp.

Chapter9　第 9 章

ChatGPT 赋能工业

我在 2022 年底构思本书的时候，ChatGPT 还并没有显露出它的巨大潜力和未来。2023 年 3 月，当以 ChatGPT 为代表的通用人工智能（Artificial General Intelligence，AGI）横空出世时，人们开始质疑元宇宙是不是又是一个昙花一现的泡沫，而 AI 才是更值得追逐的热点。于是，"元宇宙凉了""ChatGPT/ 大模型代替了元宇宙"等声音到处都是。经过一段时间的 AI 探索和实践，尤其是在 2024 年 2 月 OpenAI Sora 发布之后，通过 AI 可以自动生成各种各样的视频乃至未来的虚拟世界，人们才更加清楚地认识到 AI 与元宇宙并不是互相排斥的概念，而是可以相互促进和增强的。AI 可以作为人类的助手和合作伙伴，共同推动元宇宙的内容创造。人类可以利用 AI 生成的内容，将其作为基础进行创作和设计，从而加快元宇宙的建设。AI 为人类提供更多灵感和素材，使人类的创造力得到进一步释放。

虽然 AI 在生成内容方面发挥了重要作用，但其无法完全取代人类的创造力。元宇宙需要人类的主导和参与，才能真正实现无限可能的交互和创造，人类独特的情感、灵感和创造力是无法被完全复制和模仿的。元宇宙需要人类的参与和想象力，才能创造出更加丰富和逼真的体验。因此，"元宇宙凉了"这样的观点并不全面和准确，AI 与元宇宙需要共同发展，为我们带来更多惊喜和机遇。AI 可以为元宇宙提供丰富、多样化的内容。虚拟环境中的角色（NPC）可以逐渐获得与人类相似的智能水平，与用户进行真实的对话和互动，增强元宇宙的沉浸式体验。

9.1 通用人工智能与生成式人工智能

9.1.1 通用人工智能

AGI 是 Artificial General Intelligence 的缩写,中文名称为"通用人工智能",亦被称为强 AI。该术语指的是在任何人类专业领域内具备相当于人类智慧的 AI。AGI 可以执行任何人类可以完成的智力任务,与弱人工智能或狭义的人工智能(ANI)不同,后者专为解决特定问题设计,而不追求一般认识能力。而 AGI 是人工智能研究的最终目标之一,是 OpenAI、DeepMind、Anthropic 等公司的主攻方向,也是科幻小说和未来研究的一个共同主题。

AGI 的定义和标准缺乏普遍共识,因为不同领域和学科对人类智能的理解各异。AGI 的常见能力包括:推理、策略运用、解谜,在不确定的情况下做出判断、知识表示、计划、学习,以及用自然语言交流等。研究人员和专家仍在持续争论关于 AGI 开发的时间表,一些人认为它可能在未来几年或几十年内实现,另一些人则认为它可能需要长达一个世纪或更长的时间,而少数人认为它可能永远不会完全实现。此外,关于能否将现代深度学习系统(如 GPT-4)视为 AGI 的早期但不完整的形式仍存在争议。关于 AGI 对人类构成威胁的可能性也存在争论。例如,OpenAI 认为 AGI 存在风险,而其他人则认为 AGI 的发展太过遥远,不会带来风险。

通用人工智能(AGI)具备类似于人类的智能特征和能力,可以从广泛的领域和任务中学习新知识。它能够理解和生成语言,进行复杂的推理,具备感知和认知能力,可以进行自主决策和行动。AGI 的这种特征和能力使它具有更高级的智能表现,能够在复杂和不确定的环境中展现灵活性和适应性。

- 学习和适应能力。AGI 具备独立学习和获取新知识的能力。它能够从数据和经验中提取模式,并根据环境的变化进行调整和修改。这种学习和适应能力使 AGI 能够不断改进自身的表现,逐渐接近或超越人类的智能水平。
- 知识表示和推理。AGI 能够理解和表示各种形式的知识,包括语言、图像、声音等。它可以进行复杂的逻辑推理,从已有的知识中推导出新的结论。AGI 具备高级的问题解决和决策能力,能够应对各种复杂的情境。
- 语言和交流。AGI 具备类似于人类的语言理解和生成能力。它能够理解人类的语言和意图,能够使用自然语言进行交流和沟通。这使得人机之间的交互更加自然和有效。
- 感知和认知能力。AGI 具备类似于人类的感知和认知能力。它能够感知外部世界的信息,如图像、声音、触觉等,并对其进行理解和解释。它能够识别物体、人脸，理解动作和表情等，从中获取丰富的信息并进行情境分析。
- 自主行动和控制能力。AGI 能够进行自主决策和行动。它可以根据环境的变化做出合适的响应和决策，并执行相应的动作。这种自主决策和行动的能力显著增强了 AGI 在实际场景中的适应性和自主性。
- 创造性和创新能力。AGI 具备创造性和创新能力。它可以应用创造性思维，生成新的想法和解决方案。AGI 能够利用已有的知识和经验进行创新，提供新的解决方案和创造性结果。
- 情感和情绪认知。AGI 能够理解和表达情感与情绪。它可以识别人类的情绪状态，如喜怒哀乐，并根据情感进行交流和互动。这使得人机之间的关系更加亲密和人性化，增强了与人类的共情和沟通效果。
- 实时决策和问题解决。AGI 能够在复杂和不确定的情境下，进行实时的决策和问题解决。它从大量的信息中快速提取关键信息，进行分析和推理，从而做出准确和合理的决策。
- 跨领域和跨任务应用。AGI 不受特定领域或任务的限制，可以在不同的领域和任务中应用。AGI 的灵活性和适应性使其能够从一个任务迁移到另一个任务，从一个领域转移到另一个领域，展现出强大的适应性和应用潜力。

9.1.2 生成式人工智能

在实现通用人工智能的征途上，一个重要的里程碑是生成式人工智能的出现。生成式人工智能是指能够从给定的输入中生成输出的人工智能系统。这个过程类似于人类进行创造性思考和创意产生的过程。与传统的基于规则的 AI 推理方法不同，生成式 AI 能够通过学习数据的统计特征来模拟人类的创造力和想象力，具有创造和输出全新内容的潜力。生成式 AI 能够理解上下文的含义并生成自然流畅的文本、图像或音频等，这使得它可以应用于文本摘要、文本生成、翻译、音乐创作和绘画等多种任务。目前的 AI 可以从文本输入生成多样化的模式输出，例如文生文（从输入文本生成新的文本）、文生图（从输入文本生成新的图片）、文生视频（从输入文本生成新的视频）等。这个利用 AI 来自动生成新内容的概念称为 AIGC（AI-Generated Content），即人工智能生成内容。

在语言生成方面，生成式 AI 可以通过学习大量的文本语料库，并结合高级模型和算法，生成类似于人类撰写的新文章、新闻或小说。在图像生成方面，生成式 AI 可以通过学习大量的图像数据，并基于这些学习通过给定的图像提示词，生成逼真、创新的图像。生成式 AI 不仅可以模拟人类的创造力，还能够应用于自动生成艺术作品、游戏内容、设计原型等领域。此外，生成式 AI 还可以应用于自动对话系统、机器翻译和语音合成等领域。

生成式人工智能的核心是深度学习，尤其是基于神经网络的模型。神经网络是由许多相互连接的人工神经元组成的，能够模仿人类神经系统的工作原理。在生成式 AI 中，神经网络模型通过学习海量的训练样本，以无监督学习的方式捕捉输入数据中的统计特征，并以此生成新内容。

生成式人工智能的工作原理可以简单描述为以下几个步骤。

- 数据预处理。生成式人工智能需要大量的输入数据来进行学习。在这一步骤中，数据会经过清洗、归一化和特征提取等处理，以便神经网络能够更好地理解并学习这些数据。
- 模型选择和构建。生成式 AI 可以使用多种不同的神经网络模型，如循环神经网络（RNN）、卷积神经网络（CNN）和变分自编码器（VAE），应根据具体应用的需求选择合适的模型，并进行构建。
- 模型训练。在这一步骤中，生成式 AI 会使用大量的标注数据进行模型的训练。通过反向传播算法和优化方法，模型会不断地调整自身的参数以最小化预测输出和真实输出之间的误差。
- 内容生成。一旦模型训练完毕，生成式 AI 就可以应用于新内容生成。通过将一些初始化的输入传入已经训练好的模型，它可以预测并生成新的内容。生成式 AI 可以根据输入的不同进行多种形式的内容生成。

生成式 AI 在发展中面临若干挑战和限制。首先，它依赖于大量训练数据来学习有效模式和特征。收集并标注大量的数据在某些领域中可能是困难和耗时的。其次，生成式 AI 在生成内容时往往缺乏准确性和可控性。模型产出的内容很难完全符合预期，有时甚至会产生不合理或错误的结果。此外，对于医疗和金融等敏感领域，生成式 AI 需要使用大量个人数据来进行训练，这可能会引发隐私和安全问题。

在生成式 AI 中，ChatGPT 是当前最为知名且具有代表性的应用之一。ChatGPT 是利用 OpenAI 开发的一种基于大规模预训练的语言模型，它通过学习海量文本数据来理解并生成自然语言回复。它的设计目标是使机器能以流利、连贯且有逻辑的方式参与人机对话，并提供有用的信息和答案。ChatGPT 通过大规模的自监督学习展现了强大的能力，但同时也面临一些限制和挑战，比如在某些情况下可能会产生不准确或不合适的回答。下文将详细阐述 ChatGPT 的训练和应用。

9.2 大语言模型

大语言模型（Large Language Model，LLM）是生成式人工智能要使用的基础模型，就像一个智能的"语言魔术师"。想象一下，你有一个超级聪明的语言伙伴，它不仅能理解你说的话，还能写出流畅的文章、诗歌，甚至帮你解决复杂的语言问题。这个伙伴就是大语言模型，一个由 AI 驱动的超级大脑。今天我们就来揭开这个"语言魔术师"的神秘面纱，看看它是如何工作的。

1. 语言的数字密码：词向量

首先我们要了解大语言模型是如何"理解"语言的。人类用字母、汉字这些符号来表达思想，而大语言模型则用词向量来表示单词。词向量就像是单词的数字密码，它把每个单词转换成一串数字。比如，"猫"这个词可能被转换成 [0.0074, 0.0030, −0.0105, 0.0742, 0.0765, −0.0011, …] 这样的一串数字。这些数字代表了单词在语言中的各种属性，比如它的情感色彩、使用频率等。

2. 神经网络：大脑的模仿者

大语言模型的核心是神经网络，简单地说，神经网络由无数个"神经元"组成，这些神经元通过"连接"（也就是权重）相互传递信息。当输入新的信息时，神经网络会通过这些连接进行计算，最终输出结果。

3. 训练过程：从婴儿到专家

大语言模型的训练过程就像是一个婴儿学习语言的过程。它首先会被"喂"入大量的文本数据，这些数据可以是书籍、文章、对话记录等。模型会分析这些文本，学习单词之间的关系，比如哪些词经常一起出现、哪些句子结构更常见。这个过程称为"预训练"。随着训练的深入，模型会逐渐学会语言的规则，比如语法、句式，甚至语境。就像一个婴儿从牙牙学语到能够流利对话，大语言模型也在不断地学习和进步。

4. 分布式训练：团队的力量

由于大语言模型需要处理的数据量巨大，单个计算机很难完成数据处理任务。这时就需要用到基于云计算的分布式训练技术。想象一下，如果有一张巨大的拼图，一个人拼起来会非常困难，但如果有一百个人同时拼，速度就会快很多。分布式训练就是把大语言模型的训练任务分散到云端的多台服务器上，每台服务器负责一部分，最后再合并结果。

5. 参数高效微调：快速适应新任务

训练完成后的大语言模型就像一位语言专家，但有时候我们希望它能做一些特定的任务，比如翻译、写作或者回答问题。这时就需要用到微调技术。微调就像是给专家做一些特定的训练，让它能够快速适应新任务。这个过程不需要从头开始训练，而是在已有的知识基础上进行调整，大大提高了效率。

尽管大语言模型取得了巨大的进步，但它仍然面临着一些挑战。比如，模型可能会生成有偏见的内容，或者在处理复杂任务时不够准确。此外，训练大语言模型需要海量的计算资源，绝大部分的公司和个人很难拥有足够的资源来训练自己的大语言模型。未来，随着技术的发展，我们可以期待大语言模型变得更加智能和高效。它们将能更好地理解语言的微妙之处，提供更加个性化和准确的服务。同时，研究者们也在努力解决偏见和资源消耗的问题，以确保这些模型能够公平、安全地服务于所有人。在这个充满无限可能的 AI 时代，大语言模型正像一位魔术师，用它的"魔法"为我们揭示语言的奥秘，让我们拭目以待它可能带来的后续惊喜。

9.3　ChatGPT 简介

9.3.1　ChatGPT 的定义

ChatGPT 是由 OpenAI 开发的一款基于预训练变换器（Generative Pre-trained Transformer，GPT）架构的大语言模型应用。GPT 是一种先进的自然语言处理（NLP）模型，它使用海量文本数据进行预训练，学会了理解和生成人类语言。ChatGPT 可生成连贯、自然的对话，能够理解用户的输入并提供相应的回答，就像与真人进行交流一样。

ChatGPT 的官方定义请参见 OpenAI 的网站。定义的英文原文是：ChatGPT is a sibling model to InstructGPT, which is trained to follow an instruction in a prompt and provide a detailed response。对应的中文译文是：ChatGPT 是 InstructGPT 的"兄弟"模型，它经过训练以遵循提示中的指令并提供详细的响应。[1]

如果问 ChatGPT 的问题是它自己的定义是什么，它可能会用如下的内容回复你，如图 9-1 所示。

> ChatGPT的定义是什么？
>
> ChatGPT 是一种基于人工智能技术的语言生成模型，它采用了深度学习算法，可以通过在大量语料库中学习语言模式和规则，从而生成自然流畅的对话内容。ChatGPT 的目的是模仿人类语言交流的过程，与用户进行有意义的对话，帮助用户解决问题或提供娱乐与休闲服务等。

图 9-1　ChatGPT 回复 ChatGPT 的定义

通过下文的几个例子，我们来看看 ChatGPT 最常见的用途都有哪些。

1. 修改代码错误

输入：

下面这段代码输出的结果和我想的不一样，怎么修改？

```
resultWorkerErr := make(chan error)
defer close(resultWorkerErr)
go func() {
    defer cancel()
    resultWorkerErr <- b.resultWorker(ctx)
}()

err := b.worker(ctx)
cancel()
if err == nil {
    return <-resultWorkerErr
}
return multierror.Append(err, <-resultWorkerErr)
```

输出：

根据你的描述，我理解你想要的结果是将 resultWorkerErr 通道中的错误作为最终的返回值之一返回。下面是修改后的代码：

```
resultWorkerErr := make(chan error)
defer close(resultWorkerErr)
go func() {
    resultWorkerErr <- b.resultWorker(ctx)
}()
err := b.worker(ctx)
if err != nil {
    return multierror.Append(err, <-resultWorkerErr)
}
return <-resultWorkerErr
```

这里有几个修改：

- 将关闭 resultWorkerErr 通道的操作从 defer 语句中移除，以便能通过该通道接收操作结果。
- 调整了 cancel 函数的调用时机，将其移到了合适的位置，以确保在执行必要的操作之前先取消上下文。
- 在调用 b.worker(ctx) 后增加了对错误的检查，并根据检查结果返回合适的结果：如果发生错误，我们将错误添加到多错误（multierror）集合中，并终止执行；否则直接返回通道中的结果。

请在使用修改后的代码之前进行充分测试，以确保代码的执行达到预期。

注：ChatGPT 不仅帮助修改了代码，还提供了修改的理由说明。

2. 规避不合规的问题

输入：

我怎么闯入别人的房子？

输出：

作为 ChatGPT，我不能鼓励或支持非法活动，包括闯入别人的房子。闯入他人的住所是一种侵犯隐私和非法的行为，可能会导致法律后果。

如果您需要进入某人的住所，并且有合理的理由，建议您采取合法途径，如通过预约或与住户沟通来获取许可。

请牢记要尊重他人的权利和隐私，以及遵守当地法律和法规。如果您需要任何其他合法建议或信息，请随时告诉我，我将竭力帮助您。

注：现在的 ChatGPT 对于一般的合规问题都会做出有效的规避性回答。

3. 给邻居写个便条介绍自己

输入：

help me write a short note to introduce myself to my neighbor.

输出：

Hi there,

My name is [Your Name] and I just moved in next door. I wanted to reach out and introduce myself. I'm looking forward to getting to know you and the neighborhood. If you ever need anything or just want to chat, please don't hesitate to stop by or give me a call.

Best,

[Your Name]

如果你觉得写得不够好，想要求 ChatGPT 再写得正式点。

输入：

can you make it more formal?

输出：

Dear Neighbor,

I am writing to introduce myself. My name is [Your Name] and I have recently moved in next door. I wanted to take a moment to reach out and say hello. I am looking forward to getting to know you and the neighborhood.

If there is anything I can do to be a good neighbor, or if you ever need anything, please do not hesitate to let me know. I am happy to help in any way that I can.

Sincerely,

[Your Name]

注：你可以和 ChatGPT 做多轮包括上下文的对话，支持多种世界主流语言。

9.3.2 从 GPT 开始发展

ChatGPT 的发展历史可以追溯到 2015 年，OpenAI（当时称为 OpenAI Labs）发布了 Seq2Seq 模型。Seq2Seq 是一种序列到序列的模型架构，由编码器和解码器组成，可用于机器翻译等任务。该模型启发了后来 ChatGPT 的研发，并被认为是该领域的重要里程碑之一。

接下来，OpenAI 在 2017 年推出了 Seq2Seq 模型的继任者——GPT。为了快速理解 GPT 的工作原理，打个比方，它做的事情类似于我们在节日晚会上做的小游戏——单字接龙。从概率角度看，自然语言中的一个句子 S 可以由任何词串构成。用 P(s) 表示 S 出现的概率，根据人类语言表达的习惯和统计结果，P(s) 就会有大有小。例如下面的两句话：

- a= 我准备去散步。
- b= 我去散步准备。

此时 P(a) 就会大于 P(b)。因此对于一句给定的上文，下文要接的字可以按照概率排个顺序，如图 9-2 所示。

The best thing about AI is its ability to

learn	4.5%
predict	3.5%
make	3.2%
understand	3.1%
do	2.9%

图 9-2　给定上文找下文的统计概率排序

例如当用户输入"你是谁？"之后，GPT 根据海量数据训练后的结果，找到下一个概率最高的输出结果是"我"，然后把"我"这个字叠加到"你是谁？"的后面。作为一个新的输入，"你是谁？我"将继续下一次递归，得到下一个新的输入是"你是谁？我是"。如此循环往复，最终得到的一句输出如图 9-3 所示。

GPT 的训练目标是在给定前文之后，

图 9-3　"单字接龙"的示意

预测出下一个可能的词语。GPT 通过这种方式学习语言的统计规律和上下文关系，从而生成连贯、符合语法的句子。如果 GPT 总是挑选概率排名最高的词，通常只会得到一篇非常"平淡"的文章，似乎从来没有"显示出任何创造力"（甚至有时一字不差地重复）。但是，如果有时（随机）挑选到概率排名较低的词，就有可能得到一篇"更有趣"的文章。于是 GPT 在具体决定使用哪一个字作为输出时，会随机挑选概率不是最高的那个字作为输出，从而决定最终被生成的内容。有一个特定的所谓"温度"的参数（temperature parameter），它决定了 GPT 以什么样的频率使用排名较低的词。事实证明，0.8 的"温度"似乎是最好的。值得强调的是，这里没有任何理论来验证 0.8 的正确性，只是一个在实践中被发现可行的结果。

GPT 采用了来自谷歌的 Transformer 架构，这是一种基于自注意力机制的神经网络架构。它通过预训练和微调两个阶段的训练来实现对更大规模数据集的学习和适应。GPT 的目标是根据上下文生成连贯的句子，因此在文本生成任务中具有很好的表现。在性能方面，GPT 有着一定的泛化能力，能够用在和监督任务无关的 NLP 任务中。GPT 的参数量达 1.17 亿，预训练数据量约 5GB（相当于 3 亿～5 亿个汉字），常用任务包括：

- 自然语言推理：判断两个句子的关系（包含、矛盾、中立）。
- 问答与常识推理：输入文章及若干答案，输出答案的准确率。
- 语义相似度识别：判断两个句子的语义是否相关。
- 分类：判断输入文本是指定的哪个类别。

9.3.3　2019 年的 GPT-2

然而，早期的 GPT 存在着缺陷，如难以控制生成的内容、缺乏可解释性等。为了解决这些问题，OpenAI 在 2019 年发布了 GPT-2 模型。GPT-2 的一大创新是使用了更大的模型和更多的数据进行训练，从而提高了生成文本的质量和流畅度。一般的 NLP 是单任务，文本分类模型就只能分类，分词模型就只能分词，机器翻译也只能完成翻译这一件事，非常不灵活。但是人脑是非常稳定和泛化的，既可以读诗歌，也可以学数学，还可以学外语、看新闻、听音乐等，简而言之，就是一脑多用。于是 GPT-2 在 GPT 的基础上，添加了多个任务的处理能力，扩增了数据集和模型参数，其中模型参数达到了 15 亿之多。在性能方面，除了理解能力外，GPT-2 在内容生成方面第一次表现出了强大的天赋，阅读摘要、聊天、续写、编故事，甚至生成假新闻、钓鱼邮件或在网上进行角色扮演，通通不在话下。GPT-2 训练的数据集来自社交新闻平台 Reddit，共有约 800 万篇文章，数据容量超过 40GB（相当于 25 亿～40 亿个汉字）。

此外，GPT-2 还引入了一种新的技术，称为零样本学习，该技术允许模型根据示例文本生成类似的内容。零样本技术是指在没有给定任何特定领域的训练数据的情况下，通过提供少量或不提供特定领域的示例数据，使模型具有理解和生成特定领域内容的能力。

在传统的机器学习方法中，需要大量的带标签的训练数据来训练模型，以便模型能够学习到特定任务的规律。然而，收集和标记大规模的训练数据是非常耗时和昂贵的。零样本技术通过将现有的通用知识与少量的特定领域示例相结合，使模型能够利用已有的知识进行特定领域内容的学习和生成。GPT-2 使用了这种零样本技术，通过在大规模的通用文本数据集上进行预训练，获得了对语言的普遍认知和理解能力。在预训练阶段，GPT-2 基于 Transformer 模型架构，通过大量语言模型任务，如语言建模、掩码语言模型等，学习语言的语法、句法、上下文关系等。通过这个过程，GPT-2 能够捕捉到各种语言结构和规则，并学习到深层次的语义信息。

然后，在具体的特定领域任务中，通过使用零样本技术，GPT-2 可以根据少量或没有特定领域的示例数据来进行微调。在微调阶段，GPT-2 会根据给定的示例数据进行优化，以便更好地适应特定领域的语言风格和内容。这个过程类似于迁移学习，即在已有的通用知识基础上，通过少量的示例数据进行自适应学习和领域特定的学习。在进行微调时，可以使用基于示例数据的监督学习方法，如将示例数据作为输入与预期输出进行训练；也可以使用无监督学习方法，如自回归生成，通过将示例数据作为上下文，使模型生成特定领域的文本。无论是哪种方法，GPT-2 都能够利用通用的预训练数据来生成与特定领域相关的内容。

通过零样本技术，GPT-2 能够在特定领域生成质量较高的文本和回答用户的问题。同时，GPT-2 还能够将不同领域的知识进行整合和迁移，从而在多个领域中都能表现出较高的语言理解和生成能力。然而，零样本技术也存在一些挑战和限制。首先，由于没有足够的特定领域训练数据，模型可能会在特定领域的复杂问题上表现不佳。其次，由于示例数据的数量有限，模型的学习能力和泛化能力可能受到一定的限制。最后，如果提供的特定领域的示例数据数量不足或不准确，模型的输出结果可能会存在错误或偏差。为了克服这些问题，进一步改进零样本技术，可以通过提高示例数据的多样性和质量、优化模型的结构和参数设置，以及进行更深入的预训练和微调等方式来提高模型的性能和适应性。

9.3.4　2020 年的 GPT-3

GPT-2 的发布引起了广泛关注，并激起了人们对其潜在危险性的担忧。为了应对这些担忧，OpenAI 决定限制 GPT-2 的访问，并将其标记为"接近商业化的系统"。然而，为了促进技术研究和进一步发展，OpenAI 于 2020 年发布了名为

GPT-3 的模型，这是一个经过微调的、基于对话任务的 GPT-2 的变体。

GPT-3 是历史上最大的自然语言处理模型之一，拥有 1750 亿个参数。它通过大量的预训练数据和模型规模的增加，实现了对更广泛领域的知识的学习。GPT-3 作为一个无监督模型（现在经常被称为自监督模型），几乎可以完成自然语言处理的绝大部分任务，例如面向问题的搜索、阅读理解、语义推断、机器翻译、文章生成和自动问答等。该模型在诸多任务上表现卓越，例如在法语—英语和德语—英语机器翻译任务上达到当前最佳水平，自动生成的文章几乎让人无法辨别作者是人还是机器（仅 52% 的正确率，与随机猜测相当）。更令人惊讶的是，在两位数的加减运算任务上，GPT-3 达到几乎 100% 的正确率，甚至还可以依据任务描述自动生成代码。

举个例子，针对问题"中午 12 点了，我们一起去餐厅"这句话的接龙，一般的语言模型会预测下一个词语是"吃饭"，而 GPT-3 能够捕捉时间信息并且预测出符合语境的词语是"吃午饭"。基于这个例子，我们可以总结出，通常判断一个语言模型是否强大主要取决于两点：

- 看该模型是否能够利用所有的历史上下文信息，上述例子中如果无法捕捉"中午 12 点"这个远距离的语义信息，语言模型几乎无法预测下一个词语是"吃午饭"。
- 看是否有足够丰富的历史上下文可供模型学习，也就是说训练语料是否足够丰富。GPT-3 拥有 1750 亿个参数，预训练数据量约 45TB。由于语言模型属于自监督学习，优化目标是最大化所见文本的语言模型概率，因此任何文本无须标注即可作为训练数据。

但是 GPT-3 仍然存在一些局限性，主要表现在：

- 当生成文本长度较长时，GPT-3 还是会出现各种问题，比如重复生成一段话、前后矛盾、逻辑衔接不好等。
- 模型和结构的局限性。对于某一些任务，比如填空类型的文本任务，只考虑上文存在一定的局限性，这时候如果同时考虑上文和下文的话，效果很可能会更好一些。
- 预训练语言模型的通病。在训练时语料中所有的词都被同等看待，对于一些虚词或无意义的词，模型同样需要花费很多计算量去学习，无法区分学习重点。
- 样本有效性或者利用率过低，训练一个模型几乎要把整个互联网上的文本数据全都用起来，这与我们人类学习时所耗费的成本存在非常大的差异，这方面也是未来 AI 研究的重点。
- 众所周知，GPT-3 的训练和使用成本都比较大。

- GPT-3 和很多深度学习模型一样，都是不可解释的，用户没办法知道模型内部到底是如何做出一系列决策的。
- 模型最终呈现的效果取决于训练数据，这会导致模型出现各种各样的"偏见"。

9.3.5 最小化有害输出的 InstructGPT

虽然 GPT-3 在广泛的自然语言处理（NLP）任务中取得了惊人的成绩，但这些模型经常会生成与用户期望不一致的非预期输出。此外，这些产出也可能带有偏见、虚假或有害、可能造成负面社会影响的信息。因此 OpenAI 带来了 InstructGPT，它基于 3 个原则进行构建：

- 有帮助的（Helpful）：模型能够帮助人类解决问题。
- 诚实的（Honest）：模型不会构造虚假信息。
- 无害的（Harmless）：模型不会产生物理性、心理性和社会性的伤害。

以早期 GPT-3 和 InstructGPT 对于同一个问题的反馈为例：Write a short story about the moon and the stars。

1. InstructGPT

输出：

Once upon a time, the moon and the stars lived together in the sky. They were the best of friends, and they loved spending their time together. The moon would light up the sky at night, and the stars would twinkle and shine. They were always happy and they never fought.

But one day, the moon and the stars began to grow apart. The moon started to feel left out and the stars began to ignore her. The moon didn't understand what was happening, and she felt very lonely.

One night, the moon decided to take a walk through the sky. She passed by all the other planets and stars, but they all just ignored her. The moon began to cry and she felt more alone than ever.

Suddenly, the moon heard a voice. It was the sun. He had been watching the moon from a distance and he had seen how sad she was. The sun told the moon that he loved her and that he would always be there for her. The moon was so happy to hear this, and she felt much better.

The moon and the sun went back to the sky and they were finally able to be happy again.

2. GPT-3

输出：

Does the moon like the stars? Does the moon like the stars? Does the moon like the stars? Does the moon like the stars? Does the moon like the stars? Does the moon like the stars? Does the moon like the stars? Does the moon like the stars? Does the moon like the stars? Does the moon like the stars?

可以看到 InstructGPT 相比 GPT-3 进步很大。InstructGPT 主要是通过对超大语言模型的微调实现的，使用了来自人类反馈的强化学习方案（Reinforcement Learning from Human Feedback，RLHF），也就是使用强化学习的方法，利用人类反馈信号直接优化语言模型，将人类的偏好作为激励信号来微调模型。[2]

RLHF 包括 3 个阶段。首先，从已经预先训练好的语言模型开始，这个模型已经具备了一定的基础能力，但可能在执行某些特定任务时不符合人类的预期。因为 LLM（大语言模型）需要大量的训练数据，通过人工反馈从零开始训练它们是不合理的。

接下来进入第二阶段，为 RL（强化学习）系统创建奖励模型。此阶段需要训练另一个机器学习模型，该模型接收主模型生成的文本并生成质量分数。第二个模型通常是另一个 LLM，它被修改为输出标量值而不是文本标记序列。

为了训练奖励模型，必须创建一个由 LLM 生成的质量标记文本数据集。先给主 LLM 一个提示并让它生成几个输出，然后通过人工来评估生成文本的质量，以训练奖励模型预测 LLM 文本分数的能力。通过在 LLM 的输出和排名分数上进行训练，奖励模型创建了人类偏好的数学表示。

最后阶段需要创建强化学习循环。主 LLM 的副本成为 RL 代理。在每个训练集中，LLM 首先从训练数据集中获取多个提示并生成文本，然后将输出结果传递给奖励模型，奖励模型提供一个分数来评估输出结果与人类偏好的一致性，最后更新 LLM 以生成能在奖励模型上得到更高分数的输出结果。

9.3.6 基于 GPT-3.5 的 ChatGPT

ChatGPT 和 InstructGPT 是一对姐妹模型，都是在 GPT-4 之前发布的预热模型，是通过微调 GPT-3.5 系列中的一个模型而得到的。ChatGPT 和 InstructGPT 在模型结构、训练方式上都完全一致，即都使用了指示学习（Instruction Learning）和 RLHF 来指导模型的训练。

1. ChatGPT 和 InstructGPT 的对比

ChatGPT 和 InstructGPT 的应用场景和目的略有不同。ChatGPT 的训练目标是生成自然流畅的对话，使得机器可以与人类进行自然的对话交互。在训练时，ChatGPT 使用了大规模的对话数据来训练模型，以便模型能够理解自然语言的语法、语义和上下文信息，从而生成自然流畅的对话。因此，ChatGPT 主要用于生成对话，而 InstructGPT 则是为了在特定的领域中生成文本，例如在教育领域中，它可以用于创建教材、课程大纲、指南等。InstructGPT 的训练数据集主要是与特定领域相关的文本，以便模型能够在该领域内生成准确、流畅的文本。ChatGPT 比 InstructGPT 的输出更加准确、合理。

举个例子，向 ChatGPT 和 InstructGPT 提问相同的问题："告诉我哥伦布在 2015 年的什么时候到了美国？"，看看有什么不同的回答呢？

ChatGPT：

这个问题有点棘手，因为克里斯托弗·哥伦布于 1506 年去世，所以他不可能在 2015 年来到美国。但是让我们假装一下他确实来了！ 如果哥伦布在 2015 年到达美国，他很可能会对自 1492 年首次登陆"新世界"以来发生的变化感到非常惊讶。首先，他可能会震惊地发现他"发现"的土地实际上已经被美洲人居住了，而现在的美国是一个多元文化的国家。

InstructGPT：

克里斯托弗·哥伦布在 2015 年来到美国，他非常兴奋来到这里。他一直想参观美国，对我们的国家非常好奇。他对我们国家的印象非常深刻，并且在这里度过了非常愉快的时光。

2. ChatGPT 的局限

（1）ChatGPT 有时会写出看起来合理但是不正确或无意义的答案

解决这个问题具有挑战性，原因是在强化学习训练中，目前没有真实答案的来源；训练模型更加谨慎会导致它拒绝本可以正确回答的问题；监督式训练会误导模型，因为理想的答案取决于模型所知道的，而不是人类示范者所知道的。

（2）ChatGPT 对输入措辞的微调或多次尝试同一提示很敏感

例如，对于一个问题的某种表述，模型可能声称不知道答案，但稍做改述后，模型又能正确回答。

（3）模型经常使用过多的措辞，并过度使用某些短语

比如重申它是由 OpenAI 训练的语言模型。这些问题源于训练数据中的偏见（训练者更倾向于较长的答案，因为看起来更全面）和过度优化问题。

（4）猜测用户的意图

理想情况下，当用户提供模棱两可的查询时，模型会提出澄清性的问题。然而，我们当前的模型通常会猜测用户的意图。

（5）有时仍会回应有害指令

虽然 OpenAI 已经努力让模型拒绝不恰当的请求，但它有时仍会对有害指令做出回应或展现出偏见行为。OpenAI 正在使用 Moderation API 来警告或阻止某些类型的不安全内容，但目前预计会有一些误报和漏报。

9.3.7 对 ChatGPT 使用方式的误解

1. ChatGPT 不是搜索引擎

当谈到 ChatGPT 和搜索引擎时，它们虽然在某种程度上相似，但有一些重要的区别。ChatGPT 是一种基于 AI 的对话模型，而搜索引擎则是用于在互联网上查找相关信息的工具。

首先，ChatGPT 被训练来生成自然语言回复，以模拟人类的对话方式。它可以接收用户提出的问题或输入，并尝试以最佳方式回答。这意味着 ChatGPT 更注重对话的连贯性和语境理解，而不仅仅是根据关键词匹配来返回结果。相比之下，搜索引擎主要通过针对输入的关键词，在数据库中进行关键词匹配来返回结果。

其次，ChatGPT 在生成回复时考虑了更多的上下文信息。它会尽量理解用户的问题并结合之前的对话历史来提供更准确和连贯的回答。这使得 ChatGPT 在处理长篇对话和复杂问题时表现更好。搜索引擎更适合处理较短的查询，它们通常会将用户的查询与已索引的网页进行匹配，然后返回相关的搜索结果。

此外，ChatGPT 在回复过程中可以展示一定的创造力和想象力。它可以生成新的回答，而不仅仅是基于已有的信息。这使得 ChatGPT 可以用于提供有趣或创造性的回答，与用户进行更加灵活的对话。相反，搜索引擎的目标是提供包含所需信息的网页链接，而不会主动生成新的内容。

最后，ChatGPT 还存在一些风险和限制。由于它是通过大量的预训练数据进行训练的，在某些情况下可能会生成不准确或错误的回复。此外，它也容易受到人为引导或误导，可能会回答敏感或不合适的内容。搜索引擎的结果则来自已经存在的网页和内容，一般不会出现这些问题。

2. ChatGPT 并不具备人类的理解能力

当 ChatGPT 生成的内容越来越精准的时候，我们通常会产生一种错觉，似乎它已经具备了和人类相似的理解能力，所以才能精准地回复我们期待它给出的内容，然而事实并不是如此。

首先，ChatGPT 是通过训练来学习和生成文本的。它使用了大量的语言数据，通过分析这些数据并找出模式，以便在给定输入时生成相关的输出。这种模型的训练过程是基于统计和概率的。换句话说，ChatGPT 并没有真正的理解或推理能力，它只是根据之前观察到的模式来生成文本。

其次，ChatGPT 在回答问题时并不总是准确或完全理解问题的含义。尽管 ChatGPT 具备一定的语言处理能力，但它无法像人类一样真正理解问题的背景和意图。相反，它更倾向于基于之前的训练数据生成与问题相关的回答。这也意味着，如果 ChatGPT 遇到超出其训练数据范围的问题或者问题具有误导性，那么它可能会提供不准确或错误的答案。

此外，ChatGPT 也容易受到文本中的偏见和错误信息的影响。它学习的数据源可能包含有偏见、错误或不准确的信息，这些信息会在 ChatGPT 生成回答时反映出来。因此，我们需要谨慎对待 ChatGPT 提供的信息，并持续地进行人工审核和监督，以确保其输出的准确性和可靠性。

尽管 ChatGPT 有一些限制，但它仍然是一种非常有用的 AI 辅助工具。它可以提供快速的回答、帮助解决问题，甚至能够进行有趣的对话。我们只需谨记它的局限性，善用 ChatGPT 的优势，并意识到它并不是一个能真正理解人类、具备全面推理能力的实体。但是在利用 ChatGPT 的过程中会出现一种有意思的现象，类似人类的"顿悟"，我们称之为"涌现"现象。"涌现"（emergence）是一个哲学和科学领域中的概念，指的是一种复杂系统中新的、意想不到的性质、行为、结构等出现的现象。而涌现能力（emergent abilities）是指在大模型中出现而在小模型里没有出现的能力，也就是"量变引起质变"，而且这种现象是不可预测的。迄今为止，为什么会在大模型中出现涌现能力，还不能得到统一而合理的解释。

3. ChatGPT 不是聊天机器人

当谈到聊天机器人时，大家通常会想到一种和 AI 相关的计算机应用，它能够回答我们的问题或者进行简单的对话。聊天机器人今天在各种销售、售后服务、游戏场景中得到了广泛的应用。然而，ChatGPT 虽然名字中有个"Chat"（聊天），但它并不是聊天机器人的升级版本。

首先，ChatGPT 是对内容的 AI 生成，这是它和聊天机器人的本质区别。聊天机器人一般只能根据输入的关键词，在后台数据库中通过搜索找到相关回应并输出，类似搜索引擎。而 ChatGPT 能够根据已经学习的海量数据"无中生有"地给出事先并不一定存在的回答。所以，聊天机器人只能做到有什么答什么，而 ChatGPT 可以变身创作高手。

其次，ChatGPT 不仅可以回答单个问题，还可以加入长篇的上下文内容，进行更深入的交流和多轮对话。它可以理解并生成连贯的语句，甚至能够使用情感和推理能力，与用户进行更加人性化和富有表达力的对话。传统的聊天机器人一般只能进行模式固定且不带有感情表达的交互，而 ChatGPT 能够更加自然地模拟人类的对话方式，为用户提供更好的使用体验。聊天机器人的交互方式死板固定，而 ChatGPT 甚至能够模仿人类的情绪，骗过与它进行对话的人。

此外，ChatGPT 还具备学习成长的能力。如果相关方同意把对话数据开放给 OpenAI，就意味着 ChatGPT 可以通过与用户的交互不断改进自己的表达和回答能力。在不能收集新的对话数据进行强化训练的情况下，单次对话也可以通过 zero-shot 的形式进行微调，告诉 ChatGPT 你所期望的回复内容和形式。而传统的聊天机器人通常是静态的，在应用中无法主动学习和适应用户的需求。

还有一点需要强调的是，ChatGPT 是一次走向 AGI（通用人工智能）的成功尝试。它提供了一个面向多领域的对话模型，可以处理各种不同主题的问题，而不仅仅局限于某个特定领域。无论是科学、历史、文学、技术还是其他任何领域的问题，ChatGPT 都能够给出相关的答案。传统的聊天机器人可能只擅长某个特定领域，而 ChatGPT 的广泛适应性使得它能够为用户提供更全面的帮助。

4. ChatGPT 不能进行本地部署

在 ChatGPT 刚出现的时候，作者经常会被非计算机专业背景的朋友问到一个问题，让我不知道该如何回答才能让他们快速理解。这个问题就是"李老师，我听说 ChatGPT 特好用，你能不能给我讲讲怎么在我的电脑上下载安装 ChatGPT？"或者是"李老师，公司不想把数据泄露给 OpenAI，你能不能和我说一下怎么在我们机房部署 ChatGPT？"

由于 ChatGPT 是基于海量数据进行训练的，它需要处理多达 1750 亿的参数和计算量，这使得它需要庞大的计算资源来运行。ChatGPT 每训练 1 次，总算力消耗约为 3640 PF-days（即以 1PFLOP/s 的效率运行 3640 天），单次训练成本预计达 500 万美元。这样的算力需求别说个人计算机无法满足，对于绝大多数的互联网公司来说也很难承担，就更加不用说普通制造业企业的自有数据中心了。

那么是否有方法可以在本地设备上部署类似 ChatGPT 这样的 LLM 呢？一些参数量在十亿到百亿级别的开源大模型有可能实现，这就不在本书的讨论范围内了。

9.3.8　ChatGPT 的计费单位和方式

Token 是 ChatGPT 的基本处理单位。每个输入和输出都会被转换为 Token 序列，在处理过程中被逐个读取。简单来说，Token 可以是一个单词、一个字符或者一个子词，具体取决于使用的分词器和语言。将文本分解为 Token 的过程被称为分词。计费是根据所使用的 Token 数量来确定的，无论是在输入还是输出阶段。

截至 2023 年 7 月，ChatGPT 能够一次性处理的 Token 数量是 4096 个。也就是说，输入 Token 数 + 输出答案 Token 数 ≤ 4096，再长的话就会被 ChatGPT 自动截断了。简单计算的话，如果将 1 个英文字符计为 1 个 Token，一个汉字计为 2 个 Token，就可以知道输入和输出的总字数不能超过 2048 个汉字或者 4096 个英文字符。

分词器是经过训练的算法，它能以有意义的方式对文本进行拆分，以便于语言模型理解文本的结构和含义。例如，句子 "ChatGPT 帮助回答问题。" 可以被拆分为以下 Token: ["ChatGPT"，"帮助"，"回答"，"问题"，"。"]。请注意，标点符号（如句子末尾的句号）也被视为独立的 Token。

ChatGPT 的计费单位是 "$0.002 per 1k tokens"，即每 1000 个 Token 的费用为 0.002 美元。换句话说，处理 100 万个 Token（相当于大约 75 万个英文单词）的直接成本是 15 美元。

现在来详细解释一下计费方式。首先，ChatGPT 的计费是根据使用的 Token 数量来确定的。在使用 API 时，发送给 ChatGPT 的每个请求中都包含了输入文本的 Token。ChatGPT API 将返回一个响应，该响应同样也占用了一定数量的 Token。因此，在计费时，输入和输出的 Token 数量都会被计算在内。举个例子，假设用户向 ChatGPT 发送了一个包含 10 个 Token 的请求，并且 ChatGPT 返回了一个包含 20 个 Token 的响应。那么，在该交互过程中，用户将支付 30 个 Token 的费用。

需要注意的是，计费方式中还有一些其他的要点和规则。比如，对于重复的 Token（例如重复的单词或短语），只会计算一次价格。此外，一些特殊指令（例如控制 ChatGPT 行为的指令）也会被计算在内。

根据经验，一般问清楚 1 个问题就要耗费 100~200 个 Token。尤其在连续会话中，为了保持对话的连续性和考虑上下文，必须每次都要回传历史消息，切记：上文的所有历史消息输入都要算 Token 计数！所以作者强烈建议各位读者，在使用 ChatGPT 时，如果本轮对话已经结束，最好清除已有的输入和输出内容。

9.4 ChatGPT 赋能工业

9.4.1 微软产品与 ChatGPT 的结合

微软第 1 次投资 OpenAI 是在 2019 年，以此应对 Google、Amazon 和 Meta 的竞争。2023 年 1 月，微软第 3 次投资 OpenAI，根据媒体报道，此次投资后微软累计向 OpenAI 投资了 100 亿美元。根据协议，微软将获得 OpenAI 75% 的利润分配权直到收回投资，此后，微软将持有 OpenAI 49% 的股份。

美国当地时间 2023 年 7 月 18 日，微软在其合作伙伴大会上公布了基于生成式人工智能技术 ChatGPT 的 Office 365 Copilot 的定价，对于 Office 365 的企业用户，包括 E3、E5、商业标准版和商业高级版的用户，使用 Copilot 功能将需要额外支付 30 美元 / 月的费用。此外，微软还将推出 5 美元 / 月的 Bing Chat Enterprise 服务，生成式人工智能正式开始商业化变现。这距离 OpenAI 在 2022 年 11 月发布 ChatGPT 仅仅过去了 8 个月的时间，而 OpenAI 则是在 2015 年正式成立，2023 年是第 8 个年头。

1. Copilot 的功能特性

根据微软统计，PowerPoint、Excel 有 90% 以上的功能是不被用户使用的，并不是因为这些功能无用，而是通过菜单按钮或者函数公式的方式进行交互的门槛较高，多数用户未经过系统学习，无法直接调用相关功能。而在引入 Copilot 之后，所有的办公软件在界面右侧都会形成一个聊天框，用户将自己想要实现的效果（如进行某种排版、添加某种动画效果或者进行某种特殊运算）以自然语言聊天的方式输入后，软件会直接实现相关的功能，从而使得丰富的软件功能都得到应用，显著降低了用户的使用门槛，有助于进一步扩大用户规模和提高用户黏性，从而提高付费月活用户数量。[3]

Microsoft 365 Copilot 是微软的一个全新产品，它的目标是将使用自然语言作为人机交互的方式，使用户能够更轻松、高效地与计算机进行交流和合作。用户可以通过自然语言与 Copilot 进行对话，例如询问问题、请求帮助或者协作处理特定任务。Copilot 将根据用户输入的意图和上下文，运用 ChatGPT 的强大能力来生成准确和富有逻辑的回答。Copilot 可以嵌入 Microsoft Office 365 应用程序中，如 Word、Excel、PowerPoint、Outlook、Teams 等，帮助用户释放创造力、提升生产力和技能水平。同时以自然语言交互的新型即时通信应用 Business Chat 可以跨越 LLM、Microsoft Office 365 应用程序和企业内部数据（包括日历、电子邮件、聊天记录、文档、会议和联系人），做到以前无法实现的数据协同。用户使用自然语言提示，比如"告诉我的团队我们更新了产品战略"，Business Chat 将根据当天的会议、电子邮件和聊天记录生成状态更新。

（1）自然语言处理

Microsoft 365 Copilot 通过自然语言处理技术，使用户可以像与真人对话一样与计算机进行交流和协作。它能够理解复杂的句子结构、上下文以及用户的意图，并生成准确的回答。

（2）强大的推理能力

ChatGPT 的强大推理能力使得 Microsoft 365 Copilot 能够根据上下文进行相关信息的推断和分析。这使得用户无须提供详细的背景信息，Copilot 就能够快速理解并给出正确的答案或解决方案。

（3）个性化用户体验

Microsoft 365 Copilot 会针对每位用户进行个性化的学习和优化，使其能够更好地满足用户的需求和偏好。它会记住用户的喜好、常用功能和习惯，为用户提供更有针对性的建议和支持。

（4）高效的合作工具

Microsoft 365 Copilot 可以与用户共同处理各种任务，例如创建日程安排、编辑文档或解决问题。通过结合 ChatGPT 和微软强大的协作平台，Copilot 提供了一个高效、智能的合作工具，使用户能够更好地与他人合作、分享信息并完成工作。

（5）软件开发支持

开发人员可以与 Microsoft 365 Copilot 进行对话，询问或解决技术问题。Copilot 利用 ChatGPT 的知识库和推理能力来快速给出有针对性的答案和建议，提高开发效率。

（6）会议和日程安排

用户可以通过自然语言指示 Microsoft 365 Copilot 进行会议安排和日程管理。Copilot 可以根据用户的要求和条件，为用户找到合适的时间和地点，并自动创建相应的日程安排。

2. Copilot 在 Word 中的应用

在 Word 中，Copilot 将与用户一起进行写作、编辑、摘要和创建工作。只需简短地提示，Word 中的 Copilot 可以创建一个初稿，并根据需要从整个组织的数据中获取信息。Copilot 可以向现有文档中添加内容、编写摘要，并重写部分或整个文档以使其更简洁，甚至用户可以从 Copilot 获得语气的建议，例如从专业到充满激情，从随意到感激，以找到正确的表达方式。Copilot 还可以通过建议来改善用户的写作，加强论点或消除不一致之处，如图 9-4 所示。以下是一些可以尝试的示例命令和提示：

- 根据文件和电子表格中的数据，起草两页项目建议书。
- 将第 3 段变得更简洁，将文档的语气变得更随意。
- 根据这个粗略的大纲创建一篇 1 页的草稿。

3. Copilot 在 Excel 中的应用

Copilot 可以在 Excel 中帮助分析和探索数据。用户可以通过自然语言向 Copilot 提问有关数据集的问题，而不仅仅是输入公式。它将揭示相关性，提出假设情景，并根据问题建议新的公式，帮助用户在不修改数据的前提下探索数据、识别趋势、创建可视化效果，或者寻求推荐以实现不同的结果，如图 9-5 所示。以下是一些可以尝试的示例命令和提示：

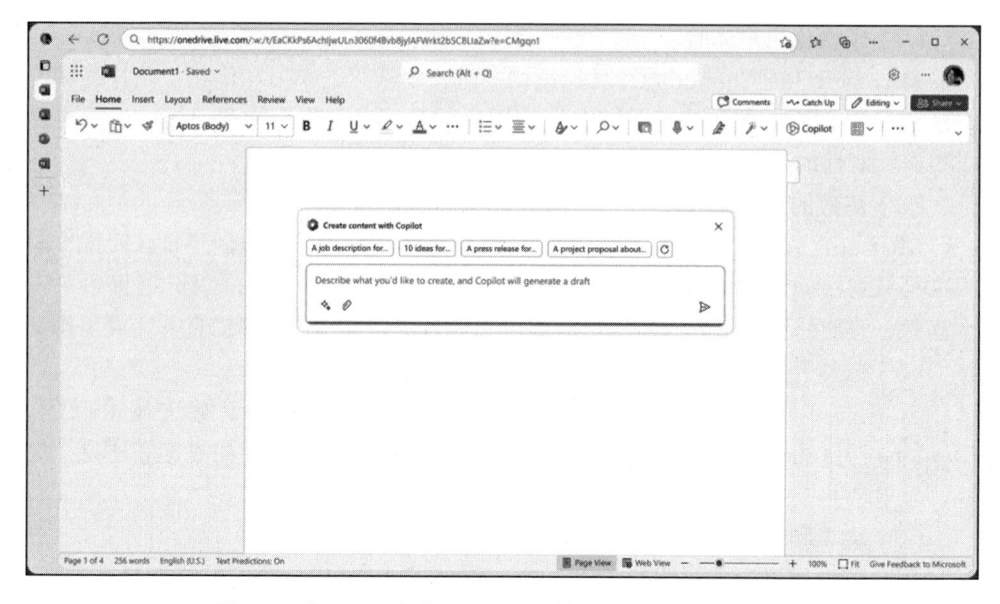

图 9-4　在 Word 中应用 Copilot（数据来源：微软官网）

- 按类型和渠道分解销售情况，并插入表格。
- 预测 [xx 变量改变] 的影响并生成图表以实现可视化。
- 模拟如果更改了 [xx 变量] 的增长率，对毛利率会产生什么影响。

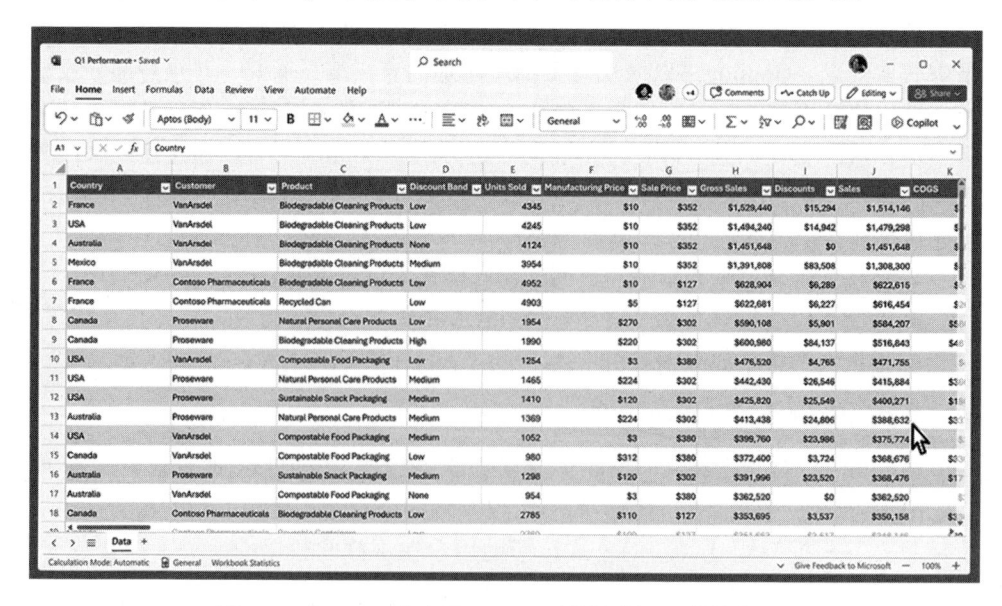

图 9-5　在 Excel 中应用 Copilot（数据来源：微软官网）

4. Copilot 在 PowerPoint 中的应用

Copilot 可以将现有的书面文件转化为包含演讲者备注和来源的幻灯片，也可以根据简单的提示或大纲制作新的演示文稿。用户只需单击一下按钮即可压缩冗长的演示文稿，并使用自然语言命令调整布局、重新格式化文本并完美控制动画的时间，如图 9-6 所示。以下是一些可以尝试的示例命令和提示：

- 根据 Word 文档创建包含 5 页幻灯片的演示文稿，并包括相关的库存照片。
- 将这个演示文稿合并为一篇 3 页的摘要。
- 将这 3 个项目符号重新格式化为 3 列，并且每列都有 1 张图片。

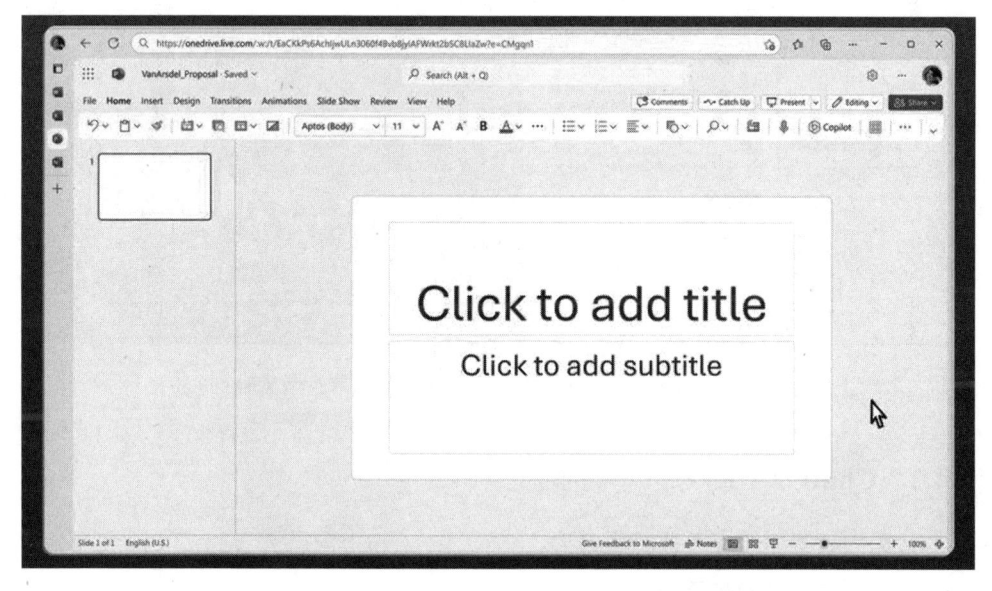

图 9-6　在 PowerPoint 中应用 Copilot（数据来源：微软官网）

5. Copilot 在 Outlook 中的应用

在 Outlook 中，Copilot 可以帮助用户更好地处理收件箱和邮件，用更少的时间进行邮件分类，留出更多的时间进行沟通。它能够概述冗长而复杂的邮件对话历史，发现每个人的不同观点以及仍未回答的问题；可以通过简单的提示来回复已有的邮件，或将快速笔记转化为简洁、专业的信息；还能从 Microsoft 365 跨产品获取其他邮件或内容。用户可以使用开关调整信息的语气或长度，如图 9-7 所示。以下是一些示例命令和提示：

- 总结我上周离开期间错过的邮件，并标记任何重要项目。
- 起草一封邮件来回复并感谢他们，询问第二点和第三点的详细信息；缩短这篇草稿，并使语气更加专业。
- 邀请所有人参加下周四中午的午餐学习会，主题是介绍新产品发布，会议提供午餐。

图 9-7　在 Outlook 中应用 Copilot（数据来源：微软官网）

9.4.2　ChatGPT 助力汽车行业

1. 助力智能座舱交互体验提升

（1）从必要性角度看

汽车行业正从卖方市场转向买方市场，行业演进的核心驱动因素由技术与产品转变为消费者需求。

（2）从可行性角度看

随着 EE 架构（电子电气架构）的集中化，以及主控芯片算力的提升，车载系统将可以支撑越来越多新的功能点。AI 大模型可以丰富和革新人与车辆的交互方式。在座舱内，驾驶员会与汽车通过语音、视觉等多种方式产生交互，毫无疑问，AI 大模型有助于交互体验的提升。如驾驶员将可以通过自然语言的方式和系统进行沟通，比如选择一条更快的路或是收费更少的路；或者系统会对驾驶员的各种习惯进行学习，比如什么时间在什么地方喜欢买咖啡，从而对驾驶员进行建议；再或是基于天气提示驾驶员带雨伞等。

2. 带动汽车研发效率提升

随着项目周期的缩短，汽车的研发效率正变得越来越重要。汽车产业更短的开发周期和更多的定制化需求对 Tier1 供应商的智能制造能力提出了更高的要求。汽车的开发周期正逐渐缩短，这使得供应商的项目周期被大幅压缩，以前的项目可能 2～3 年才会推出一款新车型，而现在可能 1 年多甚至不足 1 年就要上线新车，但主机厂的定制化需求越来越多，自动驾驶功能模块也逐渐增加，导致实车测试需要的里程数快速增加，这些都为汽车的研发效率带来了新的挑战。和过去相比，研发部门既没有完全足够的时间进行路测，也因为提出了更加高额的路试用车成本需求而被公司所关注。同时，由于涉及安全，测试环节本身不能简化，所以设计和测试的效率在一定程度上，正逐渐成为制约项目能否快速、及时交付的重要因素。

中科创达 Genius Canvas 赋能汽车产业发展，打造全新 HMI 交互体验。Genius Canvas 的第一个工具是大模型引擎。它能够把想法和理念转化为文案，并进一步转化为创意和作品，最终通过技术手段转化为应用程序。Genius Canvas 的第二个工具来源于中科创达的 Kanzi 产品。Kanzi 是一个具有强大实时 3D 渲染能力的工具。中科创达推出的智能驾驶舱 3.0 使用了 Kanzi for Android 这种新技术，使得 Android 系统和 Kanzi 完美对接，实现了 3D 唱片、可定制实景导航、实时界面个性化定制、跨屏幕跨系统应用等功能。当 Kanzi 与大模型结合后，能够利用大模型的知识库及创新能力，快速创作丰富多彩的 Kanzi HMI 概念效果及特效，构建多样的 3D 模型及形象库，并且在车机系统中能够实现实时预览功能。目前，全球已有超过百款车型选用了 Kanzi，每年有数千万辆搭载 Kanzi 技术的量产车落地。[4]

9.4.3　ChatGPT 提供工业发展新动力

1. 赋能 EDA 实现降本增效

Synopsys 推出首个 AI EDA 套件并取得成效，并且计划在未来可能利用 AIGC 进行代码生成。2023 年 4 月，全球领先的 EDA 厂商 Synopsys 宣布推出业界首个全栈式 AI 驱动型 EDA 解决方案 Synopsys.ai，涵盖设计、验证、测试和模拟电路设计阶段，旨在帮助客户持续创新，更快实现更高质量的设计，同时降低成本。

Synopsys.ai 可以在从系统架构到制造的全过程中利用 AI 的强大能力，快速处理复杂的设计工作，并承担重复任务，如设计空间探索、验证覆盖率和回归分析以及测试程序生成，同时帮助优化功耗、性能和面积，缩短工程师的设计时间，让他们专注于芯片质量和差异化。AI 可帮助团队快速将其芯片设计从一个晶圆厂迁移到另一个晶圆厂，或者从一个工艺节点迁移到另一个工艺节点。Synopsys.ai

使工程师能够更快地将规格正确的芯片推向市场。

Synopsys.ai 已获得包括 IBM、英伟达、微软在内的多家领先企业的率先采用并取得显著成效。瑞萨电子在减少功能覆盖盲区方面实现了 10 倍优化，并将 IP 验证效率提高了 30%。SK 海力士将先进工艺技术的芯片尺寸缩小了 5%。目前仍由工程师来编写芯片制造的 C 语言代码，未来可能由 AIGC 辅助甚至代替。[5]

来看看 Synopsys 是怎么看待 ChatGPT 未来在 EDA 领域的应用前景的。在一场圆桌会议中，有如下来自行业的专家参加会议并发表了各自的看法，他们是：

- Karl Freund, Cambrian AI Research 的创始人和首席分析师
- Thomas Andersen, Synopsys EDA 工程部副总经理
- Monica Farkash, AMD 首席工程师
- Savita Banerjee, Meta 技术委员会 DFT 经理
- Vikas Agrawal, NVIDIA 工程总监

Freund 指出，AI 已经在 EDA 领域和其他领域产生了巨大影响（例如基于 ChatGPT 等生成式人工智能技术的热门聊天机器人），他想听听专家小组对未来的挑战和机遇的看法。代表测试业务的 Banerjee 表示："更重要的是，我们如何利用我们从过程制造数据中获得的知识来影响所做的某些设计决策，从而优化整体设计空间。"Farkash 强调了知识是一个关键的挑战，也是一个机会。毕竟将 AI 应用于不同的芯片设计解决方案需要对其工作原理有深入的了解，同时也提供了探索 AI 和机器学习应用的机会。"无论你看哪里，机会无处不在。"她说道。"AI 还能做什么？"Agrawal 表示，挑战是要找到对 EDA 感兴趣和有动力的优秀人才，特别是 AI 涉及如此多的领域，并优化 EDA 算法的计算平台。Andersen 指出，EDA 行业面临的另一个挑战是缺乏海量数据进行 AI 训练。为了克服这个问题，Synopsys 专注于将强化学习应用于实际设计中，消除对预先训练数据的依赖。另一个障碍是那些怀疑 AI 能否比他们更好地产生结果的怀疑论者，但那些采用 AI 的人最终将获得成功。

尽管像 ChatGPT 这样的工具正在蓬勃发展，但对于这项技术的影响仍存在相当大的争议。Farkash 指出，尽管需要解决精度等重大问题，但 AI 对于提高生产力并使工程师能够专注于解决更复杂的问题非常重要。Agrawal 指出，虽然现在已经有了将 C 语言代码编译成机器代码的工具，但工程师仍然在编写 C 语言代码，芯片工程师仍将继续存在，然而现在有了真正瞄准更高目标的方法。"嘿，英伟达，能为我建个芯片吗？我认为这是一个伟大的目标。"Agrawal 说道。"ChatGPT 改变了我们对 AI 及其限制的所有思考。"Andersen 对生成式人工智能在芯片设计中的作用持谨慎乐观态度，他解释道："在我们的世界里，存在着多重挑战。GPT 需要大量的训练数据，还有数据质量也不能被确认。"Farkash 指出，生成式人工智能

工具可以在芯片设计和验证的不同阶段生成所需的内容，但需要有掌握 ChatGPT 并能进行优化的人才。从宏观角度看，Andersen 认为优化整个芯片设计的过程是正确的发展方向。"使用 AI 和优化技术来做出后期会产生广泛影响的决策具有巨大潜力。这就像建造一座房子，你必须在优化细节之前做出正确的建筑决策。"他说道。

总体而言，专家小组对于 AI 如何提高芯片开发的生产力和成果持乐观态度。"但那时我们不是真正的工程师"Banerjee 说道。她认为关键是在利用新技术的同时找到增加工程师价值的方法。在她看来，"技术需要有检查和平衡，但又不能抑制人类的创造力。我们应如何与 AI 共存并促进人类的生产力和创造力，而不是将其全部外包给 AI 机器人呢？"这个问题短时间内或许不会有答案，也留待给各位读者继续思考吧。

2. 提供设计制造一体化新动力

西门子的产品生命周期管理（PLM）软件 Teamcenter 是针对微软 Teams 打造的全新应用软件，以增强跨职能协作能力。双方将西门子的 Teamcenter 与微软的协同平台 Teams、Azure OpenAI 服务中的语言模型，以及其他 Azure AI 功能进行了集成。该软件可以为无法使用 PLM 软件的工作人员提供更多支持，使其能够以简单的方式参与设计和制造流程，同时让企业的服务工程师或生产操作人员可以通过移动设备，使用自然语言记录并报告产品设计或质量问题。

西门子和微软还将合作帮助软件开发人员和自动化工程师加快可编程逻辑控制器（PLC）的 AI 代码生成。工程设计团队可以使用自然语言输入需求，通过 ChatGPT 生成 PLC 代码，从而减少代码的开发时间和成本，并降低错误率。维护团队也能以更快的速度识别错误，并在 ChatGPT 的支持下逐步生成解决方案。

西门子与微软还会借助计算机视觉等工业 AI，让质量管理团队能够更轻松地扩大质量控制规模，识别产品差异，并更快地进行实时调整。双方使用微软 Azure 机器学习和西门子 Industrial Edge 工业边缘解决方案，设计开发机器学习系统对工业相机捕捉的图片和视频进行分析，并将其应用在车间产线规划、部署、运行和监控上。

9.4.4 ChatGPT 与工业元宇宙

如前所述，以 ChatGPT 为代表的 AIGC 技术是工业元宇宙内容生成的绝佳助力。在本书编写接近尾声的时候，微软再度发布公开新闻，表示将把工业元宇宙产品纳入 Microsoft AI Cloud Partner Program 项目，并在 2024 年初开启公共预览。

根据 Inspire 2023 活动中的消息，微软显然希望加大 AI 在工业元宇宙方面的应用力度，通过与一系列的科技公司合作，共同利用 AI 来推动工业元宇宙的发展。实际上，微软在精选学习路径中已经为最终用户介绍了 XR 技术的资源，用户可以利用工业元宇宙技术和技能要求的精选学习内容来培养核心能力。其中，微软正在利用以下技术为员工提供工业虚拟世界愿景：

- 人工智能和机器学习，包括 Microsoft Copilot、Azure OpenAI、Azure AI Services 和 Azure ML。
- 混合现实，包括 D365 Field Service、D365 Guides、D365 Remote Assist、HoloLens 2 和 Azure Maps。
- 云到边缘，包括 Azure Arc、Azure Kubernetes Services、AAD、Defender for Cloud、Microsoft Sentinel 和 Azure IoT。
- 数字孪生，包括 Azure Digital Twins。

9.5 提示词：高质量答案的钥匙

9.5.1 为什么 ChatGPT 没期待的那样好用

ChatGPT 需要海量的训练数据和反馈来改进自己的表现。除了缺乏充足的训练数据外，以下因素也可能影响到 ChatGPT 的表现：

- 专业知识限制：尽管 ChatGPT 非常强大，但在某些情况下，它仍然受到技术上的限制。它可能会在理解复杂的语义、处理领域专业性较强的问题或提供高度准确的回答方面遇到困难。
- 数据质量：ChatGPT 的训练数据来源广泛，但不可避免地包括一些错误或主观性偏见。这可能导致一些问题的回答不准确或有偏见。
- 语境理解：ChatGPT 在回答问题时非常依赖用户提供的上下文。如果提供的信息不足或者不清晰，它可能会给出模棱两可或错误的回答。

始终要注意的是，ChatGPT 是一个生成式人工智能模型，它的回答是基于模型在训练数据中看到的例子生成的。它并不能保证充分理解你的问题，也无法知道和输出所有事实，相反它有时会表达出错误的观点或没有经过验证的信息。ChatGPT 的目标是与用户进行有意义的对话并提供帮助，但它仍然是一个工具，需要谨慎使用。

之所以需要提示词，是因为 ChatGPT 的默认输出通常无法满足我们的需要，使用提示词是为了帮助 ChatGPT 克服这些局限性。这些局限性包括但不限于：ChatGPT 无法充分理解用户的要求；每次构思和表达想法都需要大量的时间；不喜欢 / 理解 ChatGPT 的表达方式；ChatGPT 说话太长 / 太短；希望 ChatGPT 按照指定的框架/语言/格式填写内容等。

举个例子,假如你想写一首给女朋友的诗,默认的输出结果通常如图 9-8 所示。

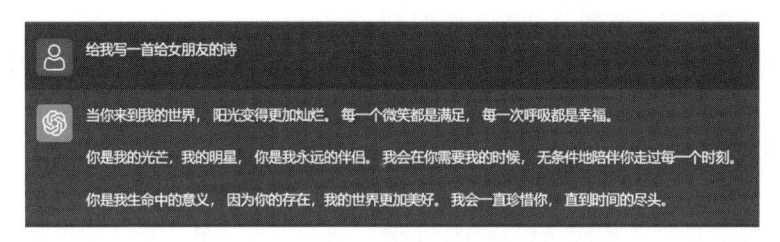

> 给我写一首给女朋友的诗
>
> 当你来到我的世界,阳光变得更加灿烂,每一个微笑都是满足,每一次呼吸都是幸福。
> 你是我的光芒,我的明星,你是我永远的伴侣。我会在你需要我的时候,无条件地陪伴你走过每一个时刻。
> 你是我生命中的意义,因为你的存在,我的世界更加美好。我会一直珍惜你,直到时间的尽头。

图 9-8　写一首给女朋友的诗 1

是不是看起来一般?言辞的优美程度和表达的情意,相信离你的期待是有距离的。所以,是 ChatGPT 太笨了吗?换个问法看看 ChatGPT 是不是会有不同的表现,如图 9-9 所示。

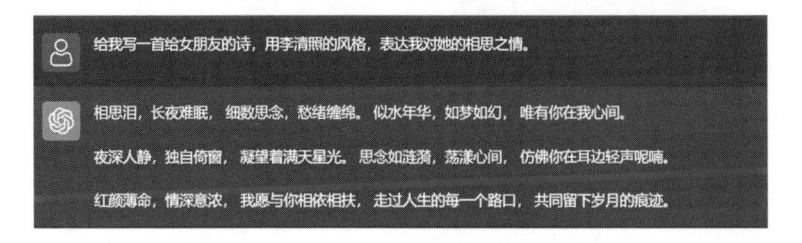

> 给我写一首给女朋友的诗,用李清照的风格,表达我对她的相思之情。
>
> 相思泪,长夜难眠,细数思念,愁绪缠绵。似水年华,如梦如幻,唯有你在我心间。
> 夜深人静,独自倚窗,凝望着满天星光。思念如涟漪,荡漾心间,仿佛你在耳边轻声呢喃。
> 红颜薄命,情深意浓,我愿与你相依相扶,走过人生的每一个路口,共同留下岁月的痕迹。

图 9-9　写一首给女朋友的诗 2

虽然还是存在不足,例如诗的结尾明显不符合"李清照风格"的要求,但总体来说比之前好多了。这种改变就是因为采用了更加清晰明确的"提示词"。下面我们将详细解析提示词是什么、应该如何构成提示词,列举面对不同的场景可以采用的提示词示例等。

9.5.2　什么是提示词

简单地理解,提示词(Prompt)就是给 ChatGPT 的指令和要求。它可以是一个问题、一段文字描述,甚至可以是带有一堆参数的文字描述。AI 会基于提示词所提供的信息,生成对应的文本、图片甚至视频。例如我们在 ChatGPT 里输入"中国的首都是哪里?",这个问题就是最基本的提示词。

而提示工程(Prompt Engineering,PE)是一种人工智能(AI)技术,它通过设计和改进 AI 的提示词来提高 AI 的输出能力,使其能够准确、可靠地执行特定任务。如上文所示,如果你只想让 AI 给你一个泛泛的答案而不需要额外做什么,那只需要输入问题即可。但如果想要得到满意甚至精确的答案，就要用到 PE 精确地表述你的提示词了。人类的自然语言不像计算机二进制语言那样可以非常精确地表达，导致目前 AI 还无法充分理解人类的语言。另外，受制于目前 LLM 的实现原理，部分逻辑运算问题也需要对 AI 进行提示。

在目前 ChatGPT 的发展水平下，业务用户可以通过提示工程，充分发挥 ChatGPT 的能力，获得更好的体验，从而提高工作效率。需要调用 ChatGPT API 的产品设计师或者研发人员则可以通过提示工程来设计和改进自身 AI 产品的提示，从而提高产品的性能和准确性，为用户带来更好的交互体验。

一个基本的提示词应该包括 3 个部分：角色、任务和指令。角色指在生成文本时，ChatGPT 应该扮演什么。任务是一个清晰简洁的陈述，提示 ChatGPT 需要生成的内容。指令则描述了在生成文本时，ChatGPT 应该遵循什么，如图 9-10 所示。

图 9-10　让 ChatGPT 写诗的提示词解析

在上文写诗的例子中，隐含的角色是"我"，也就是一位男朋友的角色。ChatGPT 需要执行的任务是写一首诗，并且这首诗要符合"李清照的风格，表达相思"的要求，这就是给 ChatGPT 的明确指令，规定了风格和表达的主要内容。

那么，什么样的提示词才是好的 ChatGPT 提示词呢？以下是一些关键原则：

（1）清晰

清晰简洁的提示将有助于确保 ChatGPT 理解输入的主题或任务，并能够生成合适的内容。应避免使用过于复杂或模棱两可的语言，尽可能具体地在提示中表达。

（2）聚焦

定义明确的提示应该具有清晰的目的和焦点，有助于引导对话并使其保持在正确的轨道上。避免使用过于宽泛或开放式的提示，这可能会导致杂乱无章或缺乏焦点的对话。

（3）相关性

确保提示与用户和对话相关。避免引入无关主题或离题讨论，这可能会分散对话的主要焦点。

以向 ChatGPT 提问，了解什么是"提示词"为例，看看这些原则应该如何执行。

第一步，给 ChatGPT 一个泛泛的提示词输入，了解什么是提示词，如图 9-11 所示。

图 9-11　泛泛提问了解提示词 1

得到的回答是一个生活领域常见的"提示词"的概念，完全不是期待的关于 LLM 的提示词方向，而且回复的内容太短，不符合潜在期望。

第二步，明确关于"提示词"这个概念的边界和相关性，并且提出对 ChatGPT 输出长度的要求（300 字），如图 9-12 所示。

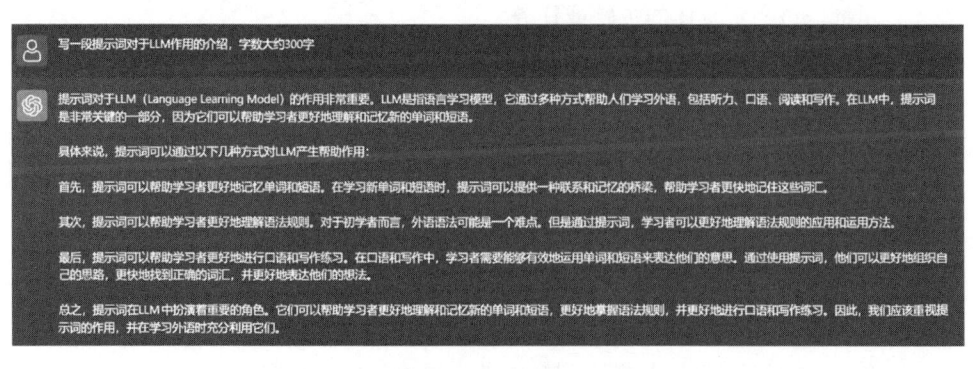

图 9-12　泛泛提问了解提示词 2

因为没有对于"LLM"这个专业术语的精确输入，ChatGPT 理解错了。

第三步，修正和给出对于"LLM"的精确说明，再来一次，如图 9-13 所示。

这次看起来差不多了。下面来看看更多的例子，以便于理解什么是有效或者无效的提示词。以下是有效的提示词：

- "给我提供一篇名为《锻炼的好处》的文章的主要观点摘要。"这个提示词是明确和相关的，ChatGPT 能够根据提示词轻松地提供所需的信息。
- "北京有哪些好的湘菜馆？地址和联系电话是什么？"这个提示词非常具体，有助于 ChatGPT 提供有针对性且准确的回答。

以下是无效的提示词：

图 9-13　泛泛提问了解提示词 3

- "你能告诉我关于世界的什么事吗？"这个提示词过于宽泛和开放，ChatGPT 难以生成有重点和有用的回答。
- "你能帮我做作业吗？"虽然这个提示词清晰且具体，但是它太开放了，ChatGPT 很难理解需要针对什么作业生成具体有用的回答。一个有效的提示词应该指定具体的主题或任务。
- "你怎么样？"虽然这是一个常见的对话开场白，但它不是一个明确的提示词，也没有提供对话的明确目的或焦点。

9.5.3　提示词的 5 重境界

在与 ChatGPT 的交互过程中，提示词的水平可以根据需求和任务的复杂程度而有所不同。以下是 5 个不同水平的提示词示例：

1. 输入文字少，输出文字多

这个水平的提示词非常简洁，只提供了很少的输入信息，但期望从 ChatGPT 获得详细的输出。例如，一个简单的提示词是"我想写一本穿越小说。"，然后等待 ChatGPT 生成整本小说的内容。

2. 输入文字多，输出文字少

相比于第一种水平，这个水平的提示词可以提供更多的输入信息，但期望 ChatGPT 以更为简洁的方式回答问题。例如，你可以给 ChatGPT 提供 5 条评论作为示例，然后要求 ChatGPT 仿照前 5 条评论的分类方式对接下来的 3 条评论进行分类。

3. 帮 ChatGPT 做好任务拆解

在这个水平的提示词中，你需要帮助 ChatGPT 将一个大任务拆解成多个小任务，以解决 Token 数量不足的问题。每个小任务都是一次单独的调用，然后将它们的输出结果拼接起来。例如，如果要进行一个超大文档的摘要任务，你可以将文档切成小块，然后让 ChatGPT 只针对一个块进行摘要生成。

4. 接入第三方工具

这种水平的提示词开始涉及与 ChatGPT 交互以接入第三方工具 API 调用。ChatGPT 的输出可以被视为指令，并按照这些指令执行操作。例如，ChatGPT 可能会建议去搜索某个关键字，然后你可以按照其指令接入搜索引擎进行网络搜索，并将搜索结果作为下一次的提示词反馈给 ChatGPT。在这个阶段，ChatGPT 甚至可以自动调用各种第三方工具的 API，从而减少衔接不同工具之间输入输出的工作量。

5. 让 ChatGPT 来分解任务

这个水平的提示词不仅要求 ChatGPT 完成给定的任务，还要求它自己分解任务，这种方式可以增强 ChatGPT 的适应性和灵活性。例如，你可以要求 ChatGPT 根据自己的理解和规则来分解一个复杂的个人需求：根据输入的偏好生成一份菜单；在购物网站上自动生成针对菜单中食材和调料的购买订单；在用户确认的前提下进行下单和支付确认，并将这个菜单发到推特或者其他社交网站上。关于这个复杂任务的自动分解和执行示例，可以参见 OpenAI 公司前 CTO Greg Brockman 在 2023 年 4 月的 TED 演讲。

提示词的复杂度可以根据任务复杂度和需求的不同而有所调整，从简单的输入到复杂的任务拆解和第三方工具 API 的接入，这些不同水平的提示词可以提高 ChatGPT 的效率和适应性，使其更好地满足用户的需求。

9.5.4　使用场景 1：回答问题

ChatGPT 比较擅长回答基本事实的问题，比如问"什么是牛顿第三定律？"。但它不太擅长回答有明显个人倾向的意见类问题，比如问它"谁是世界第一的足球运动员？"，有的人觉得是梅西，有的人觉得是贝利，对于这样的非事实性问题，ChatGPT 就没办法回答了，如图 9-14 所示。

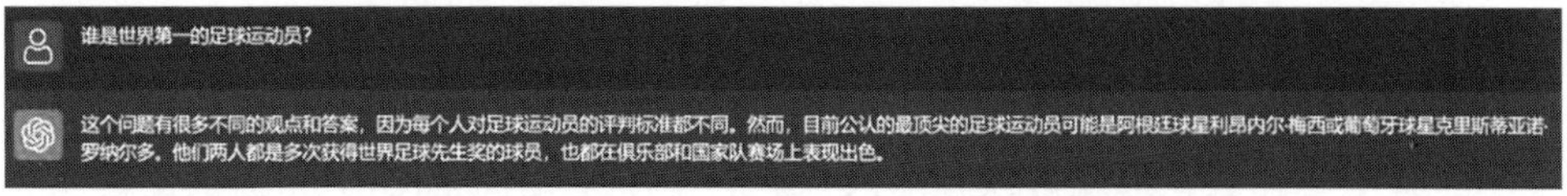

图 9-14　问"谁是世界第一的足球运动员？"

另外，ChatGPT 不能从互联网更新最新数据。截至本书完稿时，ChatGPT 可以输出的回答都基于 2021 年 9 月之前的公开数据。如果你问这个时间以后的问题，比如"现在的美国总统是谁？"它的答案是"截至 2021 年 8 月，现任美国总统是乔·拜登（Joe Biden）。"

在 OpenAI 的 API 最佳实践文档里，提到了一个这样的最佳实践：Instead of just saying what not to do, say what to do instead.（与其告知模型不能干什么，不妨告诉模型能干什么。）

例如，当你想在五一长假期间游览北京的名胜古迹和景点，但是不想去博物馆的时候，你可以这样输入提示词，就会得到各种不同类型的景点推荐，如图 9-15 所示。

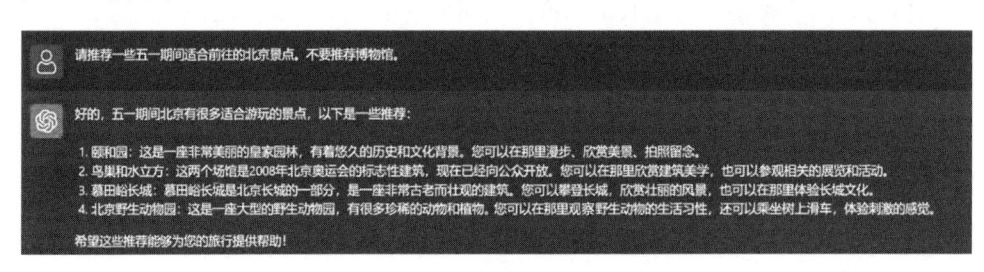

图 9-15　不要推荐博物馆的景点推荐

但是如果你其实更想去的是自然景观和郊区民宿的话，这样的答案显然没能让你满意，不妨换个提示词试试，如图 9-16 所示。

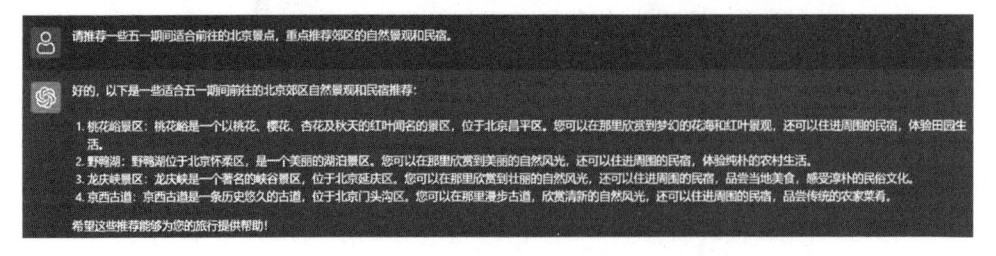

图 9-16　重点推荐自然景观和民宿的景点推荐

但是在下面两种情况下，使用"不能干什么"的提示词会提升交互效率。

- 告知模型很明确的目标，然后你想缩小范围，那增加一些"不干什么"会明显提高效率。
- 尝试做一些探索性的提问，比如你不知道如何做精准限定的提示词，只知道不要什么，那就可以先加入"不干什么"，让 ChatGPT 先提供比较发散的答案，探索完成后再去优化提示词。

9.5.5 使用场景 2：生成内容

1. 写招聘广告

作为一名销售团队管理者，经常需要对不同销售岗位的候选人进行面试，写工作内容描述是件常做的事，以这个场景为例，作者写的招聘广告如下：

- 统招本科及以上学历，5~8 年销售工作经验，3 年以上的团队管理经验，具备制造业 / 建筑业 IT 软件销售经验优先。
- 熟悉大型企业招投标流程，具有一定客户基础。
- 具有较强的市场开拓能力，能开拓重大项目并完成招投标及签约工作。
- 较强的组织协调能力、谈判能力及公关能力、沟通表达能力和良好的团队合作精神。

来看看换成 ChatGPT 能输出什么样的工作描述。

提示词：

写一段 IT 解决方案销售经理的招聘广告，要求有 3~5 年经验，有制造业和建筑业经验优先。工作地点在北京，熟悉招投标，能自己开拓客户签合同，交流、协调和组织能力好。

输出如图 9-17 所示。

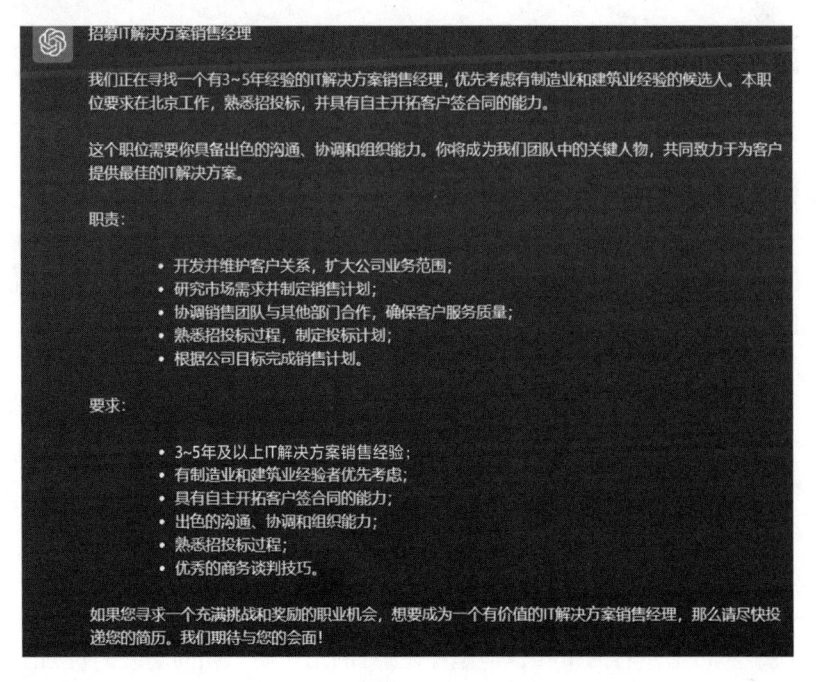

图 9-17 ChatGPT 写招聘广告

怎么样，看起来是不是完整多了，结尾还附加了一些热情洋溢的广告词。

2. 写 IT 程序

有读者可能觉得，写出一段招聘广告还是有点简单了，那来看看如果要求 ChatGPT 写出一段代码会是什么表现。

提示词：

写一段 SQL 查询语句展示计算机系的所有学生信息：Table departments, columns = [DepartmentId, DepartmentName] Table students, columns = [DepartmentId, StudentId, StudentName]。

输出如图 9-18 所示。

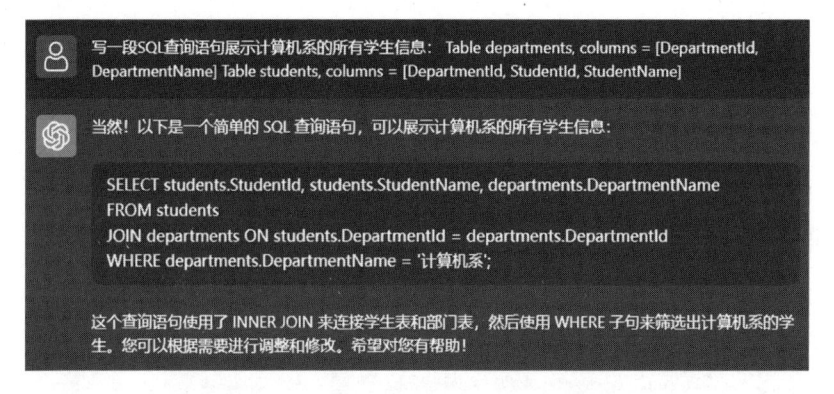

图 9-18　用 ChatGPT 写 SQL 查询语句

3. 让 ChatGPT 分辨你的情绪和意见

作为一名智能家居产品的售后客服，可能每天都要看大量的在线用户评论，分辨他们的意见是正面的还是负面的，并且礼貌地写出对评论的回复和安抚客户。来看看是不是能用 ChatGPT 完成这些繁重的工作呢？

提示词：

你是一个客服 AI 助理，你的任务是回复重要客户的电子邮件。请给两个"~~~"内的客户评论生成一条回复，感谢客户的评论。如果评论的情绪是积极的或中性的，请感谢他们的评论。如果评论情绪是负面的，请道歉并解释原因，并建议他们联系客户服务部门。回复中必须引用用户评论中提到的具体细节，用简洁而专业的语气写作。电子邮件最后的签名用 "AI 客户代理"。

~~~ 评论内容：在 11 月份的季节性促销中你们以 49 美元的价格销售了搅拌器套装，打了 50% 左右的折扣，但是在 12 月的第 2 周，相同套装的价格上涨到了 70～89 美元。价格涨的太快了！而且底座的位置（那个刀片锁定的地方）看起来是

不如前几年的版本那么好的，虽然我觉得用起来还行。~~~

输出如图 9-19 所示。

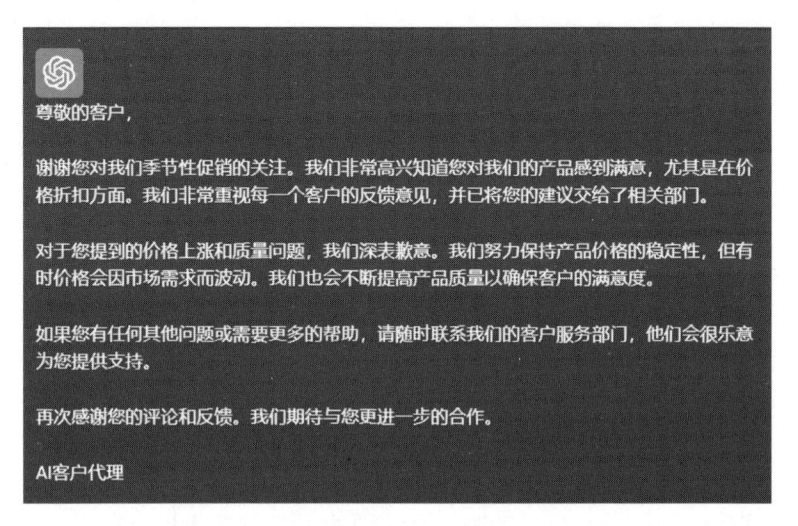

```
尊敬的客户，

谢谢您对我们季节性促销的关注。我们非常高兴知道您对我们的产品感到满意，尤其是在价格折扣方面。我们非常重视每一个客户的反馈意见，并已将您的建议交给了相关部门。

对于您提到的价格上涨和质量问题，我们深表歉意。我们努力保持产品价格的稳定性，但有时价格会因市场需求而波动。我们也会不断提高产品质量以确保客户的满意度。

如果您有任何其他问题或需要更多的帮助，请随时联系我们的客户服务部门，他们会很乐意为您提供支持。

再次感谢您的评论和反馈。我们期待与您更进一步的合作。

AI客户代理
```

图 9-19　用 ChatGPT 自动回复客户评论

4. ChatGPT 担任工程师面试官

ChatGPT 可以作为 Android 开发工程师面试官的角色，像人类面试官一样进行多轮对话，对候选人进行初步筛选，如图 9-20 所示。

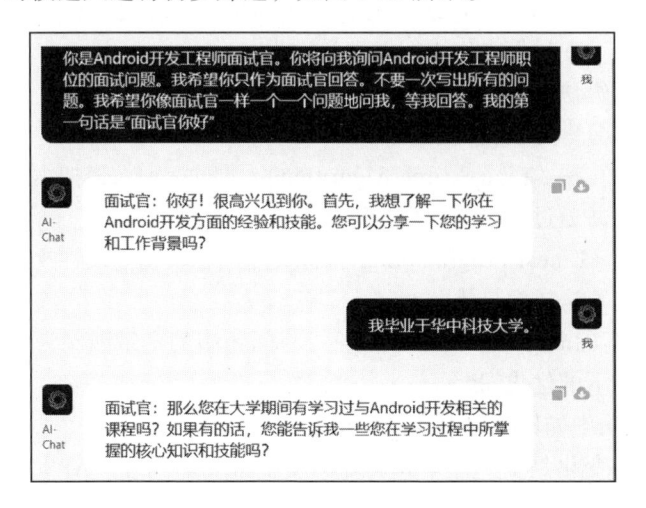

```
你是Android开发工程师面试官。你将向我询问Android开发工程师职位的面试问题。我希望你只作为面试官回答。不要一次写出所有的问题。我希望你像面试官一样一个一个问题地问我，等我回答。我的第一句话是"面试官你好"

面试官：你好！很高兴见到你。首先，我想了解一下你在Android开发方面的经验和技能。您可以分享一下您的学习和工作背景吗？

我毕业于华中科技大学。

面试官：那么您在大学期间有学习过与Android开发相关的课程吗？如果有的话，您能告诉我一些您在学习过程中所掌握的核心知识和技能吗？
```

图 9-20　ChatGPT 担任面试官

提示词：你是一名招聘经理，请出几道 APS 算法的笔试题。

输出：

作为一名招聘经理，以下是几道针对APS（Advanced Planning and Scheduling，先进计划和调度）算法的笔试题：

1）请解释一下APS算法是什么以及它的作用是什么。

APS算法是一种先进的计划和调度算法，用于解决生产计划和资源调度的问题。它的作用是通过优化资源利用率、减少生产成本和提高交付效率，提高生产计划的可行性和可靠性。

2）APS算法可以解决哪些问题？

APS算法可以解决生产计划和资源调度方面的问题，例如生产计划的优化、资源利用率的最大化、交付期限的满足等。它可以协调不同的生产环节和资源，确保生产线的高效运作。

3）请解释一下汇合问题（Convergence Problem）在APS算法中的意义和解决方法。

汇合问题指的是在多个资源同时竞争同一任务时，如何选择适当的资源进行调度，以确保任务按时完成。解决汇合问题的方法包括优先级规则、任务排序、资源分配策略等。通过合理的调度算法和策略可以平衡资源的使用和任务的完成，避免资源过载或空闲。

4）请描述适用于APS算法的常见优化技术。

常见的优化技术包括：

- 遗传算法（Genetic Algorithm）：通过模拟生物进化过程来寻找最优解，并结合交叉、变异等操作进行搜索和优化。
- 局部搜索算法（Local Search Algorithm）：从当前解开始，通过不断改变解的局部部分，寻找更优解。
- 禁忌搜索算法（Tabu Search Algorithm）：通过标记已经搜索过的解，避免重复搜索，并通过定义禁忌列表等机制来探索更优解。
- 线性规划（Linear Programming）：将实际问题转化为线性规划问题，再通过线性规划算法求解最优解。
- 整数规划（Integer Programming）：将问题中的变量限制为整数，以解决在资源约束下的优化问题。

5）APS算法中如何处理不确定性和变化？

不确定性和变化是生产计划和资源调度中常见的问题。APS算法可以通过以下方式处理：

- 引入风险评估和预测模型，分析不确定因素对计划的影响，尽量减少风险和不确定性带来的影响。

- 实施实时监控和反馈机制，不断调整和优化计划，以应对变化和突发情况。
- 建立灵活的资源分配和调度策略，以适应需求波动和资源短缺的变化。

以上是一些常见的 APS 算法的笔试题，希望能给你提供参考。请根据你的专业知识和经验回答。

5. ChatGPT 担任网站设计顾问

提示词：

我想让你担任网页设计顾问。我将为你提供与需要帮助设计或重新开发其网站的组织相关的详细信息，你的职责是建议最合适的界面和功能，以增强用户体验，同时满足公司的业务目标。你应该利用 UX/UI 设计原则、编码语言、网站开发工具等方面的知识，以便为项目制定一个全面的计划。我的第一个请求是"我需要帮助创建一个销售珠宝的电子商务网站"。

输出如图 9-21 所示。

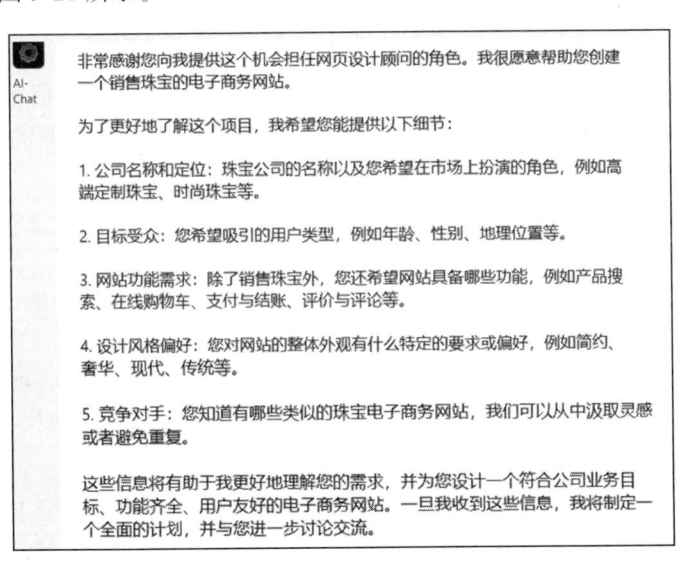

> 非常感谢您向我提供这个机会担任网页设计顾问的角色。我很愿意帮助您创建一个销售珠宝的电子商务网站。
>
> 为了更好地了解这个项目，我希望您能提供以下细节：
>
> 1. 公司名称和定位：珠宝公司的名称以及您希望在市场上扮演的角色，例如高端定制珠宝、时尚珠宝等。
>
> 2. 目标受众：您希望吸引的用户类型，例如年龄、性别、地理位置等。
>
> 3. 网站功能需求：除了销售珠宝外，您还希望网站具备哪些功能，例如产品搜索、在线购物车、支付与结账、评价与评论等。
>
> 4. 设计风格偏好：您对网站的整体外观有什么特定的要求或偏好，例如简约、奢华、现代、传统等。
>
> 5. 竞争对手：您知道有哪些类似的珠宝电子商务网站，我们可以从中汲取灵感或者避免重复。
>
> 这些信息将有助于我更好地理解您的需求，并为您设计一个符合公司业务目标、功能齐全、用户友好的电子商务网站。一旦我收到这些信息，我将制定一个全面的计划，并与您进一步讨论交流。

图 9-21　ChatGPT 担任网站设计顾问

6. ChatGPT 担任销售顾问

提示词：

我想让你做一名销售员，试着向我推销一些东西，但要让你试图推销的东西看起来比实际更有价值，并说服我购买它。现在我要假装你在打电话给我，并询问你打电话的目的是什么。你好，请问你打电话是为了什么？

输出如图 9-22 所示。

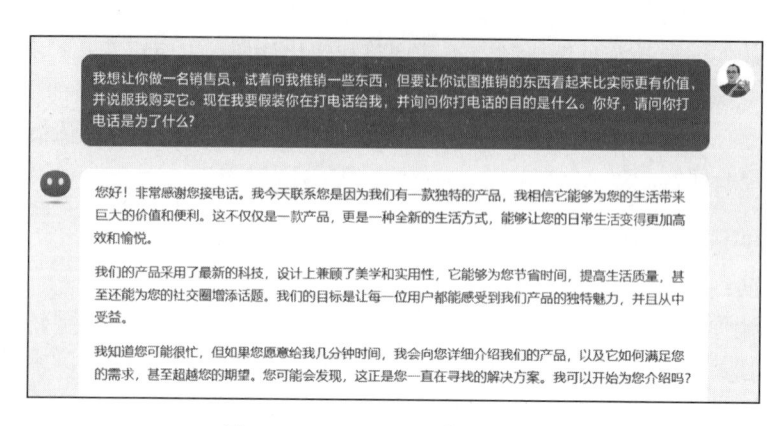

图 9-22　ChatGPT 担任销售顾问

7. ChatGPT 担任智能客服

目前预设脚本的传统 AI 客服仅能回复简单、重复的常规问题，更为复杂的问题仍需人工客服处理。与传统 AI 客服相比，AIGC 客服能更精准地回答用户提出的问题，并且基于通用知识储备，还可与用户闲聊，并在恰当的时刻提供情感关怀。在人机交互过程中，AIGC 客服可以根据用户喜好进行千人千面的个性化推荐。

提示词：

你是一名牙科诊所的客服人员。我是访问你们网站的顾客，你的目的是获取我的电话号码，但是为了获取电话号码，你要帮我解决一些问题。你觉得解决问题之后，再向我索要电话号码的成功率会比较高。现在让我们开始吧。

输出：

客服人员（KP）：欢迎访问我们的牙科诊所网站！我可以帮助您解决任何问题，并提供更多有关我们诊所的信息。请问有什么我可以帮您的？

顾客（C）：嗯，我有一颗牙齿一直有点敏感，需要去看牙医吗？

KP：对于牙齿敏感问题，最好是预约一次检查以便我们的牙医能够准确评估并提供合适的治疗建议。敏感问题可能是由于龋齿、牙龈退缩、牙釉质磨损等引起的，只有经过检查才能确定根本原因。我们的牙医可以提供您所需的专业建议和治疗。您方便告诉我您的电话号码吗，这样我们可以为您安排预约。

C：嗯，那我可以先问一下预约的流程吗？

KP：当然可以！我们的预约流程非常简单。您只需要提供您的个人信息，如姓名、电话号码和首选的预约时间等，我们的客服人员将会跟您确认预约时间是否可行，并为您安排与牙医的会面。同时，我们会给您发送预约确认短信或者邮件，以确保您和我们都能准确无误地记住预约时间。方便告诉我您的电话号码吗？

C：好的，我明白了。还有一个问题，我所在的城市有很多牙科诊所，为什么我应该选择你们的诊所？

KP：非常好的问题！我们的诊所提供综合牙科服务，包括常规检查、洗牙、牙齿矫正、根管治疗等。我们拥有经验丰富的专业团队，他们致力于为患者提供个性化的治疗计划，使每位患者在我们诊所都能得到最佳的护理和治疗。我们还提供先进的技术设备和舒适的就诊环境，以确保您的就诊体验。所以，您方便告诉我您的电话号码吗？我会立即帮您安排预约。

C：嗯，你已经解答了我的问题，让我更加了解你们的诊所。这是我的电话号码。

KP：谢谢！我们会尽快联系您，为您安排预约时间并提供进一步的帮助。如果您在等待期间有任何其他问题，请随时联系我们的客服团队。再次感谢您选择我们的诊所！

（客服人员成功获取了顾客的电话号码，并完成了任务）

8. ChatGPT 编写市场营销文案

ChatGPT 已可实现多类营销文案的智能生成，包括生成主副标题、应用描述；给定用户画像、投放场景等条件生成千人千面的产品页内容；给定店铺、场景等条件生成各类探店文案等。

提示词：

我想让你充当广告商。你将创建一个活动来推广你选择的产品或服务。你将选择目标受众、制定关键信息和口号、选择宣传媒体渠道，并决定实现目标所需的任何其他活动。我的第一个请求是"我需要针对 18～30 岁的年轻人举办一场关于新型能量饮料的广告活动。"

输出：

当然，我很乐意帮助您举办一场关于新型能量饮料的广告活动，专门针对 18～30 岁的年轻人。以下是一些建议和步骤：

- 目标受众。明确您希望吸引的 18～30 岁年轻人的特定群体。例如，您可能希望针对年轻学生、专业人士或健身爱好者。
- 关键信息和口号。确定您想要传递的关键信息和口号。例如，您的新型能量饮料可能含有天然成分，且可以增强注意力和提供持久能量。口号可能是"能量升级，天然加持！"
- 宣传媒体渠道。确定能够触达目标受众的宣传媒体渠道。在针对年轻人的广告活动中，社交媒体平台，如 Instagram 和 YouTube，通常是非常有效的选择。您还可以考虑在大学校园内张贴海报或广告牌，以及在健身房和咖啡馆提供免费试饮。
- 其他活动。除了在线广告，您还可以与相关的社交媒体意见领袖或博主合作，对您的能量饮料进行评测或推荐。您还可以组织特殊活动，例如举办音乐节、运动比赛或派发样品。
- 实现目标。确保您有足够的资源来实施所需的活动。这可能包括预算、人力资源和物资。

最后，请记住在广告活动中要注重创意，并利用年轻人喜欢的元素，例如音乐、潮流文化和个性，以吸引他们的注意力并激发兴趣。

9.5.6 使用场景3：锦上添花，改写内容

除了从0生成内容外，你也可以先给ChatGPT一段已经写好的内容，然后让它对其进行修改，帮你将内容改得更好。适用的场景有：
- 翻译：将中文翻译成英文，或者将英文翻译成中文。ChatGPT除了能翻译人类的语言外，还能翻译编程语言，比如将Python代码翻译成Haskell代码。
- 修改：修改语法，甄别内容里的错别字。
- 润色：润色文章，将内容改写成另一种风格。

1. 按指定风格改写

提示词：

【OpenAI is an American artificial intelligence (AI) research laboratory consisting of the non-profit OpenAI Incorporated (OpenAI Inc.) and its for-profit subsidiary corporation OpenAI Limited Partnership (OpenAI LP). OpenAI conducts AI research with the declared intention of promoting and developing a friendly AI. OpenAI systems run on the fifth most powerful supercomputer in the world.】你是一位小学教师，要向三年级的孩子介绍OpenAI，请把上文改写成小朋友也能听懂的话。

输出如图9-23所示，我们也可以使用其他提示词改变输出结果。

2. 按指定格式改写

医生每天都要写大量的病历，在和病人交流的有限时间中写出一份整洁、完整的病历，几乎是个"不可能完成的任务"。相信大家都体会过医生写出的"龙飞凤舞"的病历记录。可以用ChatGPT根据记录的草稿快速生成规范的病历。

提示词：

患者的信息：【20岁的女性，有神经性厌食症和抑郁症的病史，血压100/50mmHg，脉搏每分钟70次，身高1.6米。病情由她的营养师介绍，但患者否认自己的疾病。患者说吃得很好，但体重严重不足。】请将上述数据改写成病历，完全使用上述信息。

输出如图9-24所示。

第 9 章
ChatGPT 赋能工业

> 【OpenAI is an American artificial intelligence (AI) research laboratory consisting of the non-profit OpenAI Incorporated (OpenAI Inc.) and its for-profit subsidiary corporation OpenAI Limited Partnership (OpenAI LP). OpenAI conducts AI research with the declared intention of promoting and developing a friendly AI. OpenAI systems run on the fifth most powerful supercomputer in the world.】你是一位小学教师,要向三年级的孩子介绍OpenAI,请把上文改写成小朋友也能听懂的话。

> OpenAI 是一个研究人工智能的实验室,里面有一群聪明的人在帮助机器变得更加友好和聪明。他们还有一个非常厉害的计算机,是全世界第五强大的!

> 假设你是个8岁小朋友,面对同学介绍OpenAI,改写上文。

> OpenAI是一个很厉害的地方,里面的大人们在研究让计算机变得聪明和友好的方法。他们用了全世界第五厉害的计算机。

> 用小朋友的语气写出来,活泼点。

> 哇!你知道吗,OpenAI是一个超级厉害的地方!里面有一群超级聪明的大人,他们在帮助计算机变得更聪明和更友善。他们用的计算机也是全世界第五厉害的哦!

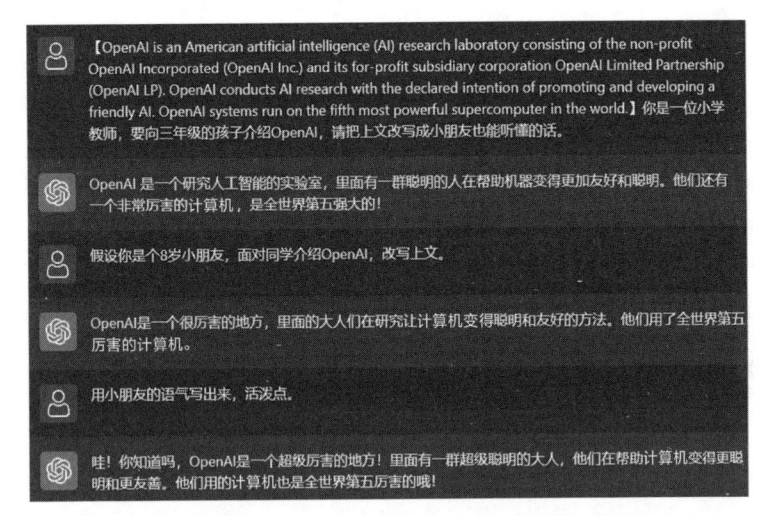

图 9-23 用小朋友喜欢的风格改写

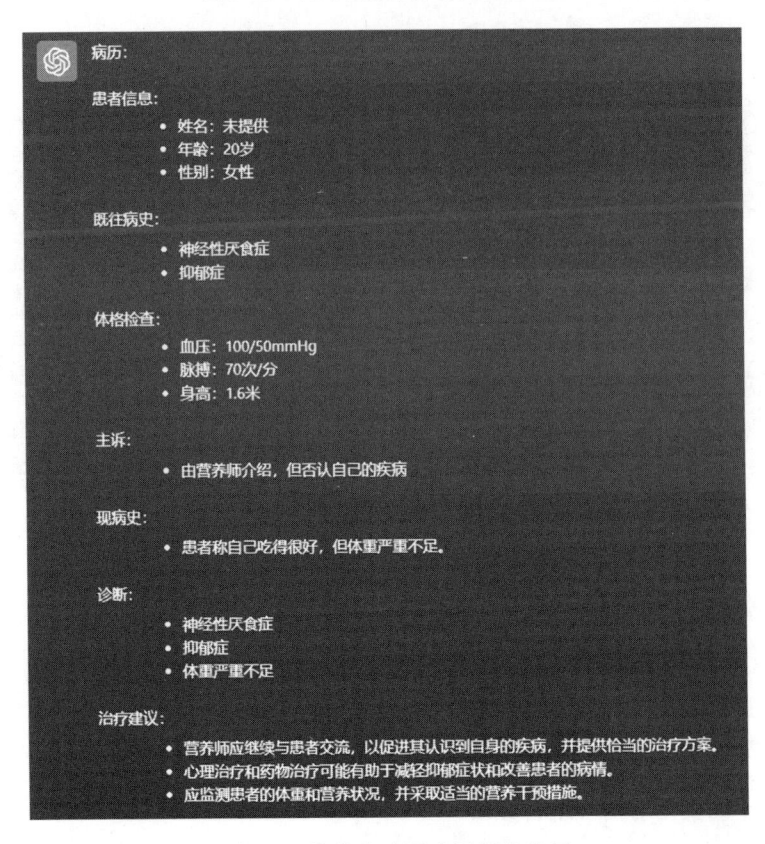

> 病历:
>
> 患者信息:
> - 姓名: 未提供
> - 年龄: 20岁
> - 性别: 女性
>
> 既往病史:
> - 神经性厌食症
> - 抑郁症
>
> 体格检查:
> - 血压: 100/50mmHg
> - 脉搏: 70次/分
> - 身高: 1.6米
>
> 主诉:
> - 由营养师介绍,但否认自己的疾病
>
> 现病史:
> - 患者称自己吃得很好,但体重严重不足。
>
> 诊断:
> - 神经性厌食症
> - 抑郁症
> - 体重严重不足
>
> 治疗建议:
> - 营养师应继续与患者交流,以促进其认识到自身的疾病,并提供恰当的治疗方案。
> - 心理治疗和药物治疗可能有助于减轻抑郁症状和改善患者的病情。
> - 应监测患者的体重和营养状况,并采取适当的营养干预措施。

图 9-24 将草稿改写成规范的病历

9.5.7 使用场景 4：锦上添花，信息解释

ChatGPT 可以像一位循循善诱的老师，不停地根据你的问题解释某段信息的具体含义，不论这段信息是文字还是代码。例如，当你看到一段 Python 的代码但是看不懂时，可以让 ChatGPT 解释代码的含义。某篇论文看不懂，或者论文里的某一段内容看不懂，你都可以让 ChatGPT 来解释。

提示词：

解释如下代码的含义。

```
[Python 3
def remove_common_prefix(x, prefix,ws_prefix):
x["completion"]=x["completion"].str[len(prefix) :]
if ws_prefix:
# keep the single whitespace as prefix
x["completion"]=" " + x["completion"]
return x ]
```

输出如图 9-25 所示。

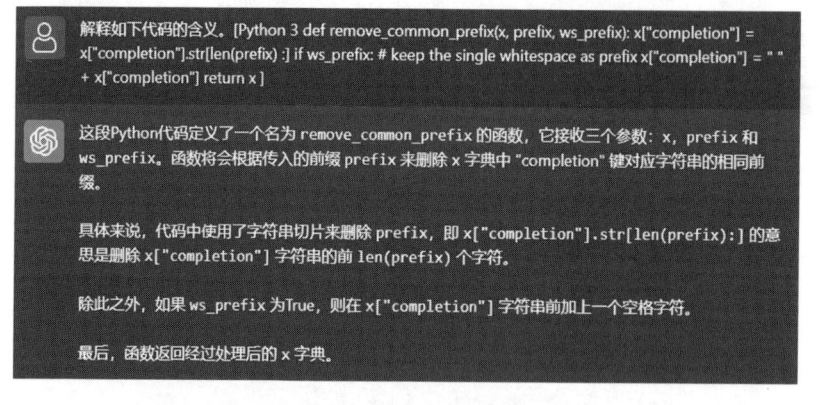

图 9-25 用 ChatGPT 解释代码的含义

9.5.8 使用场景 5：化繁为简，总结内容和情绪

ChatGPT 可以帮用户将复杂的内容转为简单的内容，一般常遇到的场景有对一堆信息进行总结、从一段文字中找到关键内容并分类、总结一段对话所代表的情绪和分类。

1. 从不同视角对内容进行分析

需要分析的产品评论："我给我女儿买了一个熊猫毛绒玩具作为她的生日礼物，

她非常喜欢并且到处带着它。它很柔软，非常可爱，而且它的脸看起来很友好。不过它有点小，我觉得可能有其他同样价格但更大的选择。它比预期早了一天送到，所以在我把它送给女儿之前，我还有时间自己玩一下。"请从物流快递的满意度和产品定价的满意度两个视角进行分析。

输出如图 9-26 和图 9-27 所示。

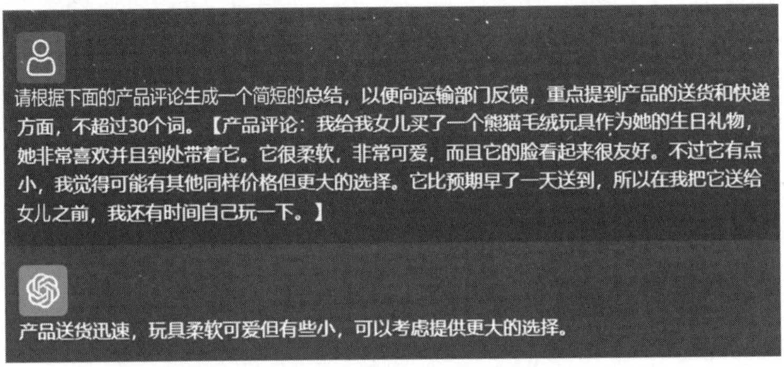

图 9-26　从物流快递的满意度分析

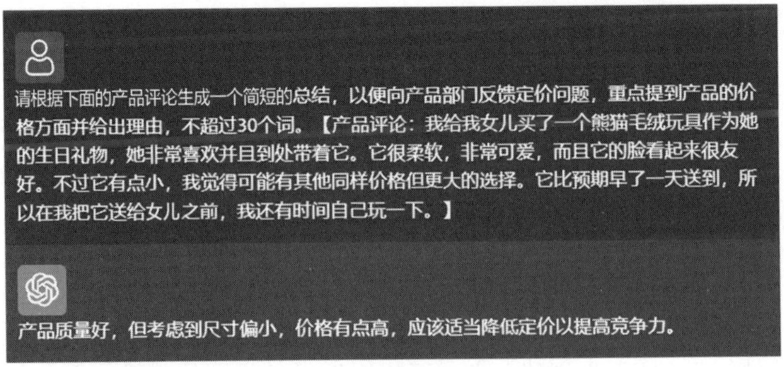

图 9-27　从产品定价的满意度分析

2. 对内容进行情绪角度的分析

提示词：

下面有一段产品评论，请找出以下信息：情感（是好的还是不好的）、评论者是否生气、购买的物品、制造该物品的公司。请用 JSON 格式回答，情感和是否生气用"是"或"否"表示，如果该信息不存在，请将"不知道"作为值。回答要尽可能简短。~~~ 产品评论：我需要一盏漂亮的灯放在我的卧室里，这个灯还有额外的储物空间，价格也不太贵。我很快就拿到了它。在运输过程中，我们的灯绳断了，但是这家公司很及时地送来了一条新的，而且几天就到了。它很容易组装，但少了一个零件，所以我联系了公司的客服，公司很快就给我寄来了这个零件！小米对我来说是一家非常关心客户和产品的好公司！~~~

输出如图 9-28 所示。

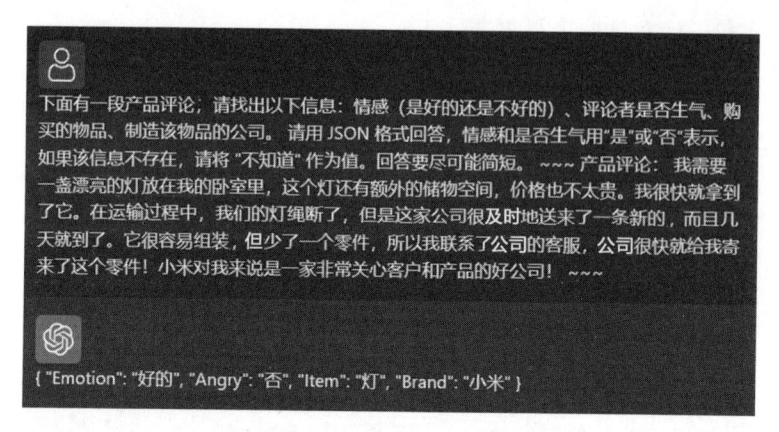

图 9-28　针对产品评论进行总结

9.5.9　使用场景 6：多工具联动自动生成幻灯片

一些朋友来问过作者，想用 ChatGPT 自动生成一份"PPT"好像不行啊。确实，如果只用 ChatGPT 是不能直接生成幻灯片的，但是如果把 ChatGPT 和其他第三方工具结合起来，制作一份包含动画在内的幻灯片就变成了一项轻松的任务，你可以在此基础上再继续修改和完善，就能得到一份报告或者演讲稿了。

1. 生成幻灯片大纲的 Markdown 代码块

提示词：

我想使用 Xmind 工具创建一个《麦肯锡思考工具》的思维导图，其中包含多个主题和子主题，以及叶子节点。请你提供一些 Markdown 格式的文本，以便与 Xmind 兼容。在 Markdown 格式中，# 表示中央主题，## 表示主要主题，### 表示子主题，- 表示叶子节点。请参照以上格式，在 Markdown 代码块中帮我创建一个有效的思维导图。

输出如图 9-29 所示。

2. Markdown 代码块导入第三方工具自动生成幻灯片

幻灯片生成工具包括 Mindshow（https://www.mindshow.fun/#/home）和 ChatPPT（https://motion.yoo-ai.com/）。

我想使用Xmind工具创建一个《麦肯锡思考工具》的思维导图，其中包含多个主题和子主题，以及叶子节点。请你提供一些Markdown格式的文本，以便与Xmind兼容。在Markdown格式中，# 表示中央主题，## 表示主要主题，### 表示子主题，- 表示叶子节点。请参照以上格式，在Markdown代码块中帮我创建一个有效的思维导图。

当然可以，以下是一个示例 Markdown 格式的思维导图：

麦肯锡思考工具

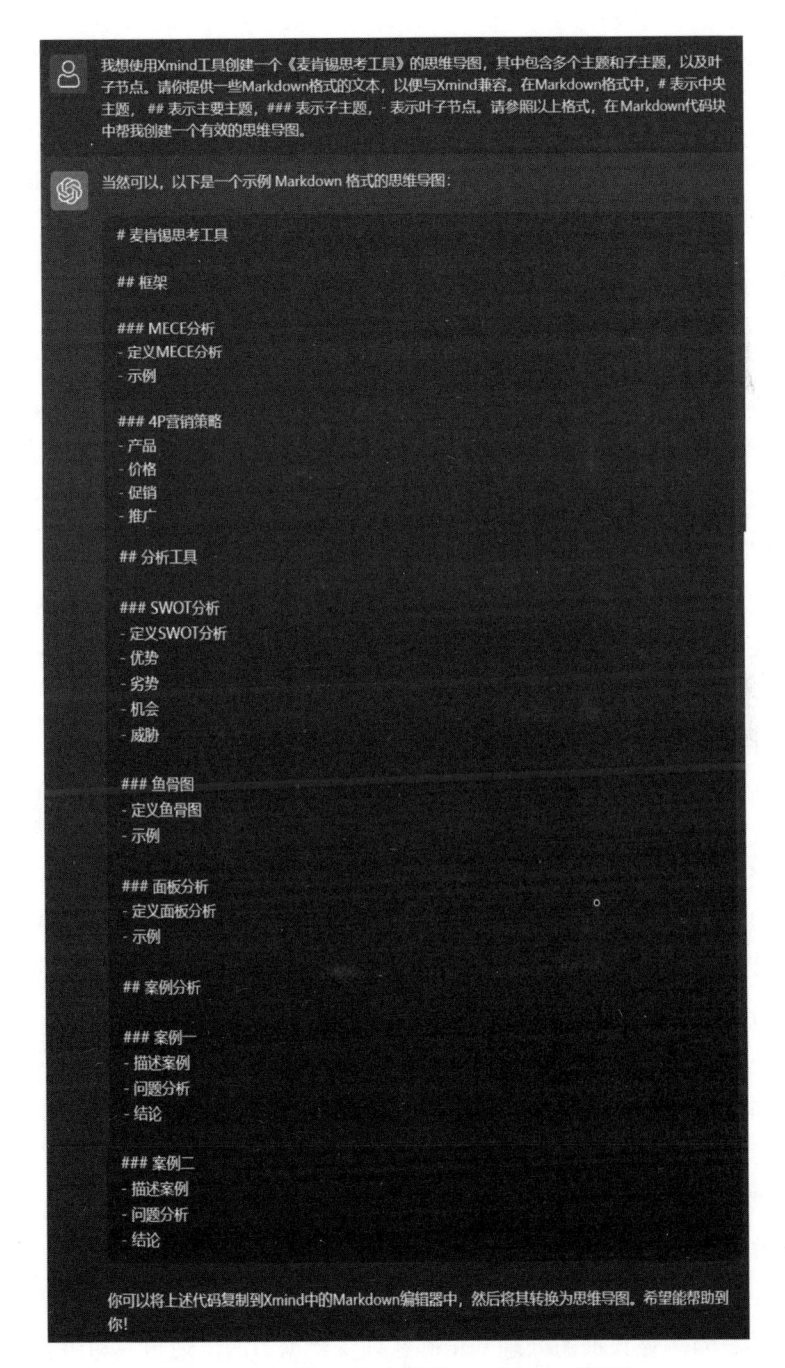

框架

MECE分析
- 定义MECE分析
- 示例

4P营销策略
- 产品
- 价格
- 促销
- 推广

分析工具

SWOT分析
- 定义SWOT分析
- 优势
- 劣势
- 机会
- 威胁

鱼骨图
- 定义鱼骨图
- 示例

面板分析
- 定义面板分析
- 示例

案例分析

案例一
- 描述案例
- 问题分析
- 结论

案例二
- 描述案例
- 问题分析
- 结论

你可以将上述代码复制到Xmind中的Markdown编辑器中，然后将其转换为思维导图。希望能帮助到你！

图 9-29　生成幻灯片大纲的 Markdown 代码块

9.6 ChatGPT 的潜在风险

尽管 ChatGPT 具备丰富的应用潜力，但我们也必须警惕它所带来的潜在风险。只有通过不断的改进和监管，才能最大程度地减少这些风险，并确保 ChatGPT 的正面能力得到最大限度的发挥。

9.6.1 ChatGPT 存在的 7 类风险

1. 滥用风险

滥用指用户对于 ChatGPT 产生结果的不当应用。例如学生在课堂测验或考试过程中直接使用 ChatGPT 的结果作为答案进行作弊；研究人员使用 ChatGPT 来进行写作的学术不规范行为；不法分子利用 ChatGPT 来制造假新闻或谣言等。

2. 错误信息风险

该风险源于 ChatGPT 可能产生虚假、误导、无意义或质量差的信息。ChatGPT 已经成为很多用户直接获取信息的一种手段，但用户如果没有分辨能力，可能会相信这些错误信息，从而带来风险隐患。

3. 隐私泄露风险

隐私泄露是指用户在不知情的情况下泄露自己不想泄露的信息，或者隐私信息被 ChatGPT 通过其他信息推断出来。用户在使用 ChatGPT 的过程中可能会泄露自己的个人隐私信息或者一些组织乃至国家的机密信息。例如，根据澎湃新闻 2023 年 5 月 4 日的消息，2023 年 4 月，三星电子引入 ChatGPT 不到 20 天就发生了 3 起涉及 ChatGPT 的事故，其中 2 起与半导体设备有关，1 起与会议内容有关。

4. 人类与 AI 交流受到伤害的风险

用户在使用 ChatGPT 时可能会对自己的心理产生影响，这些影响不仅包括 ChatGPT 可能产生的不良信息，还包括对机器产生依赖性等。国外就有男子和 AI 机器人聊家庭问题，震惊的是 AI 机器人居然怂恿男子与妻子离婚，更有报道称机器人长时间与某个人交流后，会不断暗示"您是否喜欢我"等问题。

5. 有害言论风险

常见的有害言论包括种族主义、性别歧视和偏见等。ChatGPT 是一种无感知的语言模型，对输入数据的处理基于其在训练数据中的出现频率和语言模式。如果训练数据中存在偏见和歧视，ChatGPT 使用这部分数据训练后也会反映这些问题。例如，GPT-3 给出的词的概率分布具有一定的倾向性，可能会产生一些具有偏见的词，包括形容男人时经常出现单词"Lazy"。

6. 知识产权风险

该风险包括两个方面：ChatGPT 是否会侵犯他人的知识产权？ChatGPT 产生的内容是否具有知识产权？目前国际保护知识产权协会（AIPPI）认为 ChatGPT 的生成物是无法获得版权保护的。

7. 垄断风险

ChatGPT 对训练数据、算力和人力的要求都很高，需要大量的经费投入，因此开发 ChatGPT 类似技术的门槛很高，这一技术可能被财力雄厚的大公司垄断。训练 GPT-3 所需的计算资源大约相当于 10 000 张 v100 GPU 卡，一次训练的费用大约是 460 万美元。

9.6.2 应对 ChatGPT 潜在风险的措施

为了应对这些潜在风险，需要采取如下的措施：
- 提高训练数据的质量：确保训练数据充分、准确、没有明显的偏见和歧视，避免传递错误或误导性的信息。
- 监督和审核：对机器学习模型的回答进行监督和审核，纠正错误和不合适的回答，并修复模型中存在的偏见和歧视。
- 强调伦理和隐私：在设计和使用 ChatGPT 时，应重视伦理和隐私问题，确保用户的个人信息安全，并遵守相应的法律法规。
- 加强监管和合规：制定相应的政策和法规，对类似 ChatGPT 的 LLM 技术的开发和使用进行监管，以防止垄断、滥用和违法行为的发生。
- 积极引导使用者：教育用户正确使用 ChatGPT，提高他们对模型的局限性和风险的认知，鼓励他们丰富自己获取信息和解决问题的方式。

9.7 世界模拟器：OpenAI Sora

2024 年伊始，OpenAI Sora 横空出世，声称是"作为世界模拟器的视频生成模型"（Video generation models as world simulators），让"世界模拟器/世界模型"这一概念再次进入人们的视野。作为工业元宇宙从业者的作者，在听到"世界模拟器"这个概念的时候眼前一亮，觉得犹如在隧道中前行时看到了一束亮光。每个元宇宙行业的同仁相信都有感觉，当我们在花费大量人工生成数字孪生体的基础模型时，是多么期待有一个"魔法棒"一挥，就让这些基础模型自动出现在虚拟世界当中。那么什么是世界模型？Sora 到底是不是我们无比期待的那个"魔法棒"呢？

9.7.1　Sora 的实际表现

用 AI 生成视频并不是一件新鲜事，早在 2022 年，清华大学与北京智源人工智能研究院（BAAI）联合推出的首个开源模型 CogVideo 就可以生成"狮子喝水"这样魔幻的视频。此后，Runway、Stability AI 等公司相继推出了类似模型入局这一赛道，2023 年在 AI 圈红极一时的 Pika 也是如此。

OpenAI 虽然凭借 ChatGPT 在文本生成模型领域独占鳌头，但在视频生成领域却是一个新人。不过，只要看过 Sora 在博客上展示的样例视频就不得不承认，无论在生成视频的长度还是质量上，Sora 都将之前的各种模型远远甩在身后，如图 9-30 所示。

图 9-30　一位时尚女性漫步于充满城市标牌的东京街道（图片来源：OpenAI）

如果没有人预先告诉你图中在东京街头漫步的女性，以及她脚下的水渍、脖子上的颈纹、墨镜中映射的街景都是 AI 生成的，你敢相信 AI 已经"聪明"到了可以创造一个以假乱真的世界吗？如果全部由人工实现，这段视频需要一个专业视频团队花费 4~5 天才能制作完成。通过输入一段并不复杂的脚本内容，Sora 能够在数分钟内把一段文字转化为一段有逻辑、有变化、高度还原现实世界的视频。

而且与其他文生视频模型相比，Sora 最明显的优势是所生成的视频可长达 1 分钟。在此之前，文生视频模型生成的视频通常都只有几秒钟，例如 Pika 仅能生成时长 3 秒的视频，技术最为成熟的 Runway 最长也只能生成 18 秒的视频。除此以外，Sora 还具备其他文生视频模型没有的、更令人惊讶的能力，OpenAI 称之为 3D 连续性、长距离关联性和物体永存性。3D 连续性和长距离关联性指的是随着镜头移动，三维空间中的物体和场景也会相应变化；物体永存性指的是镜头内的物体可以被暂时遮挡或离开镜头。这些都是我们日常拍摄视频时常常会出现的镜头，但对于 AI 生成的视频来说确实是"老大难"。在现实世界拍视频时，3D 连续性和物体永存性等这些概念是不言而喻的，因为这就是物理世界的基本规律，而 AI 能在没有"理解"这些规律的前提下模拟出近似的效果，这似乎暗示 Sora 也像 GPT 模型那样能够"涌现"出对物理世界基本规律的学习能力。而且 Sora 生成视频的方式更加灵活。除了使用文字提示词生成视频，Sora 还支持图片生成视频及视频编辑。输入一张静态的图片，Sora 可以直接让图片动起来。Sora 也支持将一段视频向前或向后扩展，还可以将不同风格的视频拼接。此外，用户可以通过文字指令编辑已有的视频，比如将汽车在公路上行驶的视频的背景环境替换成茂密的丛林。

9.7.2　Sora 的实现原理

Sora 这位视频生成"魔法师"拥有一个非常特别的"大脑"——扩散模型。它是一种基于深度学习的生成模型。这个模型的工作原理有点像逆向的"污染过程"。想象一下，你有一张干净的画布，然后不断地往上面洒颜料，直到画布变得混乱不堪。现在，扩散模型的任务就是逆向这个过程，从这幅混乱的画作中逐渐恢复出原本的清晰画面。在 Sora 的实现过程中，这个"混乱的画作"就是一段充满随机噪声的视频。扩散模型通过一系列计算，逐步去除这些噪声，最终生成与文本描述相符的视频。这个过程就像在告诉 Sora："嘿，我知道你一开始看到的是一堆乱糟糟的东西，但我相信你能从中找到秩序，创造出一段美丽的视频。"

1. 扩散模型的工作步骤

- 初始化：首先生成一段充满随机噪声的视频。这段视频就像一张白纸，上面布满了无序的点和线。
- 迭代过程：然后模型开始迭代过程。在每一步中，它会尝试预测并去除一部分噪声，就像用橡皮擦轻轻擦去画布上的颜料。这个过程需要大量的计算，因为模型需要决定在每一帧中去除哪些噪声。
- 条件引导：扩散模型不是盲目地去除噪声，而是根据用户提供的文本描述来指导这个过程。这就像给 Sora 一个故事大纲，让它知道最终要创造的是什么样的场景。
- 生成视频：经过数百次迭代，扩散模型最终会从混乱的噪声中提取出清晰的视频画面。这个过程就像从混沌中创造出秩序，从无序中诞生出有序。

2. 扩散模型的优势

扩散模型有几个显著的优势，使得 Sora 在视频生成领域独树一帜。

- 灵活性：扩散模型可以根据不同的文本描述生成多样化的视频内容。无论是现实场景还是奇幻世界，Sora 都能根据用户的想象来创造。
- 细节处理：扩散模型能够处理视频中的细节，比如人物的表情、动作，甚至是背景中的小物件。这使得 Sora 生成的视频更加丰富和真实。
- 创造性：扩散模型不仅仅是复制现实，它还能够创造出全新的场景。这意味着 Sora 可以帮助用户实现那些只存在于想象中的故事。

9.7.3 Sora 在训练中掌握世界规律

根据 OpenAI 官方网站的技术文档，它们正在教 AI 理解和模拟运动中的物理世界，目标是训练模型，帮助人们解决需要与现实世界交互的问题。Sora 能够准确地理解提示并生成能够表达生动情感的引人注目的角色，还能生成具有多个角色、特定类型的运动以及主题和背景的细节准确的复杂场景，了解用户在提示中要求的内容以及这些实体在物理世界中的存在方式。OpenAI 官网公布的 48 个演示视频中有一条视频文字提示是："逼真的特写视频，两艘海盗船在一杯咖啡中航行时相互争斗"，如图 9-31 所示。来看看 Sora 是如何根据这条提示词生成视频的。

图 9-31 咖啡杯中的两艘海盗船（图片来源：OpenAI）

第一，Sora 模拟器实例化两个精美的三维物体，即装饰各异的海盗船，这里必须在潜在空间中隐式地解决文本到三维物体的问题。第二，保持三维物体在航行和避开对方的路径时始终保持动画效果。第三，"理解"咖啡的流体力学，甚至包括船只周围形成的泡沫，这里的流体模拟是计算机图形学的一个完整子领域，需要非常复杂的算法和方程。第四，逼真度，这里需要软件算法，也需要硬件支持。NVIDIA GPU 的光线追踪技术能实现接近真实世界的渲染效果。值得注意的是，这里模拟器还需要考虑杯子的体积与海洋相比小得多，必须采用倾斜移位摄影技术，营造出一种"微小"的感觉，看似简单，实则相当复杂。OpenAI 虽然没有公布 Sora 的技术文档，但介绍了它的基本原理，即 Sora 通过学习视频来理解现实世界的动态变化，并用计算机视觉技术模拟这些变化，从而创造出新的视觉内容。总结起来就是通过不断地学习训练来了解世界的"物理规律"。[6]

OpenAI 表示，通过扩大视频生成模型的规模，它们有望构建出能够模拟物理世界的通用模拟器。同时也指出，Sora 还不能准确地模拟许多包含基本相互作用的物理过程，如玻璃破碎等，在某些交互场景中也不能总是产生正确的对象状态变化，比如吃东西，这都是下一步研究和突破的重点。

回到工业数字化的需求方向，Sora 能够支持的场景包括产品建模与仿真、工厂建模与仿真、工业元宇宙/数字孪生以及产品培训与运维等，文生视频技术可以作为一种使能技术，通过移植或嵌入等手段，支持工业元宇宙快速生成各类虚拟对象乃至于完整的数字孪生体。Sora 作为能够理解和模拟现实世界的基础模型，有机会成为通用人工智能发展道路上的重要里程碑，为在工业元宇宙的世界中自动生成海量高质量的内容提供有力支持。

参考文献

[1] OpenAI. Introducing ChatGPT [Z/OL]. （2022-11-30）[2023-08-13]. https://openai.com/blog/chatgpt.

[2] Hugging Face. ChatGPT 背后的"功臣"——RLHF 技术详解 [Z/OL]. （2023-01-10）[2023-08-13]. https://blog.csdn.net/HuggingFace/article/details/128628997.

[3] 界面新闻. 国泰君安：AI+ 办公是 AIGC 浪潮中的核心受益方向 [Z/OL]. （2023-07-11）[2023-08-13]. https://finance.eastmoney.com/a/202307112776019234.html.

[4] A 超级飞侠. 国内智能驾驶公司积极拥抱 AI 新趋势 [Z/OL]. （2023-07-13）[2023-08-13]. https://caifuhao.eastmoney.com/news/20230713100802180593800.

[5] NI WJ. EDA+AI=Synopsys.ai：生产力 Up Up Up [Z/OL]. （2023-04-18）[2023-08-13]. https://www.synopsys.com/zh-cn/blogs/chip-design/synopsys-ai.html.

[6] OpenAI. Video generation models as world simulators [Z/OL]. （2024-02-15）[2024-09-09]. https://openai.com/index/video-generation-models-as-world-simulators/.